煤矿坚硬顶板采场矿压控制理论与技术

夏彬伟　著

科　学　出　版　社

北　京

内 容 简 介

本书系统阐述了煤矿坚硬顶板采场矿压控制技术体系及其工程应用。全书共分为 8 章，内容包括：对大同矿区坚硬顶板分布特征的分析；构建并实现了覆岩压力计算模型；通过室内大尺度真三轴水力压裂试验，研究了水压裂缝扩展规律及其影响因素；提出了地面压裂弱化坚硬顶板的技术方法，确定了关键参数的选择标准；最终形成了完整的坚硬顶板采场矿压控制技术体系，并在大同塔山矿区成功进行了工程应用和现场验证。

本书适合作为采矿、土木、环境、地质、力学等领域工程技术人员、科研工作者及学生的参考书。

图书在版编目(CIP)数据

煤矿坚硬顶板采场矿压控制理论与技术 / 夏彬伟著. -- 北京：科学出版社，2025. 2. -- ISBN 978-7-03-081236-0

Ⅰ. TD322

中国国家版本馆 CIP 数据核字第 2025EM6302 号

责任编辑：黄　桥 / 责任校对：韩卫军
责任印制：罗　科 / 封面设计：墨创文化

科学出版社 出版

北京东黄城根北街16号
邮政编码：100717
http://www.sciencep.com

成都锦瑞印刷有限责任公司 印刷
科学出版社发行　各地新华书店经销

*

2025 年 2 月第 一 版　　开本：787×1092 1/16
2025 年 2 月第一次印刷　　印张：15 3/4
字数：373 000

定价：268.00 元
(如有印装质量问题，我社负责调换)

前　言

煤炭是我国主体能源和基础产业，在今后相当长一段时间内，我国仍将维持以煤为主的格局。我国煤层赋存条件复杂，其中坚硬顶板问题尤为突出。我国赋存坚硬顶板的煤矿约占全国煤矿总数的 1/3，且分布在半数以上的矿区。坚硬顶板的大面积垮塌极易诱发强烈的矿压效应，进而引发诸如冲击地压、煤与瓦斯突出、冲击气流以及瓦斯燃爆等一系列灾害。尤其是在同时面临坚硬顶板、瓦斯和水害等多种挑战的矿井中，强矿压不仅会加剧现有灾害的风险，还会引发新的安全隐患。因此，有效控制坚硬顶板对于预防和减轻冲击地压、瓦斯和突水等多重灾害至关重要，是保障煤矿安全生产的核心之一。

水力压裂作为一种新兴的技术手段，正逐渐成为解决坚硬顶板问题的有效途径。其通过向坚硬顶板注入高压水，促使顶板产生裂缝，形成水压裂缝，以此破坏顶板的整体性并降低其强度，达到弱化坚硬顶板、缩短其破断步距的目的，进而有效控制工作面的强矿压显现。目前，水力压裂技术在煤矿中最常见的应用形式为井下水力压裂。然而，在实际操作中井下水力压裂遇到了一系列挑战，包括但不限于：①井下作业空间有限，施工难度大；②井下压裂设备性能受限，难以实现大范围的裂缝扩展；③钻孔长度不足，无法触及远离工作面的远场坚硬顶板；④井下施工还可能干扰正常的生产流程。针对上述问题，地面水力压裂技术应运而生。相较于传统的井下水力压裂，地面水力压裂技术不仅能够处理从被开采煤层直至地表的任何岩层，特别是那些远离工作面的远场坚硬顶板，而且能够在地面上利用大型、高性能的压裂设备，实现更优的压裂效果和更强的矿压显现控制能力。不过，地面水力压裂也带来了新的挑战，特别是在选择压裂的具体岩层时，缺乏明确的指导原则，这成为实施地面水力压裂技术的关键难题。尽管已有少数煤矿尝试过地面水力压裂，但在压裂目标层的选择上仍存在较大的盲目性，缺乏坚实的科学依据。同时，作为一项新技术，地面水力压裂在控制强矿压显现方面的效果评估、不同产状裂缝对工作面矿压的影响分析，以及其控制强矿压显现的内在机理等方面的研究尚处于初步阶段，未来仍有大量的探索空间。这些研究的深入将有助于优化地面水力压裂技术的应用，提高其在煤矿安全生产中的效能。

因此，本书首先采用模型试验、数值模拟和理论解析的方法，研究了采矿坚硬顶板变形和破断规律及其影响因素，建立了采场覆岩压力计算模型，并通过数值模拟软件进行了程序实现，提出了坚硬顶板压裂目标层位判据。然后，开展了室内大尺度试验和相似模拟试验，研究了地面水力压裂判定目标层后生成水平和垂向的水压裂缝对强矿压显现的影响，进而阐述地面水力压裂控制强矿压显现的机理。最后，开展地面水力压裂控制强矿压显现的现场试验，以检验采用目标层判定方法所获得的判定结果的正确性与地面水力压裂控制强矿压显现的有效性。本书研究成果可为地面水力压裂目标层的精准选取提供理论依据，揭示地面水力压裂控制强矿压显现的机理，对煤矿的强矿压显现控制与安全开采具有重要意义。

　　作者及其研究团队潜心于采场矿压控制领域十余年，在一系列科研项目的资助下，涉猎了诸多科学与工程领域，积累了许多的研究成果，形成了采场矿压控制技术体系。本书较为系统地介绍了作者及其研究团队在这一领域的研究成果，期望能成为获得相关领域研究人员认可的一本好的参考书。本书凝结了研究团队成员多年来深入科学研究的心血，他们是龚涛、潘超、王海洋、李晓龙、付远浩、高玉刚、罗亚飞、胡华瑞、喻鹏、李新岭、刘仕威等，再次对他们的付出表示衷心的感谢。此外，特别感谢李扬同学为本书文字与图件整理所付出的大量劳动，感谢马子昆、赵无眠、黄建雷、郭伟杰对本书校对整理所付出的努力。特别感谢重庆大学于斌教授在本书编写过程中的无私帮助与指导，感谢晋能控股煤业集团有限公司提供的现场试验支持。本书引用了国内外许多学者著作中的观点和图表，在此一并表示衷心的感谢。

　　由于编者水平所限，书中难免存在疏漏之处，敬请读者批评指正。

目　　录

第1章 绪 论

煤炭是我国能源安全的"压舱石"和"稳定器",在我国一次性能源结构中占主导地位(周宏春等,2005;邓志茹,2011),2023年煤炭消费比重达55.3%。我国6~20m及以上的特厚煤层储量丰富,其资源储量占我国煤炭资源总量的45%~50%(戴新颖,2015)。未来的几十年,煤炭作为我国的主体能源和重要的工业原料,在国民经济建设中仍然具有非常重要的战略地位(郑欢,2014;滕吉文等,2016)。因此,特厚煤层的安全高效开采对保障我国能源供给具有重大意义。然而,我国煤层赋存条件复杂,其中上覆坚硬顶板的煤层约占1/3,分布涵盖了50%以上的矿区,我国重点建设的14个大型煤炭基地大部分矿区和煤田都存在坚硬顶板难垮落问题(于斌等,2013,2018a,2018b,2018c,2019;于斌,2014),实现坚硬岩层运动科学预控具有巨大的社会效益。

近年来,随着大采高综合机械化放顶煤开采(简称综放开采)技术及装备的推广,采高不断增加,上覆多层坚硬顶板的特厚煤层综放开采出现了新的矿压问题(Yu,2016;Yu et al.,2017;于斌等,2018c)。例如,塔山矿、同忻矿3-5#煤层综放工作面开采过程中,即使已经采用额定工作阻力15000kN的低位放顶煤支架,工作面仍然频繁发生强矿压现象,表现出工作面来压时强度大(35~41MPa)、持续时间长(最长达48.5h)、安全阀开启频繁(支架活柱下缩速度最大为300mm/h)、动载系数大(1.41~1.54)、支架立柱下缩量大(800~1100mm)等强矿压显现特征。截至2021年,仅同忻煤矿和塔山煤矿石炭系特厚煤层综放开采强矿压显现已达132次(于斌等,2018c),其中,塔山煤矿工作面发生压架事故就达21次(部分事故地点如图1.1所示)。这些问题不仅存在于中国,印度和美国也是如此。在印度的奇里米里煤矿和美国肯塔基州东部的漂移煤矿,频繁发生的强地压导致电缆螺栓断裂,导致顶板坍塌,在特厚煤层工作面至少发生过4起致命事故和2起重伤事故(Maleki,1995;Singh et al.,2008)。

工作面上覆坚硬顶板的控制问题一直是采矿安全领域的研究热点(徐林生和谷铁耕,1985;高存宝等,1994;王开等,2009;潘岳等,2013,2015)。坚硬顶板普遍具有分层厚度大、强度高、整体性好、自稳能力强等特点(王银涛,2015),通常是对邻近岩层运动起控制作用的关键层顶板。由于坚硬顶板难以随工作面回采而自然垮落,极易形成大面积的悬空顶板,造成工作面控顶区应力高度集中,给工作面的支护和顶板管理带来很大压力,同时大面积悬空顶板一旦发生突然垮落,将会形成强烈的冲击载荷,对采煤工作面产生巨大的扰动作用,极易造成工作面压架事故(郭卫彬等,2014),诱发冲击气流(严国超等,2009)、冲击地压(陆菜平等,2010;霍丙杰等,2019)、煤与瓦斯突出(周楠,2014)等灾害,同时由于采空区存在大量遗煤和瓦斯、CO等有毒有害气体,故也存在引发采空区瓦斯爆燃(爆炸)(张培鹏等,2014)、有害气体异常涌入工作面(Wang et al.,2015)的风险,对工作面的安全生产构成了极大威胁。

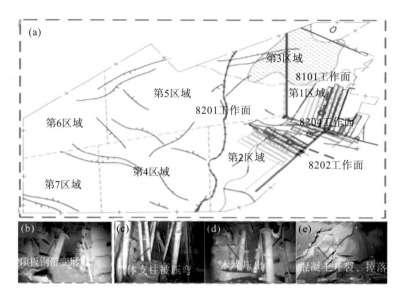

图 1.1　塔山煤矿坚硬顶板特厚煤层综放开采工作面强矿压显现灾害示意图

采场矿压显现与上覆岩层的破断结构运动密切相关,采场上覆岩层形成的结构形态及其稳定性直接影响采场矿压(窦林名等,2003,2005;钱鸣高等,2010;He et al.,2012;Lin et al.,2016;高瑞,2018)。特厚煤层上覆坚硬顶板时,多层坚硬顶板破断失稳造成工作面不同程度矿压显现,尤其是距煤层 100～200m 的高位坚硬岩层,因其破断步距大,影响范围广,其破断失稳易造成工作面强矿压显现,支架压死、巷道支柱折损现象突出(Shen et al.,2016;Yu,2016;Bai et al.,2017)。而目前高位坚硬顶板特厚煤层综放开采工作面强矿压显现的机理尚不明确,更缺少高位坚硬顶板主动控制技术手段(姜耀东等,2014;靳钟铭和徐林生,1994)。

针对高位坚硬顶板强矿压显现机理不明确、缺少高位坚硬顶板主动控制技术手段等问题,本书依托国家自然科学基金面上项目"坚硬顶板压裂与采动裂隙耦合演化规律及矿压控制机理"(项目编号:51974042)和山西省科技重大专项揭榜招标项目"特厚煤层坚硬顶板多场耦合致灾机理及协同控制"(项目编号:20191102009),首先根据现场实测、数值模拟及现场监测创新性地将大空间采场强矿压显现与高位坚硬顶板失稳破断两者有机结合展开研究,揭示大空间采场强矿压显现与高位坚硬顶板时空关系的形成机理,并结合数值模拟分析了影响因素;提出了减缓强矿压显现的坚硬顶板弱化控制技术,研究了地面压裂弱化高位坚硬顶板控制强矿压显现机理,构建了地面压裂高位坚硬顶板关键参数确定判据。本书的研究成果不仅有助于减缓特厚煤层综放开采大空间采场强矿压显现,也能够科学预控高位坚硬失稳破断,为特厚煤层安全高效开采提供相应技术保障。

第2章 复合坚硬顶板的判断准则及影响因素

大同矿区的坚硬顶板具有层数多、厚度大、强度高等特点，以坚硬砂岩层为主，而坚硬顶板间往往存在强度较低的软夹层，如泥岩、砂质泥岩等，如图 2.1 所示。当两层坚硬

层号	厚度/m	埋深/m	岩层岩性	关键层位置	硬岩层位置	岩层图例
69	8.14	132.71	粉砂岩			
68	2.50	135.21	细砂岩			
67	2.00	137.21	粉砂岩			
66	4.33	141.54	细砂岩			
65	7.27	148.81	粉砂岩			
64	3.20	152.01	细砂岩			
63	8.50	160.51	粗砂岩			
62	12.62	173.13	粗砂岩			
61	2.50	175.63	粗砂岩			
60	2.73	178.36	粗砂岩			
59	1.00	179.36	细砂岩			
58	11.63	190.99	中砂岩	主关键层	第10层硬岩	
57	9.41	200.40	粗砂岩			
56	2.20	202.60	泥岩			
55	3.27	205.87	中砂岩			
54	12.73	218.60	泥岩			
53	2.57	221.17	粉砂岩			
52	1.10	222.27	泥岩			
51	2.07	224.34	粉砂岩			
50	2.40	226.74	泥岩			
49	9.40	236.14	中砂岩			
48	1.00	237.14	粉砂岩			
47	17.81	254.95	泥岩	亚关键层	第9层硬岩	
46	4.74	259.69	细砂岩			
45	4.06	263.75	中砂岩			
44	3.07	266.82	细砂岩			
43	5.00	271.82	中砂岩			
42	3.00	274.82	细砂岩			
41	2.00	276.82	中砂岩			
40	1.13	277.95	细砂岩			
39	7.56	285.51	中砂岩			
38	1.57	287.08	砂质泥岩			
37	13.21	300.29	细砂岩	亚关键层	第8层硬岩	
36	4.60	304.89	中砂岩			
35	8.00	312.89	泥岩			
34	3.71	316.60	中砂岩			
33	9.64	326.24	泥岩			
32	9.91	336.15	中砂岩			
31	8.24	344.39	粉砂岩			
30	13.84	358.23	泥岩	亚关键层	第7层硬岩	
29	4.20	362.43	粗砂岩			
28	6.78	369.21	泥岩			
27	10.17	379.38	粗砂岩	亚关键层	第6层硬岩	
26	8.06	387.44	细砂岩			
25	12.15	399.59	泥岩			
24	9.74	409.33	细砂岩	亚关键层	第4层硬岩	
23	6.71	416.04	中砂岩	亚关键层	第5层硬岩	
22	8.37	424.41	泥岩			
21	7.77	432.18	粉砂岩	亚关键层	第3层硬岩	
20	5.64	437.82	中砂岩			
19	7.07	444.89	粉砂岩			
18	7.09	451.98	泥岩			
17	8.14	460.12	细砂岩	亚关键层	第2层硬岩	
16	7.00	467.12	泥岩			
15	5.14	472.26	中砂岩			
14	4.57	476.83	细砂岩			
13	6.12	482.95	粉砂岩			
12	5.57	488.52	泥岩			
11	9.14	497.66	细砂岩	亚关键层	第1层硬岩	

图 2.1 塔山煤矿 8216 工作面上覆岩层赋存

顶板间存在软夹层时，两层坚硬顶板极易发生同步运动而形成复合坚硬顶板，使坚硬顶板岩层产生明显的刚度和强度增加的现象，破断步距和破断产生的冲击载荷增大，使工作面矿压显现更加强烈，因此应将复合坚硬顶板作为强矿压显现治理的重要目标对象。

2.1 复合坚硬顶板强矿压显现特征

2.1.1 矿压显现规律观测

1. 塔山煤矿 8102 工作面

8102 工作面在回采期间发生来压 77 次，包括初次来压和 76 次周期来压。通过现场观测发现，直接顶的初次破断步距约为 35m，基本顶的初次破断步距为 50m；工作面推进过程中，基本顶周期来压步距变化较大，为 18～21.7m。工作面每次来压时支架压力较大，工作阻力可达到 10000kN 以上，而且工作面中部压力显现比较明显。

根据工作面来压强度，可将工作面分为 3 个区域：30#～70#支架范围为来压强烈区，其特点为来压强度大，持续时间长，安全阀开启频繁，来压时每小时 4～6 次；17#～30#、70#～105#支架区域为来压强度相对较小区，其特点为持续时间相对较短，来压时每小时安全阀开启 2～3 次；工作面上下两端头附近为来压不明显区，其特点为来压时支架持续增阻，但安全阀开启次数较少，相对增阻时间较长。

当工作面日推进长度超过 4.0m 时，活柱下缩量为 20～60mm，后柱阻力明显高于前柱；当工作面日推进长度小于 4.0m 或停采期间，顶板一般向煤壁方向发生回转下沉，造成机道顶板台阶下沉，支架阻力剧增，安全阀开启，支架活柱下缩速度最大可达 320mm/h，工作面发生整体来压。

工作面的推进速度直接影响工作面的来压强度和来压步距。当工作面的日推进长度超过 4.0m 时，工作面来压比较平稳；当日推进长度为 3.0～4.0m 时，工作面来压比较明显；当日推进长度小于 3.0m 时，工作面来压强烈，极易发生压架事故。工作面回采期间，由于推进速度过慢，共发生 3 次严重的压架事故，43 根后立柱损坏。

2. 同忻煤矿 8203 工作面

8203 工作面在回采期间发生来压 76 次，其中周期来压 75 次，老顶初次来压步距 81.1m，周期来压步距为 10.35～41.40m，平均周期来压步距为 23.15m。根据周期来压期间矿压显现剧烈程度，对周期来压次数进行了统计，其中周期来压显现一般强烈 9 次；周期来压显现中等强烈 26 次；周期来压显现强烈 40 次，支架最大工作压力达到 50MPa。

工作面初次来压时，顶板响动，机道局部顶煤破碎，有炸帮现象，来压范围较大，工作面来压显现明显，来压强度中等强烈至强烈。35#～85#、105#支架的增阻迹象明显，其中 105#支架的最大工作压力达 40.1MPa。

周期来压时部分支架的增阻迹象明显，并伴有安全阀开启、顶板响动等现象；周期来压强度呈现规律性变化，一般每间隔 2～3 次一般强烈的周期来压，工作面就会出现 1～2 次强烈的周期来压，表现为来压持续时间较长，工作面迅速增阻支架数量增多，部分安全阀开启，煤壁片帮，机道顶煤受压破碎，工作面顺槽超前支护段有炸帮现象，个别钢梁压弯，单体支柱折损，顶板下沉，并有帮鼓和底鼓现象发生。

2.1.2　强矿压显现特征分析

通过现场的矿压观测可以发现，塔山煤矿和同忻煤矿均存在强矿压显现的问题，主要具有以下特征。

(1)初次来压和周期来压步距大、强度高、动载系数大，基本顶岩层的整体稳定性好，其破断失稳会造成强烈动载特征。基本顶初次来压步距平均大于 50m，最大可达 118.1m；基本顶周期来压步距大于 18m，最大达 41.4m。

(2)基本顶在来压期间具有强矿压显现特征。在来压期间，工作面中部经常出现顶板端面破碎、煤壁片帮、顶板下沉量大等现象；基本顶来压强度大，持续时间长，安全阀开启频繁，支架活柱下缩速度最大为 300mm/h，工作面每次来压时支架压力较大，煤壁片帮深度可达 1000mm 以上。

(3)基本顶周期来压总体呈现出强弱交替的规律性特征。工作面每间隔 2～3 次一般强烈的周期来压，就会有 1～2 次强烈的周期来压显现，表现为工作面迅速增阻的支架数量增多，煤壁片帮，有时出现连续的来压现象。

(4)工作面强矿压显现期间，采场围岩动载特征明显，基本顶周期来压动载系数大，支架阻力迅速增加，会使安全阀频繁开启。

(5)在工作面来压时，工作面中部一般首先发生破断，然后向两端头扩展；工作面中部的压力较大，有时甚至出现连续来压的现象；当工作面两端头不平行推进时，工作面中部靠前一侧首先破断，然后向两端头扩展。

2.2　复合坚硬顶板的力学模型

当工作面上覆岩层中存在两层以上坚硬顶板岩层时，某一层坚硬顶板的运动会对其上部或下部坚硬顶板的变形、破断产生影响，这种影响称为两层坚硬顶板间的复合效应。在采场覆岩由下至上的运动发展过程中，并非依次从下向上传递，有时会出现两层或两层以上岩层发生同步运动的情况(Wang et al.，2012，2018)。将两层以上发生同步运动的坚硬顶板称为复合坚硬顶板。相关研究发现，复合坚硬顶板相比单一坚硬顶板在岩层运动中的控制作用和线性叠加作用要大得多。

建立如图 2.2 所示的采场上覆复合坚硬顶板模型，该模型由煤层及其上覆的四层岩层(垫层、1#硬岩、软夹层和 2#硬岩)组成，其中垫层随采随冒，1#、2#硬岩是具有一定厚度、强度的坚硬顶板岩层，强度明显高于两者之间的软夹层。当 1#硬岩、软夹层和 2#硬岩发生同步运动时，即形成复合坚硬顶板。

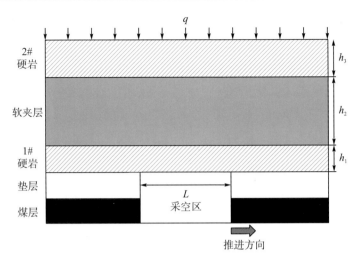

图 2.2　采场上覆复合坚硬顶板模型

注：q 为单位面积垂向载荷；h_1 为1#硬岩厚度；h_2 为软夹层厚度；h_3 为2#硬岩厚度；L 为采空区长度。

2.2.1　组合截面中性轴的确定

建立如图 2.3 所示的复合坚硬顶板分析模型，该模型为由三层材料组成矩形截面的复合梁，从下至上分别为1#硬岩、软夹层和2#硬岩，岩层厚度、弹性模量分别为 h_1、h_2、h_3 和 E_1、E_2、E_3，认为中性轴位于软夹层，中性轴距 1#硬岩下截面的距离为 h_a，$h_1 + h_2 + h_3 = h$。2#硬岩所承受的单位面积垂向载荷为 q。

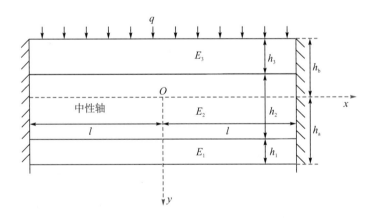

图 2.3　复合坚硬顶板分析模型

注：h_b 为中性轴距 1#硬岩上截面的距离；l 为中性轴的长度。

由于横截面上的正应力 σ_i 为

$$\sigma_i = \frac{E_i y}{\rho}$$

式中，E_i 为岩层的弹性模量；ρ 为中性轴的曲率半径。

根据横截面上的静力关系，可得

$$\int_{A_1} \sigma_1 \mathrm{d}A_1 + \int_{A_2} \sigma_2 \mathrm{d}A_2 + \int_{A_3} \sigma_3 \mathrm{d}A_3 = 0 \tag{2.1}$$

式中，A_1 为 1#硬岩部分截面；A_2 为软夹层部分截面；A_3 为 2#硬岩部分截面。

故式 (2.1) 可变为

$$E_1 \int_{A_1} y_1 \mathrm{d}A_1 + E_2 \int_{A_2} y_2 \mathrm{d}A_2 + E_3 \int_{A_3} y_3 \mathrm{d}A_3 = 0 \tag{2.2}$$

进而可求得

$$h_{\mathrm{a}} = \frac{E_1 h_1^2 + E_2 h_2 \left(h_2 + 2h_1\right) + E_3 h_3 \left(h_3 + 2h_2 + 2h_1\right)}{2\left(E_1 h_1 + E_2 h_2 + E_3 h_3\right)} \tag{2.3}$$

2.2.2　复合坚硬顶板的力学模型与分析

在弹性理论中，应力分量中正应力 σ_x、σ_y 和剪应力 τ_{xy} 可由应力函数来表示（冯强等，2017）：

$$\begin{cases} \sigma_x = \dfrac{\partial^2 \varphi}{\partial y^2} \\[2mm] \sigma_y = \dfrac{\partial^2 \varphi}{\partial x^2} \\[2mm] \tau_{xy} = -\dfrac{\partial^2 \varphi}{\partial x \partial y} \end{cases} \tag{2.4}$$

其中，σ_y 是由直接载荷引起的，不随 x 的变化而发生变化，而是 y 的函数，可将 σ_y 表示为 $\sigma_y = f(y)$。

故可将应力函数设为

$$\varphi(x, y) = \frac{x^2}{2} f(y) + x f_1(y) + f_2(y) \tag{2.5}$$

为使各应力分量满足相容方程，应力函数应该满足相容方程，平面问题的相容方程为

$$\frac{\partial^4 \varphi}{\partial x^4} + 2 \frac{\partial^4 \varphi}{\partial x^2 y^2} + \frac{\partial^4 \varphi}{\partial y^4} = 0 \tag{2.6}$$

将式 (2.5) 代入相容方程，整理可得

$$2 \frac{\partial^2 f(y)}{\partial y^2} + \frac{x^2}{2} \cdot \frac{\partial^4 f(y)}{\partial y^4} + x \cdot \frac{\partial^4 f_1(y)}{\partial y^4} + \frac{\partial^4 f_2(y)}{\partial y^4} = 0 \tag{2.7}$$

这个二次方程的系数和自由项均为零，即

$$\begin{cases} \dfrac{\partial^4 f(y)}{\partial y^4} = 0 \\[3mm] \dfrac{\partial^4 f_1(y)}{\partial y^4} = 0 \\[3mm] \dfrac{\partial^4 f_2(y)}{\partial y^4} + 2 \dfrac{\partial^2 f(y)}{\partial y^2} = 0 \end{cases} \tag{2.8}$$

为满足以上条件，可将 $f(y)$、$f_1(y)$ 和 $f_2(y)$ 设为如下形式：

$$\begin{cases} f(y) = Ay^3 + By^2 + Cy + D \\ f_1(y) = Ey^3 + Fy^2 + Gy \\ f_2(y) = -\dfrac{A}{10}y^5 - \dfrac{B}{6}y^4 + Hy^3 + Ky^2 \end{cases} \tag{2.9}$$

将 $f(y)$、$f_1(y)$ 和 $f_2(y)$ 代入应力函数 $\varphi(x, y)$：

$$\varphi(x, y) = \frac{x^2}{2}\left(Ay^3 + By^2 + Cy + D\right) + x\left(Ey^3 + Fy^2 + Gy\right) - \frac{A}{10}y^5 - \frac{B}{6}y^4 + Hy^3 + Ky^2$$

各应力分量可以表示为

$$\begin{cases} \sigma_x = \dfrac{x^2}{2}\left(6Ay + 2B\right) - 2Ay^3 - 2By^2 + 6Hy + 2K + x\left(6Ey + 2F\right) \\ \sigma_y = Ay^3 + By^2 + Cy + D \\ \tau_{xy} = -x\left(3Ay^2 + 2By + C\right) - 3Ey^2 - 2Fy - G \end{cases} \tag{2.10}$$

根据坐标轴的对称性，σ_x、σ_y 为 x 的偶函数，τ_{xy} 为 x 的奇函数，由此可得 E、F 和 G 的值均为 0。根据连续条件：$y = 0$ 时，$\sigma_x = 0$，可得出 B 和 K 的值为 0。可将应力分量简化为

$$\begin{cases} \sigma_x = 3Ax^2y - 2Ay^3 + 6Hy \\ \sigma_y = Ay^3 + Cy + D \\ \tau_{xy} = -x\left(3Ay^2 + C\right) \end{cases} \tag{2.11}$$

由于中性轴以上的部分为受压区，中性轴以下的部分为受拉区，中性轴上下两部分的应力场是不同的，将两部分的应力场分别表示为

受拉区：$0 \leqslant y \leqslant h_a$，

$$\begin{cases} \sigma_x = 3A_1x^2y - 2A_1y^3 + 6H_1y \\ \sigma_y = A_1y^3 + C_1y + D_1 \\ \tau_{xy} = -x\left(3A_1y^2 + C_1\right) \end{cases} \tag{2.12}$$

受压区：$-h_b \leqslant y \leqslant 0$，

$$\begin{cases} \sigma_x = 3A_2x^2y - 2A_2y^3 + 6H_2y \\ \sigma_y = A_2y^3 + C_2y + D_2 \\ \tau_{xy} = -x\left(3A_2y^2 + C_2\right) \end{cases} \tag{2.13}$$

根据边界条件：$y = h_a$ 时，$\sigma_y = 0$，$\tau_{xy} = 0$；$y = -h_b$ 时，$\sigma_y = -q$，$\tau_{xy} = 0$。

将边界条件代入方程 (2.12) 和方程 (2.13)，可得

$$\begin{cases} A_1 h_a{}^3 + C_1 h_a + D_1 = 0 \\ 3A_1 h_a{}^2 + C_1 = 0 \\ -A_2 h_b{}^3 - C_2 h_b + D_2 = 0 \\ 3A_2 h_b{}^2 + C_2 = 0 \end{cases} \tag{2.14}$$

在 $y = 0$ 处，σ_y、τ_{xy} 的值是不变的，同时满足受拉区和受压区的应力方程，由此可得 $C_1 = C_2$，$D_1 = D_2$。

该模型的物理方程可表示为

$$\begin{cases} \varepsilon_x = \dfrac{1}{E}\left(\sigma_x - \nu\sigma_y\right) \\ \varepsilon_y = \dfrac{1}{E}\left(\sigma_y - \nu\sigma_x\right) \\ \gamma_{xy} = \dfrac{2(1+\nu)}{E}\tau_{xy} \end{cases} \tag{2.15}$$

式中，ν 为岩层的泊松比。

几何方程可表示为

$$\begin{cases} \varepsilon_x = \dfrac{\partial u}{\partial x} \\ \varepsilon_y = \dfrac{\partial v}{\partial x} \\ \gamma_{xy} = \dfrac{\partial u}{\partial y} + \dfrac{\partial v}{\partial x} \end{cases} \tag{2.16}$$

式中，u 为位移。

将应力分量代入物理方程和几何方程，可得

$$\begin{cases} \varepsilon_x = \dfrac{\partial u}{\partial x} = \dfrac{1}{E}\left[3Ax^2 y - 2Ay^3 + 6Hy - \nu\left(Ay^3 + Cy + D\right)\right] \\ \varepsilon_y = \dfrac{\partial v}{\partial x} = \dfrac{1}{E}\left[Ay^3 + Cy + D - \nu\left(3Ax^2 y - 2Ay^3 + 6Hy\right)\right] \\ \gamma_{xy} = \dfrac{\partial u}{\partial y} + \dfrac{\partial v}{\partial x} = \dfrac{2(1+\nu)}{E}\left(-3Axy^2 - Cx\right) \end{cases} \tag{2.17}$$

对 $\dfrac{\partial u}{\partial x}$、$\dfrac{\partial v}{\partial x}$ 积分：

$$\begin{cases} u = \dfrac{1}{E}\left[Ax^3 y - 2Axy^3 + 6Hxy - \nu\left(Axy^3 + Cxy + Dx\right) + g_1(y)\right] \\ v = \dfrac{1}{E}\left[\dfrac{1}{4}Ay^4 + \dfrac{1}{2}Cy^2 + Dy - \nu\left(\dfrac{3}{2}Ax^2 y^2 - \dfrac{1}{2}Ay^4 + 3Hy^2\right) + g_2(x)\right] \end{cases} \tag{2.18}$$

将 u、v 表达式代入 γ_{xy} 表达式，可得

$$\frac{1}{E}\left[Ax^3 - 6A(1+v)xy^2 + 6Hx - Cvx + g_1'(y) + g_2'(x)\right] = \frac{1}{E}\left[-6A(1+v)xy^2 - 2C(1+v)x\right]$$

可将 $g_1(y)$、$g_2(y)$ 的形式设为

$$\begin{cases} g_1(y) = My + N \\ g_2(y) = -\frac{1}{4}Ax^4 - \left(C + 3H + \frac{1}{2}Cv\right)x^2 - Mx + P \end{cases} \tag{2.19}$$

将 $g_1(y)$、$g_2(y)$ 代入位移表达式有

$$\begin{cases} u = \frac{1}{E}\left[Ax^3y - 2Axy^3 + 6Hxy - v\left(Axy^3 + Cxy + Dx\right) + My + N\right] \\ v = \frac{1}{E}\left[\frac{1}{4}Ay^4 + \frac{1}{2}Cy^2 + Dy - v\left(\frac{3}{2}Ax^2y^2 - \frac{1}{2}Ay^4 + 3Hy^2\right) - \frac{1}{4}Ax^4 \\ \quad - \left(C + 3H + \frac{1}{2}Cv\right)x^2 - Mx + P\right] \end{cases} \tag{2.20}$$

根据位移边界条件：在 $x = -l$、$y = 0$ 处，有 $u = v = 0$，$\dfrac{\partial v}{\partial x} = 0$，将位移边界条件代入位移表达式可得

$$\begin{cases} M = N = 0 \\ -\frac{1}{4}Al^4 - \left(C + 3H + \frac{1}{2}Cv\right)l^2 + P = 0 \\ Al^3 + (2C + 6H + Cv)l = 0 \end{cases} \tag{2.21}$$

根据圣维南原理（Saint-Venant principle）：

$$\begin{cases} \int_{-h_2}^{0} \sigma_x \mathrm{d}y + \int_{0}^{h_1} \sigma_x \mathrm{d}y = F_{\mathrm{N}} = 0 \\ \int_{-h_2}^{0} \tau_{xy} \mathrm{d}y + \int_{0}^{h_1} \tau_{xy} \mathrm{d}y = F_{\mathrm{S}} = -ql \end{cases} \tag{2.22}$$

进而可得

$$\begin{cases} \frac{3}{2}l^2\left(A_1 h_{\mathrm{a}}^2 - A_2 h_{\mathrm{b}}^2\right) - \frac{1}{2}\left(A_1 h_{\mathrm{a}}^4 - A_2 h_{\mathrm{b}}^4\right) + 3\left(H_1 h_{\mathrm{a}}^2 - H_2 h_{\mathrm{b}}^2\right) = 0 \\ A_1 h_{\mathrm{a}}^3 - A_2 h_{\mathrm{b}}^3 + C_1 h_{\mathrm{a}}^2 + C_2 h_{\mathrm{b}} = q \end{cases} \tag{2.23}$$

根据以上分析，可以建立如下方程组：

$$\begin{cases} A_1 h_a^{\ 3} + C_1 h_a + D_1 = 0 \\ 3A_1 h_a^{\ 2} + C_1 = 0 \\ -A_2 h_b^{\ 3} - C_2 h_b + D_2 = 0 \\ 3A_2 h_b^{\ 2} + C_2 = 0 \\ C_1 = C_2, \quad D_1 = D_2 \\ h_a + h_b = h \\ -\dfrac{1}{4} A_1 l^4 - \left(C_1 + 3H_1 + \dfrac{1}{2} C_1 \nu \right) l^2 + P_1 = 0 \\ A_1 l^3 + \left(2C_1 + 6H_1 + C_1 \nu \right) l = 0 \\ -\dfrac{1}{4} A_2 l^4 - \left(C_2 + 3H_2 + \dfrac{1}{2} C_2 \nu \right) l^2 + P_2 = 0 \\ A_2 l^3 + \left(2C_2 + 6H_2 + C_2 \nu \right) l = 0 \\ \dfrac{3}{2} l^2 \left(A_1 h_a^{\ 2} - A_2 h_b^{\ 2} \right) - \dfrac{1}{2} \left(A_1 h_a^{\ 4} - A_2 h_b^{\ 4} \right) + 3 \left(H_1 h_a^{\ 2} - H_2 h_b^{\ 2} \right) = 0 \\ A_1 h_a^{\ 3} - A_2 h_b^{\ 3} + C_1 h_a^{\ 2} + C_2 h_b = q \end{cases}$$

求解方程组可得

$$\begin{cases} A_1 = -\dfrac{q}{2h_a^{\ 2} h} \\ A_2 = -\dfrac{q}{2h_b^{\ 2} h} \\ C_1 = C_2 = \dfrac{3q}{2h} \\ D_1 = D_2 = \dfrac{q h_a}{h} \\ H_1 = \dfrac{q l^2 - 3q h_a^{\ 2} (2 + \nu)}{12 h_a^{\ 2} h} \\ H_2 = \dfrac{q l^2 - 3q h_b^{\ 2} (2 + \nu)}{12 h_b^{\ 2} h} \end{cases}$$

进而可得到受拉区和受压区各应力分量的表达式为

受拉区: $0 \leqslant y \leqslant h_a$,

$$\begin{cases} \sigma_x = -\dfrac{3q}{2h_a^{\ 2} h} x^2 y + \dfrac{q}{h_a^{\ 2} h} y^3 + \dfrac{q l^2 - 3q h_a^{\ 2} (2 + \nu)}{2 h_a^{\ 2} h} y \\ \sigma_y = -\dfrac{q}{2h_a^{\ 2} h} y^3 + \dfrac{3q}{2h} y + \dfrac{q h_a}{h} \\ \tau_{xy} = \dfrac{3q}{2h_a^{\ 2} h} x y^2 - \dfrac{3q}{2h} x \end{cases} \qquad (2.24)$$

受压区：$-h_b \leq y \leq 0$，

$$\begin{cases} \sigma_x = -\dfrac{3q}{2h_b^2 h}x^2 y + \dfrac{q}{h_b^2 h}y^3 + \dfrac{ql^2 - 3qh_b^2(2+\nu)}{2h_b^2 h}y \\[3mm] \sigma_y = -\dfrac{q}{2h_b^2 h}y^3 + \dfrac{3q}{2h}y + \dfrac{qh_b}{h} \\[3mm] \tau_{xy} = \dfrac{3q}{2h_b^2 h}xy^2 - \dfrac{3q}{2h}x \end{cases} \tag{2.25}$$

2.2.3　复合坚硬顶板的判断准则

复合坚硬顶板形成的前提是在其发生同步破断之前不发生剪切错动，即其横截面上任何一点的剪应力不超过相对应的剪切强度极限。根据剪应力的表达式可以发现，沿复合坚硬顶板厚度方向剪应力的最大值位于中性轴层面，暂且认为中性轴位于中间软夹层。

在受拉区 $0 \leq y \leq h_a$，1#硬岩与软夹层层理面剪应力的表达式为

$$\tau_1 = \frac{3q}{2h}\left[\frac{(h_a - h_1)^2}{h_a^2} - 1\right]x \tag{2.26}$$

由式(2.26)可以发现，在 $x = \pm l$ 处，1#硬岩与软夹层层理面的剪应力取得最大值：

$$\tau_{1\max} = \frac{3q}{2h_a^2 h}l(h_a - h_1)^2 - \frac{3q}{2h}l$$

同样，在受压区 $-h_b \leq y \leq 0$，2#硬岩与软夹层层理面的剪应力在 $x = \pm l$ 处取得最大值：

$$\tau_{2\max} = \frac{3q}{2h_b^2 h}l(h_3 - h_b)^2 - \frac{3q}{2h}l \tag{2.27}$$

通过剪应力的表达式可以发现，在 x 不变的条件下，随着 y^2 的增大，剪应力不断减小，在 $y = h_a$、$-h_b \leq y \leq 0$ 时，剪应力值最小，为 0。在 $y = 0$（中性轴层面）处，剪应力取得最大值：

$$\tau_{12\max} = -\frac{3q}{2h}l \tag{2.28}$$

由此可以发现，在剪应力作用下，复合坚硬顶板最易发生剪切破坏的位置应在岩层交界面和中性轴位置。

当 1#硬岩、2#硬岩与软夹层层理面的抗剪强度为 τ_{C1}、软夹层的抗剪强度为 τ_{C2} 时，则形成复合坚硬顶板的条件为

$$\begin{cases} \tau_{1\max} \leq \tau_{C1} \\ \tau_{2\max} \leq \tau_{C1} \\ \tau_{12\max} \leq \tau_{C2} \end{cases} \tag{2.29}$$

2.3　复合坚硬顶板的破坏形式及破断步距

随工作面推进，复合坚硬顶板岩层会发生同步运动、破断。当复合坚硬顶板的悬顶距达到一定值时，若复合坚硬顶板岩层中某点的应力超过该点的强度极限，则认为达到了复合坚硬顶板的破坏条件，此时复合坚硬顶板的跨距也就是破断步距。

单层坚硬顶板的破断形式可以分为三类（史红和姜福兴，2004，2006；史红，2005）：①弯拉破坏，在支座负弯矩区岩层被拉断而使两端嵌固梁模型变为简支梁模型，进而简支梁中部断裂；②压剪破坏，岩梁在全厚度范围内沿岩石破裂面发生压剪破坏，岩层整体切落；③剪切破坏，岩层沿某一层面剪开，厚岩层转化成两个或更多的岩层分开运动。

复合坚硬顶板的形成条件决定了其不会发生剪切破坏，由于复合坚硬顶板的厚度较大，发生全厚度压剪破坏的概率也较小。因此，复合坚硬顶板多发生弯拉破坏。可根据复合坚硬顶板的应力场分布，对其可能发生弯拉破坏的临界条件进行分析。

中性轴将复合坚硬顶板分为受拉区和受压区，复合坚硬顶板的弯拉破坏会发生在受拉区，在复合坚硬顶板整体弯曲下沉的过程中，1#硬岩的下表面将首先发生拉伸破坏。1#硬岩下表面的拉应力表达式通过 $\sigma_x\left(0 \leqslant y \leqslant h_\mathrm{a}\right)$ 获得：

$$\sigma_{x1} = -\frac{3q}{2h_\mathrm{a}h}x^2 + \frac{qh_\mathrm{a}}{h} + \frac{ql^2 - 3qh_\mathrm{a}^2(2+v_1)}{2h_\mathrm{a}h} \tag{2.30}$$

式中，v_1 为 2#硬岩的泊松比；$x \in [-l, l]$。

通过式 (2.30) 可以发现，随着 x^2 的增大，σ_{x1} 逐渐减小，在 $x=0$ 处，σ_{x1} 取得最大值：

$$\sigma_{x1\mathrm{max}} = \frac{qh_\mathrm{a}}{h} + \frac{ql^2 - 3qh_\mathrm{a}^2(2+v_1)}{2h_\mathrm{a}h} \tag{2.31}$$

因此，复合坚硬顶板不发生弯拉破坏的临界条件可表示为 $\sigma_{x1\mathrm{max}} \leqslant \sigma_{t1}$，其中 σ_{t1} 为 2#硬岩的抗拉强度。

进而可求得，复合坚硬顶板发生弯拉破坏的极限跨距为

$$l_1 = \sqrt{\frac{3qh_\mathrm{a}^2(2+v_1) + 2h_\mathrm{a}h\sigma_{t1} - 2qh_\mathrm{a}^2}{q}} \tag{2.32}$$

2.4　复合坚硬顶板的判定与分析

1. 塔山煤矿 8101 工作面上覆岩层分布

8101 工作面上覆岩层分布如图 2.4 所示，8101 工作面上覆岩层中存在 6 层坚硬顶板。

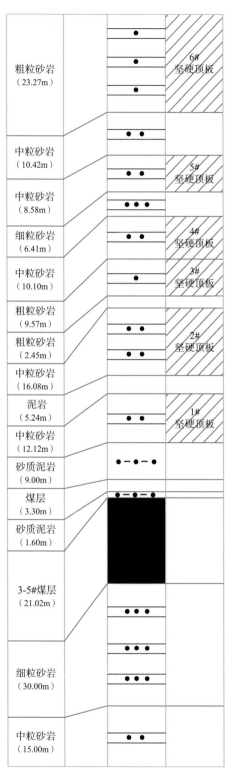

图 2.4　8101 工作面上覆岩层分布示意图

注：括号中的数值代表厚度。

如图 2.4 所示，1#坚硬顶板与 2#坚硬顶板之间为泥岩层，存在形成复合坚硬顶板的可能性，而 2#～6#坚硬顶板之间的岩层基本为砂岩层，岩性差异不大，不具备形成复合坚硬顶板的条件。故对 1#坚硬顶板与 2#坚硬顶板形成复合坚硬顶板的条件进行分析。

2. 岩石和层理面剪切强度的确定

在 8101 工作面采集砂岩、泥岩顶板试样，并在实验室加工成 40mm×40mm×40mm 的立方体试件，采用重庆大学的电液伺服岩石压剪试验机(图 2.5)开展了不同正应力条件下的岩石剪切试验(表 2.1)。

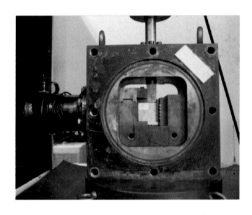

图 2.5　电液伺服岩石压剪试验机

表 2.1　岩石剪切试验数据

砂岩试件编号	正应力/MPa	剪应力/MPa	泥岩试件编号	正应力/MPa	剪应力/MPa
S1	5	16.04	N1	1	3.15
S2	10	17.24	N2	4	7.36
S3	15	20.54	N3	7	9.11
S4	20	23.23	N4	10	13.97
S5	25	27.93	N5	13	15.62
平均	15	21.00	平均	7	9.84

由图 2.6 可发现，岩石的剪切强度与正应力近似呈正比例关系，通过对试验数据进行处理，得出砂岩的黏聚力为 12.065MPa，内摩擦角为 30.77°，砂岩剪切强度的计算式为 $\tau_1 = 0.5954\sigma_n + 12.065$；泥岩的黏聚力为 2.4803MPa，内摩擦角为 46.44°，泥岩剪切强度的计算式为 $\tau_2 = 1.0517\sigma_n + 2.4803$。

层理面的剪切强度可根据赵平劳的研究成果计算确定，赵平劳(1990)通过直剪试验得出的层状岩体水平层理面的剪切强度计算式为 $\tau_c = 1.347\sigma_n + 3.792$。

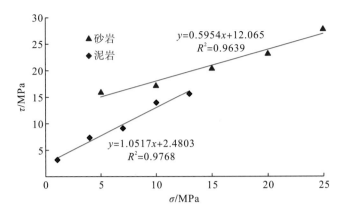

图2.6   不同正应力条件下岩石的剪切强度

3. 复合坚硬顶板的判定

1#坚硬顶板、2#坚硬顶板、软夹层的物理力学参数见表2.2。

表2.2   1#坚硬顶板、2#坚硬顶板、软夹层的物理力学参数

类别	厚度 /m	密度 /(kg/m³)	抗压强度 /MPa	抗拉强度 /MPa	弹性模量 /GPa
2#坚硬顶板	16.08	2534	59.3	10.5	27.5
软夹层	5.24	2728	39.6	6.0	8.6
1#坚硬顶板	12.12	2534	59.3	10.5	27.5

单一坚硬顶板岩层发生拉伸破坏的极限跨距为

$$L_0 = h_0 \sqrt{\frac{2R_t}{q_0}} \tag{2.33}$$

式中，h_0 为岩层厚度；R_t 为岩层的抗拉强度极限；q_0 为坚硬顶板所有控制岩层的自重载荷(包括自重)，可通过下式计算：

$$q_0 = \frac{E_1 h_1^3 \sum\limits_{i=1}^{n} \gamma_i h_i}{\sum\limits_{i=1}^{n} E_i h_i^3} \tag{2.34}$$

式中，E_i 为第 i 层岩层的弹性模量；h_i 为第 i 层岩层的厚度；γ_i 为第 i 层岩层的体积力，MN/m³；n 为坚硬顶板所控制的岩层数。

通过计算得出，1#坚硬顶板的上覆控制岩层直至5.24m的泥岩，控制范围为17.36m，1#坚硬顶板的所有控制岩层的自重载荷为0.434MPa，进而求得1#坚硬顶板单独运动发生破断时的极限跨距为84.3m。

8101工作面1#~2#坚硬顶板处的垂直应力约为12MPa，由此可计算得出砂岩、泥岩、层理面的抗剪强度分别为19.2MPa、15.1MPa和19.96MPa。

计算得出三层岩层的中性轴位置 h_a=16.96m，在顶板跨距为84.3m处，1#坚硬顶板与

软夹层的剪应力为 8.65MPa，2#坚硬顶板与软夹层的剪应力为 10.39MPa，中性轴层面的最大剪应力为 10.40MPa。

通过计算得出，在 1#坚硬顶板的极限跨距处，1#坚硬顶板与软夹层、2#坚硬顶板与软夹层的最大剪应力小于层理面的抗剪强度、中性轴层面的最大剪应力小于泥岩的抗剪强度，因此可以判断 1#坚硬顶板与 2#坚硬顶板会形成复合坚硬顶板而发生同步运动。

2.5　复合坚硬顶板变形与破断的影响因素分析

复合坚硬顶板的剪应力分布及其破断步距直接决定了复合坚硬顶板的变形与破断规律，根据建立的复合坚硬顶板的判断准则及破断步距表达式，可以得出复合坚硬顶板的跨距、各岩层的厚度、力学参数等对复合坚硬顶板岩层间的剪应力和破断步距具有直接影响。本书暂不考虑各岩层力学参数的影响，而以 8101 工作面的复合坚硬顶板为研究对象，重点分析复合坚硬顶板的跨距、各岩层厚度等参数对复合坚硬顶板变形与破断的影响规律。为叙述方便，下文中将复合坚硬顶板中的 1#、2#坚硬顶板统称为 1#、2#硬岩。

复合坚硬顶板的层理面最大剪应力（τ_{1max}、τ_{2max}）、中性轴层面最大剪应力（τ_{12max}）与顶板跨距的关系如图 2.7 所示，层理面最大剪应力、中性轴层面最大剪应力与顶板跨距呈正比例线性关系，2#硬岩与软夹层间的剪应力与最大剪应力相差不大，主要是由于中性轴位于靠近 2#硬岩与软夹层交界面的软夹层内。当复合坚硬顶板的跨距为 125.3m 时，τ_{2max} 达到层理面的抗剪强度 3.23MPa，说明当坚硬顶板的跨距超过 125.3m 时，2#硬岩与泥岩层的层理面将发生剪切破坏而分层运动，此时无法形成复合坚硬顶板。由此可以判断，复合坚硬顶板的破断步距要小于 125.3m。

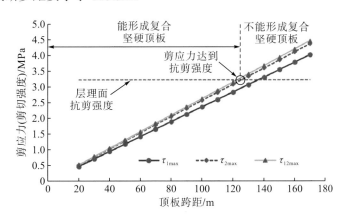

图 2.7　层理面最大剪应力、中性轴层面最大剪应力与顶板跨距的关系曲线

为分析岩层厚度对复合坚硬顶板剪应力分布的影响规律，将复合坚硬顶板的跨距设定为定值 84.3m 时，随着 1#、2#硬岩、软夹层厚度的变化，层理面最大剪应力、中性轴层面最大剪应力的变化规律如图 2.8～图 2.10 所示。

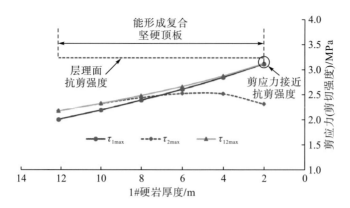

图 2.8　层理面最大剪应力、中性轴层面最大剪应力与 1#硬岩厚度的关系曲线

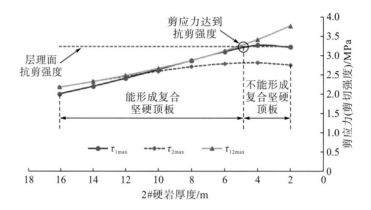

图 2.9　层理面最大剪应力、中性轴层面最大剪应力与 2#硬岩厚度的关系曲线

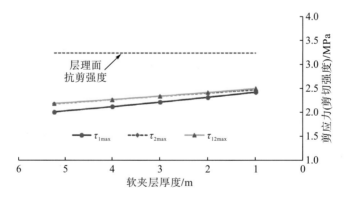

图 2.10　层理面最大剪应力、中性轴层面最大剪应力与软夹层厚度的关系曲线

　　由图 2.8～图 2.10 可以发现，1#、2#硬岩厚度对层理面最大剪应力和中性轴层面最大剪应力的影响要明显大于软夹层(即泥岩层)厚度的影响，随着 1#硬岩厚度的减小，τ_{1max}、τ_{12max} 逐渐增大，τ_{2max} 呈现出先增大后减小的变化趋势；在 1#硬岩厚度减小到 2m 时，τ_{1max} 增大到 3.11MPa，与层理面的抗剪强度 3.23MPa 非常接近，此时 1#硬岩与软夹层的层理面已经很容易发生剪切破坏。随着 2#硬岩厚度的减小，τ_{12max} 同样是逐渐增大，增幅明显大于 1#硬岩厚度减小时的情况，而 τ_{1max}、τ_{2max} 则随着 2#硬岩厚度的减小先增大然后趋于

稳定；在 2#硬岩厚度减小到 4m 时，$\tau_{1\max}$ 增大到 3.26MPa，超过层理面的抗剪强度，此时 1#硬岩与软夹层的层理面将发生剪切破坏。随着软夹层厚度的减小，$\tau_{1\max}$、$\tau_{2\max}$ 和 $\tau_{12\max}$ 均逐渐增大，但是增加幅度不大，在软夹层厚度由 5.24m 减小到 1m 的过程中，$\tau_{1\max}$、$\tau_{2\max}$ 的值均未达到层理面的抗剪强度。

　　当 1#、2#硬岩的厚度同时减小时，层理面最大剪应力和中性轴层面最大剪应力的变化规律如表 2.3 所示，随着 1#、2#硬岩厚度的同时减小，$\tau_{1\max}$、$\tau_{12\max}$ 不断增大，并且增幅要明显大于单层硬岩厚度减小时的情况。在 1#、2#硬岩厚度分别减小到 6m、10m 时，$\tau_{1\max}$ 已经达到 3.38MPa，超过了层理面的抗剪强度，说明该条件下的 1#硬岩与软夹层（泥岩层）的层理面在顶板跨距为 84.3m 之前就已经发生剪切破坏，不能形成复合坚硬顶板；当 1#、2#硬岩厚度分别减小到 6m、8m 及以下时，$\tau_{1\max}$ 均超过了层理面的抗剪强度，均不具备形成复合坚硬顶板的条件。

表 2.3　层理面最大剪应力、中性轴层面最大剪应力与 1#、2#硬岩厚度的关系

序号	硬岩厚度/m		剪应力/MPa			备注
	1#	2#	$\tau_{1\max}$	$\tau_{2\max}$	$\tau_{12\max}$	
1	12.12	16.08	2.00	2.17	2.49	可形成复合坚硬顶板
2	10	14	2.40	2.45	2.49	
3	8	12	2.87	2.62	2.88	
4	6	10	3.38	2.34	3.42	不可形成复合坚硬顶板
5	6	8	3.57	1.91	3.78	
6	4	8	3.72	0.34	4.22	
7	6	6	3.52	1.06	4.22	

　　当 1#、2#硬岩、软夹层中单一岩层厚度减小时，复合坚硬顶板的破断步距如图 2.11 所示，1#、2#硬岩中单一岩层的厚度减小，均会使复合坚硬顶板的破断步距明显减小，由于软夹层本身厚度较小，只有 5.24m，因此，复合坚硬顶板的破断步距受软夹层厚度减小的影响有限。

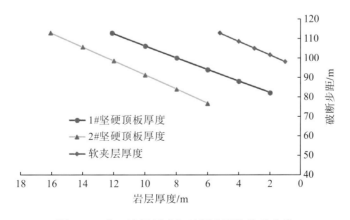

图 2.11　单一岩层厚度与破断步距的关系曲线

　　由表 2.3 可知，在分析的 1#、2#硬岩的厚度同时减小的 7 种情况中，只有前 3 种情况下，可以形成复合坚硬顶板，根据复合坚硬顶板破断步距表达式，得出这 3 种情况下复合坚硬顶板的破断步距如表 2.4 所示，复合坚硬顶板的破断步距明显减小，并且减小幅度要大于单一岩层厚度减小时的情况。

表 2.4　1#、2#硬岩厚度与破断步距的关系

序号	硬岩厚度/m		破断步距/m
	1#	2#	
1	12.12	16.08	115.14
2	10	14	98.93
3	8	12	85.68

　　在 1#硬岩厚度单独减小至 10m 时，破断步距为 106.27m；在 2#硬岩厚度单独减小至 14m 时，破断步距为 105.54m；而在 1#、2#硬岩厚度同时分别减小至 10m、14m 时，破断步距为 98.93m，较 1#、2#硬岩厚度单独减小时的情况分别减小了 6.9%和 6.3%。在 1#硬岩厚度单独减小至 8m 时，破断步距为 100.09m；在 2#硬岩厚度单独减小至 12m 时，破断步距为 98.42m；而在 1#、2#硬岩厚度同时分别减小至 8m、12m 时，破断步距为 85.68m，分别减小了 14.4%和 12.9%。由此可以发现，相较于单一硬岩厚度的减小，1#、2#硬岩厚度同时减小使复合坚硬顶板破断步距缩短的效果更明显。

第3章　覆岩压力影响因素分析

地面水力压裂是赋存坚硬顶板的煤矿用以控制强矿压显现的新方法(潘超等，2015)。在地面水力压裂过程中，压裂目标层的选择是关键。然而，当前压裂目标层的选择存在盲目性，缺乏科学的理论依据。对此，本章拟建立一种新的采场覆岩压力计算模型，通过分析采场覆岩中各层岩层对工作面煤层的压力，确定地面水力压裂的目标层，并以典型的赋存多层坚硬顶板的塔山煤矿为例，进行地面水力压裂的目标层判定。然后，采用数值模拟的方法，通过分析顶板的能量释放事件和工作面的支承应力，对地面水力压裂的目标层判定结果进行验证。

3.1　十二参数采场覆岩压力计算模型的建立

长壁采煤法是当前使用最广泛的一种地下采煤方法，使用该方法开采的煤炭总量占比达国有重点煤矿产量的95%以上。在美国该方法也仍然是当前最有效的地下采煤方法，使用该方法开采的煤炭总量约占美国地下开采煤炭总量的53%。因此，十二参数采场覆岩压力计算模型的建立以长壁开采为背景。

根据经典矿山压力理论与相似物理模型试验结果(图 3.1)，煤层采出后采场覆岩垮落迹线大体呈梯形随工作面不断向前推进而逐渐向前向上发展，最终在覆岩中形成垮落带、裂隙带和弯曲下沉带(姜福兴等，2006，2016；王金安等，2011；王拓等，2017；李振雷等，2018)。基于此，从中抽象出如图 3.2 所示的长壁开采覆岩运动模型。

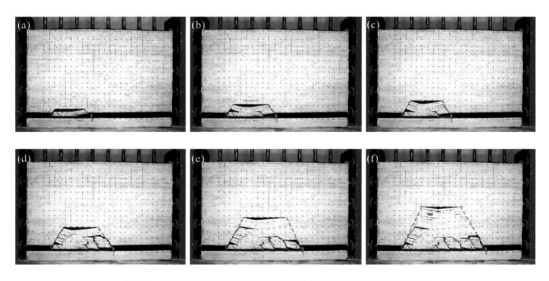

图 3.1　长壁开采过程中覆岩运动的相似物理模型试验结果

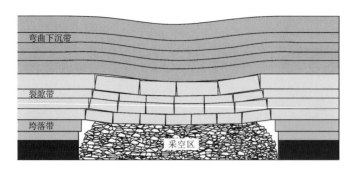

图 3.2　长壁开采覆岩运动模型

3.1.1　垮落带岩层对下覆岩层的压力

在图 3.2 所示的长壁开采覆岩运动模型中取垮落带范围内的任一岩层进行分析,探究这一岩层其自身对下覆岩层的压力作用(夏彬伟等,2016)。取该岩层即将周期破断的时刻进行分析(因为此刻对工作面的潜在危害更大),如图 3.3 所示。视 $x \geqslant 0$ 段岩梁为悬臂梁,视 $x \leqslant 0$ 段岩梁为半无限长弹性岩梁。

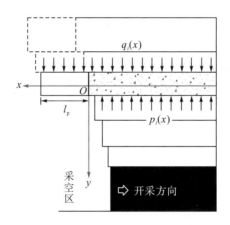

图 3.3　垮落带内岩梁受力模型

忽略轴向力对岩梁弯曲变形的影响,对于 $x \leqslant 0$ 段岩梁,岩梁的弯曲变形微分方程为

$$EI \frac{\mathrm{d}^4 y_{i-}(x)}{\mathrm{d}x^4} = q_i(x) - p_i(x) \tag{3.1}$$

式中,E 为岩梁的弹性模量,Pa,平面应变条件下,E 为 $E_0 / (1-v^2)$,v 为泊松比;I 为岩梁横截面的惯性矩,m⁴;$y_{i-}(x)$ 为第 i 层岩梁 $x \leqslant 0$ 段的挠度,m;$q_i(x)$ 为第 i 层岩梁的分布荷重,Pa;$p_i(x)$ 为第 i 层岩梁所受反作用力,Pa。

仅考虑岩梁自身作用,即仅考虑岩梁自重时,

$$q_i(x) = r_i h_i \tag{3.2}$$

式中,r_i 为第 i 层岩梁的重力密度,N/m³;h_i 为第 i 层岩梁的厚度,m。

根据温克勒(Winkler)理论,岩梁对下覆岩层的压力为 $p_i(x)$,

$$p_i(x) = k y_{i-}(x) \tag{3.3}$$

式中，k 为温克勒地基系数，N/m³。

因此，式(3.1)可改写为

$$y_{i-}{}^{(4)}(x) + 4\alpha^4 y_{i-}(x) = \frac{r_i h_i}{EI} \qquad (3.4)$$

式中，$\alpha = \sqrt[4]{\dfrac{k}{4EI}}$ 。

式(3.4)的通解是齐次方程式(3.5)的通解与式(3.4)的特解式(3.6)所构成的：

$$y_{i-}{}^{(4)}(x) + 4\alpha^4 y_{i-}(x) = 0 \qquad (3.5)$$

$$y_{i-}(x) = y^*(x) = \frac{r_i h_i}{k} \qquad (3.6)$$

齐次方程式(3.5)的通解是由其特解线性组合而成的。设其特解为 $y_{i-}(x) = e^{\lambda x}$，则得齐次方程式(3.5)的特征方程：

$$\lambda^4 + 4\alpha^4 = 0 \qquad (3.7)$$

解出特征根为

$$\begin{cases} \lambda_1 = \alpha + i\alpha \\ \lambda_2 = \alpha - i\alpha \\ \lambda_3 = -\alpha + i\alpha \\ \lambda_4 = -\alpha - i\alpha \end{cases} \qquad (3.8)$$

由此得到齐次方程式(3.5)的 4 个特解：

$$\begin{cases} y_1 = e^{\alpha x} e^{i\alpha x} \\ y_2 = e^{\alpha x} e^{-i\alpha x} \\ y_3 = e^{-\alpha x} e^{i\alpha x} \\ y_4 = e^{-\alpha x} e^{-i\alpha x} \end{cases} \qquad (3.9)$$

由于齐次方程式(3.5)是线性的，所以式(3.9)中的特解的线性组合仍然是齐次方程式(3.5)的特解。并且存在

$$\begin{cases} \cos\alpha x = \dfrac{1}{2}(e^{i\alpha x} + e^{-i\alpha x}) \\ \sin\alpha x = \dfrac{1}{2i}(e^{i\alpha x} - e^{-i\alpha x}) \end{cases} \qquad (3.10)$$

因此，得到齐次方程式(3.5)的 4 个新的特解：

$$\begin{cases} y_1 = e^{\alpha x} \cos\alpha x \\ y_2 = e^{\alpha x} \sin\alpha x \\ y_3 = e^{-\alpha x} \cos\alpha x \\ y_4 = e^{-\alpha x} \sin\alpha x \end{cases} \qquad (3.11)$$

将式(3.11)中的特解进行线性组合，并引入 4 个任意常数 A、B、C、D，即得到齐次方程式(3.5)的通解。再结合式(3.4)的特解式(3.6)，最终得到式(3.4)的通解为

$$y_{i-}(x) = \mathrm{e}^{\alpha x}\left(A\cos\alpha x + B\sin\alpha x\right) + \mathrm{e}^{-\alpha x}\left(C\cos\alpha x + D\sin\alpha x\right) + \frac{r_i h_i}{k} \quad (x \leqslant 0) \tag{3.12}$$

根据边界条件，$x \to -\infty$ 时，$y_{i-}(x) \to r_i h_i / k$，得出 $C=D=0$。故可进一步得出：

$$y_{i-}(x) = \mathrm{e}^{\alpha x}\left(A\cos\alpha x + B\sin\alpha x\right) + \frac{r_i h_i}{k} \quad (x \leqslant 0) \tag{3.13}$$

对于岩梁 $0 \leqslant x \leqslant l_p$（$l_p$ 为第 i 层岩梁的周期破断步距，$l_p = h_i\sqrt{\sigma_i / 3 r_i h_i}$）段，根据岩梁的弯曲变形微分方程：

$$EI\frac{\mathrm{d}^4 y_{i+}(x)}{\mathrm{d}x^4} = r_i h_i \tag{3.14}$$

可解出岩梁 $0 \leqslant x \leqslant l_p$ 段的挠曲方程：

$$y_{i+}(x) = \frac{1}{EI}\left(\frac{r_i h_i}{24}x^4 + \frac{F}{6}x^3 + \frac{G}{2}x^2 + Jx + S\right) \tag{3.15}$$

依据悬臂梁的求解，在 $x=l_p$ 处满足：

$$\begin{cases} y_{i+}\left(l_p\right) = \dfrac{r_i h_i l_p^{\ 4}}{8EI} \\[3mm] y_{i+}'\left(l_p\right) = \dfrac{r_i h_i l_p^{\ 3}}{6EI} \end{cases} \tag{3.16}$$

据此可解出：

$$\begin{cases} \dfrac{F}{6}l_p^{\ 3} + \dfrac{G}{2}l_p^{\ 2} + Jl_p + S = \dfrac{r_i h_i}{12}l_p^{\ 4} \\[3mm] \dfrac{F}{2}l_p^{\ 2} + Gl_p + J = 0 \end{cases} \tag{3.17}$$

同时，岩梁 $x \leqslant 0$ 段与 $0 \leqslant x \leqslant l_p$ 段的挠曲方程在 $x=0$ 处连续。分别对岩梁 $x \leqslant 0$ 段与 $0 \leqslant x \leqslant l_p$ 段的挠曲方程求 1~3 阶导数，可得

$$\begin{cases} y_{i-}'(x) = (A\cos\alpha x - A\sin\alpha x + B\cos\alpha x + B\sin\alpha x)\alpha\mathrm{e}^{\alpha x} \\[2mm] y_{i-}''(x) = (-A\sin\alpha x + B\cos\alpha x)2\alpha^2\mathrm{e}^{\alpha x} \\[2mm] y_{i-}'''(x) = -2(A\cos\alpha x + A\sin\alpha x - B\cos\alpha x + B\sin\alpha x)\alpha^3\mathrm{e}^{\alpha x} \\[2mm] y_{i+}'(x) = \left(\dfrac{r_i h_i}{6}x^3 + \dfrac{F}{2}x^2 + Gx + J\right)\dfrac{1}{EI} \\[3mm] y_{i+}''(x) = \left(\dfrac{r_i h_i}{2}x^2 + Fx + G\right)\dfrac{1}{EI} \\[3mm] y_{i+}'''(x) = (r_i h_i x + F)\dfrac{1}{EI} \end{cases} \tag{3.18}$$

依据连续性条件有

$$\begin{cases} y_{i-}(0) = y_{i+}(0) \\ y'_{i-}(0) = y'_{i+}(0) \\ y''_{i-}(0) = y''_{i+}(0) \\ y'''_{i-}(0) = y'''_{i+}(0) \end{cases} \tag{3.19}$$

综合式 (3.17) 与式 (3.19) 解出：

$$\begin{cases} A = \dfrac{r_i h_i (kl_{\mathrm{p}}^4 - 12EI)(l_{\mathrm{p}}\alpha + 1)}{4EIk\left(4l_{\mathrm{p}}^2\alpha^2 + 3l_{\mathrm{p}}\alpha + 3\right)} \\[4mm] B = \dfrac{r_i h_i (kl_{\mathrm{p}}^4 - 12EI)(l_{\mathrm{p}}\alpha - 1)}{4EIk\left(4l_{\mathrm{p}}^2\alpha^2 + 3l_{\mathrm{p}}\alpha + 3\right)} \end{cases} \tag{3.20}$$

将式 (3.20) 代入式 (3.13) 中，得到 $x \leqslant 0$ 段岩梁的挠曲方程为

$$y_{i-}(x) = \frac{r_i h_i (kl_{\mathrm{p}}^4 - 12EI)\,\mathrm{e}^{\alpha x}}{4EIk\left(4l_{\mathrm{p}}^2\alpha^2 + 3l_{\mathrm{p}}\alpha + 3\right)}$$
$$\times \left[(l_{\mathrm{p}}\alpha + 1)\cos\alpha x + (l_{\mathrm{p}}\alpha - 1)\sin\alpha x \right] + \frac{r_i h_i}{k} \quad (x \leqslant 0) \tag{3.21}$$

在原有坐标系的基础上进行坐标轴变换，以工作面推进方向为 x 轴正方向。此时在式 (3.21) 中令 $x = -x$ 即可得坐标轴变换后垮落带范围内岩梁 $x \geqslant 0$ 部分的挠曲方程。再结合温克勒理论，解得该岩梁对下覆岩层的压力为

$$p_i(x) = \frac{r_i h_i (kl_{\mathrm{p}}^4 - 12EI)\,\mathrm{e}^{-\alpha x}}{4EI\left(4l_{\mathrm{p}}^2\alpha^2 + 3l_{\mathrm{p}}\alpha + 3\right)}\left[(l_{\mathrm{p}}\alpha + 1)\cos\alpha x - (l_{\mathrm{p}}\alpha - 1)\sin\alpha x \right] + r_i h_i \quad (x \geqslant 0) \tag{3.22}$$

3.1.2　裂隙带岩层对下覆岩层的压力

对于裂隙带内岩层，只需在垮落带内岩层受力模型的基础上，在岩层临近采空区侧的末端加上一因破断而形成的砌体岩块的运动所产生的切力，如图 3.4 所示。

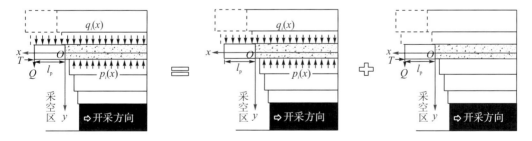

图 3.4　裂隙带内岩梁受力模型

据砌体梁理论，覆岩破断后裂隙带内形成砌体梁结构有如图 3.5 所示的受力关系。

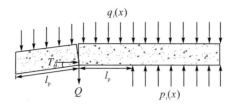

图 3.5　砌体岩块与岩梁的相互作用

根据砌体梁理论(钱鸣高等，2010)：

$$T = \frac{r_i h_i}{\dfrac{h_i}{l_p} - \dfrac{1}{2}\sin\theta} \tag{3.23}$$

$$Q = T\tan\phi = \frac{2r_i h_i l_p \tan\phi}{2h_i - l_p \sin\theta} \tag{3.24}$$

式中，l_p 为第 i 层岩梁的周期破断步距，m；θ 为砌体岩块转动角，(°)；ϕ 为岩石内摩擦角，(°)。

仅考虑切力 Q 作用时，对于裂隙带范围内岩梁 $x \leqslant 0$，有

$$y_{i-}(x) = e^{\alpha x}\left(A\cos\alpha x + B\sin\alpha x\right) \quad (x \leqslant 0) \tag{3.25}$$

对于岩梁 $0 \leqslant x \leqslant l_p$ 段，根据岩梁的弯曲变形微分方程，有

$$EI\frac{\mathrm{d}^3 y_{i+}(x)}{\mathrm{d}x^3} = Q \tag{3.26}$$

可解出岩梁 $0 \leqslant x \leqslant l_p$ 段的挠曲方程：

$$y_{i+}(x) = \frac{1}{EI}\left(\frac{F}{6}x^3 + \frac{G}{2}x^2 + Jx + S\right) \tag{3.27}$$

依据悬臂梁的求解，在 $x = l_p$ 处满足：

$$\begin{cases} y_{i+}\left(l_p\right) = \dfrac{Ql_p^3}{3} \\ y_{i+}'\left(l_p\right) = Ql_p^2 \end{cases} \tag{3.28}$$

据此可解出：

$$\begin{cases} \dfrac{F}{6}l_p^3 + \dfrac{G}{2}l_p^2 + Jl_p + S = \dfrac{Ql_p^3}{3} \\ \dfrac{F}{2}l_p^2 + Gl_p + J = Ql_p^2 \end{cases} \tag{3.29}$$

同时，岩梁 $x \leqslant 0$ 段与 $0 \leqslant x \leqslant l_p$ 段的挠曲方程在 $x=0$ 处连续。分别对岩梁 $x \leqslant 0$ 段与 $0 \leqslant x \leqslant l_p$ 段的挠曲方程求 $1 \sim 3$ 阶导数，可得

$$
\begin{cases}
y'_{i-}(x) = (A\cos\alpha x - A\sin\alpha x + B\cos\alpha x + B\sin\alpha x)\alpha e^{\alpha x} \\[4pt]
y''_{i-}(x) = (-A\sin\alpha x + B\cos\alpha x)2\alpha^2 e^{\alpha x} \\[4pt]
y'''_{i-}(x) = -2(A\cos\alpha x + A\sin\alpha x - B\cos\alpha x + B\sin\alpha x)\alpha^3 e^{\alpha x} \\[4pt]
y'_{i+}(x) = \left(\dfrac{F}{2}x^2 + Gx + J\right)\dfrac{1}{EI} \\[4pt]
y''_{i+}(x) = (Fx + G)\dfrac{1}{EI} \\[4pt]
y'''_{i+}(x) = \dfrac{F}{EI}
\end{cases}
\tag{3.30}
$$

依据连续性条件解得

$$
\begin{cases}
A = \dfrac{S}{EI} \\[4pt]
(A+B)\alpha = \dfrac{J}{EI} \\[4pt]
2B\alpha^2 = \dfrac{G}{EI} \\[4pt]
2(B-A)\alpha^3 = \dfrac{F}{EI}
\end{cases}
\tag{3.31}
$$

综合式 (3.29) 与式 (3.31) 解出：

$$
\begin{cases}
A = \dfrac{Ql_{p}^4\alpha^2\left(l_{p}^2\alpha^2 - 2\right)}{2\alpha EI\left(l_{p}^2\alpha^2 - 1\right)\left(l_{p}^3\alpha^3 + 3l_{p}^2\alpha^2 + 3l_{p}\alpha + 3\right)} \\[10pt]
B = \dfrac{Ql_{p}^2\left(l_{p}^3\alpha^3 + l_{p}\alpha + 3\right)}{2\alpha EI\left(l_{p}\alpha + 1\right)\left(l_{p}^3\alpha^3 + 3l_{p}^2\alpha^2 + 3l_{p}\alpha + 3\right)}
\end{cases}
\tag{3.32}
$$

将上述系数代入式 (3.13) 中，可得到仅考虑切力 Q 作用时岩梁 $x\leqslant 0$ 段的挠曲方程：

$$
y_{i-}(x) = \frac{Ql_{p}^2 e^{\alpha x}\left[l_{p}^2\alpha^2\left(l_{p}^2\alpha^2 - 2\right)\cos\alpha x + \left(l_{p}\alpha - 1\right)\left(l_{p}^3\alpha^3 + l_{p}\alpha + 3\right)\sin\alpha x\right]}{2\alpha EI\left(l_{p}^2\alpha^2 - 1\right)\left(l_{p}^3\alpha^3 + 3l_{p}^2\alpha^2 + 3l_{p}\alpha + 3\right)} \quad (x\leqslant 0)
\tag{3.33}
$$

根据应力叠加原理，最终可得裂隙带内岩梁 $x\leqslant 0$ 段的挠曲方程：

$$
\begin{aligned}
y_{i-}(x) = {} & \frac{2r_i h_i l_{p}\tan\phi}{2h_i - l_{p}\sin\theta}\cdot\frac{l_{p}^2 e^{\alpha x}\left[l_{p}^2\alpha^2\left(l_{p}^2\alpha^2 - 2\right)\cos\alpha x + \left(l_{p}\alpha - 1\right)\left(l_{p}^3\alpha^3 + l_{p}\alpha + 3\right)\sin\alpha x\right]}{2\alpha EI\left(l_{p}^2\alpha^2 - 1\right)\left(l_{p}^3\alpha^3 + 3l_{p}^2\alpha^2 + 3l_{p}\alpha + 3\right)} \\
& + \frac{r_i h_i\left(kl_{p}^4 - 12EI\right)e^{\alpha x}}{4EIk\left(4l_{p}^2\alpha^2 + 3l_{p}\alpha + 3\right)}\left[\left(l_{p}\alpha + 1\right)\cos\alpha x + \left(l_{p}\alpha - 1\right)\sin\alpha x\right] + \frac{r_i h_i}{k} \quad (x\leqslant 0)
\end{aligned}
\tag{3.34}
$$

在原有坐标系的基础上进行坐标轴变换，以工作面推进方向为 x 轴正方向。此时在式 (3.34) 中令 $x = -x$ 即可得坐标轴变换后裂隙带范围内岩梁 $x\geqslant 0$ 部分的挠曲方程。再根据温克勒理论，可得裂隙带内岩梁对下覆岩层的压力：

$$p_i(x) = \frac{2r_i h_i l_p \tan\phi}{2h_i - l_p \sin\theta} \cdot \frac{k l_p^2 e^{-\alpha x} \left[l_p^2 \alpha^2 \left(l_p^2 \alpha^2 - 2 \right) \cos\alpha x - \left(l_p \alpha - 1 \right) \left(l_p^3 \alpha^3 + l_p \alpha + 3 \right) \sin\alpha x \right]}{2\alpha EI \left(l_p^2 \alpha^2 - 1 \right) \left(l_p^3 \alpha^3 + 3 l_p^2 \alpha^2 + 3 l_p \alpha + 3 \right)}$$

$$+ \frac{r_i h_i \left(k l_p^4 - 12 EI \right) e^{-\alpha x}}{4 EI \left(4 l_p^2 \alpha^2 + 3 l_p \alpha + 3 \right)} \left[\left(l_p \alpha + 1 \right) \cos\alpha x - \left(l_p \alpha - 1 \right) \sin\alpha x \right] + r_i h_i \qquad (x \geq 0) \tag{3.35}$$

3.1.3 弯曲下沉带岩层对下覆岩层的压力

视弯曲下沉带内岩层为无限长弹性岩梁。由于采空区内充填的破碎岩体具有相对较大的可压缩性，且采空区为卸压区，对上覆弯曲下沉带内岩层的支撑力较小，故近似简化为零。因此，覆岩弯曲下沉带内岩层的受力情况可简化为如图 3.6 所示的受力模型。

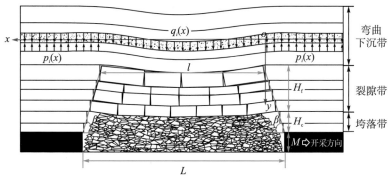

图 3.6　弯曲下沉带内岩梁受力模型

注：H_c 为垮落带高度，H_f 为裂隙带高度。

设采空区两侧的岩层破断线与煤层的夹角均为 β，工作面推进长度为 L，则弯曲下沉带下部的悬露长度 l 可表示为

$$l = L - \frac{2 H_f}{\tan\beta} \tag{3.36}$$

式中，H_f 为裂隙带高度，可通过现场实测获取，m。然而实测成本高，故许多学者采用经验公式获取，如根据对现场观测数据的统计，总结得出垮落带、裂隙带的高度可分别按式(3.37)和式(3.38)计算：

$$H_c = \frac{100M}{c_1 M + c_2} \tag{3.37}$$

$$H_f = \frac{100M}{c_3 M + c_4} \tag{3.38}$$

式中，M 为煤层采高，m；$c_1 \sim c_4$ 为与岩性有关的系数，其取值见表 3.1。

表 3.1　垮落带与裂隙带高度计算系数

岩性	抗压强度/MPa	c_1	c_2	c_3	c_4
坚硬	>40	2.1	16.0	1.2	2.0
中硬	20~40	4.7	19.0	1.6	3.6
软弱	<20	6.2	32.0	3.1	5.0

以坚硬岩性为例，将表 3.1 中系数(Bai et al., 1995)代入式(3.37)、式(3.38)中可得垮落带、裂隙带高度随采高的变化，如图 3.7 所示。可以看出，随采高增大垮落带、裂隙带高度逐渐趋于一定值，这显然是不合理的。故式(3.37)、式(3.38)仅适用于采高较小时的情形。而且式(3.37)、式(3.38)乃经验公式，缺乏理论依据。

根据理论推导，理论垮落带高度应满足式(3.39)所示关系，且应按此公式计算垮落带高度。对于裂隙带高度，无理论计算方法，故本书对式(3.38)进行了修正，结合理论与经验方法，参考经验方法中裂隙带与垮落带高度的倍数关系，得到式(3.40)所示的裂隙带高度计算式。理论垮落带高度与修正后的裂隙带高度随采高的变化关系如图 3.8 所示。

$$H_{\mathrm{c}} = \frac{M}{k-1} \tag{3.39}$$

$$H_{\mathrm{f}} = \frac{M}{k-1} \cdot \frac{c_1 M + c_2}{c_3 M + c_4} \tag{3.40}$$

式中，k 为碎胀系数。

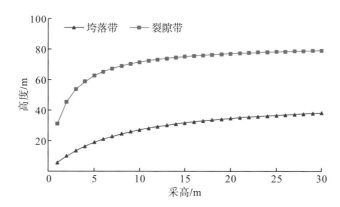

图 3.7　据经验公式所得垮落带、裂隙带高度(岩性坚硬)

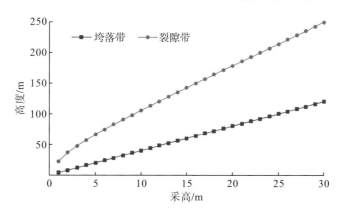

图 3.8　理论垮落带高度与修正后的裂隙带高度($k = 1.25$)

弯曲下沉带范围内岩梁 $x \leqslant 0$ 段的挠曲方程同垮落带岩层一样，即为式(3.13)。只是 $x \geqslant 0$ 段由于边界条件不同而不同。岩梁 $0 \leqslant x \leqslant l/2$ 段，其挠曲方程同式(3.15)。根据岩梁的对称性，在 $x = l/2$ 处，岩梁转角与切力为 0，即

$$\begin{cases} y'_{i+}\left(\dfrac{l}{2}\right)=0 \\[3mm] y'''_{i+}\left(\dfrac{l}{2}\right)=0 \end{cases} \tag{3.41}$$

对岩梁 $0\leqslant x\leqslant l/2$ 段的挠曲方程求 $1\sim3$ 阶导数，并利用 $x=0$ 处的连续条件，解得

$$\begin{cases} A+\dfrac{r_ih_i}{k}=\dfrac{S}{EI} \\[3mm] (A+B)\alpha=\dfrac{J}{EI} \\[3mm] 2B\alpha^2=\dfrac{G}{EI} \\[3mm] 2(A-B)\alpha^3=\dfrac{r_ih_il}{2EI} \end{cases} \tag{3.42}$$

联立式 (3.41) 和式 (3.42) 解得

$$\begin{cases} A=\dfrac{r_ih_il\left(l^2\alpha^2+6l\alpha+6\right)}{24\alpha^3EI\left(l\alpha+2\right)} \\[4mm] B=\dfrac{r_ih_il\left(l^2\alpha^2-6\right)}{24\alpha^3EI\left(l\alpha+2\right)} \\[4mm] G=\dfrac{r_ih_il\left(l^2\alpha^2-6\right)}{12\alpha\left(l\alpha+2\right)} \\[4mm] J=\dfrac{r_ih_il^2\left(l\alpha+3\right)}{12\alpha\left(l\alpha+2\right)} \\[4mm] S=\dfrac{r_ih_il\left(l^2\alpha^2+6l\alpha+6\right)}{24\alpha^3\left(l\alpha+2\right)}+\dfrac{EIr_ih_i}{k} \\[4mm] F=-\dfrac{r_ih_il}{2} \end{cases} \tag{3.43}$$

将式 (3.43) 代入方程式 (3.15)，得到弯曲下沉带内岩梁 $x\geqslant0$ 段的挠曲方程为

$$\begin{aligned} y_{i+}(x)=\dfrac{1}{EI}&\left[\dfrac{r_ih_i}{24}x^4-\dfrac{r_ih_il}{12}x^3+\dfrac{r_ih_il\left(l^2\alpha^2-6\right)}{24\alpha\left(l\alpha+2\right)}x^2+\dfrac{r_ih_il^2\left(l\alpha+3\right)}{12\alpha\left(l\alpha+2\right)}x\right.\\ &\left.+\dfrac{r_ih_il\left(l^2\alpha^2+6l\alpha+6\right)}{24\alpha^3\left(l\alpha+2\right)}+\dfrac{EIr_ih_i}{k}\right] \end{aligned} \tag{3.44}$$

将式 (3.43) 代入式 (3.13) 中，得到弯曲下沉带内岩梁 $x\leqslant0$ 段的挠曲方程为

$$y_{i-}(x)=\dfrac{r_ih_ile^{\alpha x}}{24\alpha^3EI\left(l\alpha+2\right)}\left[\left(l^2\alpha^2+6l\alpha+6\right)\cos\alpha x+\left(l^2\alpha^2-6\right)\sin\alpha x\right]+\dfrac{r_ih_i}{k}\quad(x\leqslant0) \tag{3.45}$$

在原有坐标系的基础上进行坐标轴变换，以工作面推进方向为 x 轴正方向。此时在

式 (3.45) 中令 $x=-x$，即可得坐标轴变换后弯曲下沉带内岩梁 $x \geq 0$ 段的挠曲方程为

$$y_i(x) = \frac{r_i h_i l \, e^{-\alpha x}}{24\alpha^3 EI(l\alpha+2)}\left[\left(l^2\alpha^2+6l\alpha+6\right)\cos\alpha x-\left(l^2\alpha^2-6\right)\sin\alpha x\right]+\frac{r_i h_i}{k} \quad (x\geq 0) \quad (3.46)$$

达到充分采动后，地表沉陷达最大值且随工作面推进长度增加几乎保持不变。设弯曲下沉带内岩层间协调运动、不发生离层，则可用地表沉降的最大值来表示弯曲下沉带内各岩层的最大挠度。弯曲下沉带内各岩层的最大挠度 y_m 为

$$y_m = M\eta\cos\vartheta \quad (3.47)$$

式中，M 为煤层采高，m；ϑ 为煤层倾角，(°)；η 为下沉系数。

岩层移动扩展至弯曲下沉带时，采空区已被完全充填，此时弯曲下沉带的下沉空间是源自采空区的破碎岩体被压缩。然而，这样的压缩在有限的采场空间内是很有限的，这就决定了弯曲下沉带的沉降不会太大。根据晋能控股煤业集团有限公司同忻煤矿的生产实践，地表沉降量大约是采高的 5%。因而本书中下沉系数 η 取值为 5%。

根据式 (3.44)，弯曲下沉带内岩梁的挠度在 $x=l/2$ 处取得最大值：

$$y_m\left(\frac{l}{2}\right)=\left[\frac{r_i h_i l^4}{384}+\frac{r_i h_i l^3\alpha^2(l\alpha+5)+12r_i h_i l(l\alpha+1)}{48\alpha^3(l\alpha+2)}\right]\frac{1}{EI}+\frac{r_i h_i}{k} \quad (3.48)$$

因此，当

$$\left[\frac{r_i h_i l_c^4}{384}+\frac{r_i h_i l_c^3\alpha^2(l_c\alpha+5)+12r_i h_i l_c(l_c\alpha+1)}{48\alpha^3(l_c\alpha+2)}\right]\frac{1}{EI}+\frac{r_i h_i}{k}=M\eta\cos\vartheta \quad (3.49)$$

即当 $L=L_c=l_c+2H_f/\tan\beta$ 时，达到充分采动的临界工作面推进长度。此时地表沉陷达最大值且随工作面推进长度的增加几乎保持不变。此时，

$$y_i(x)=\frac{r_i h_i l_c\, e^{-\alpha x}}{24\alpha^3 EI(l_c\alpha+2)}\left[\left(l_c^2\alpha^2+6l_c\alpha+6\right)\cos\alpha x-\left(l_c^2\alpha^2-6\right)\sin\alpha x\right]+\frac{r_i h_i}{k} \quad (x\geq 0,l\geq l_c)$$

$$(3.50)$$

根据温克勒理论，最终可得弯曲下沉带内岩梁对下覆岩层的压力为

$$p_i(x)=\begin{cases}\left\{\left[\alpha^2\left(L-\dfrac{2H_f}{\tan\beta}\right)^2+6\alpha\left(L-\dfrac{2H_f}{\tan\beta}\right)+6\right]\cos\alpha x-\left[\alpha^2\left(L-\dfrac{2H_f}{\tan\beta}\right)^2-6\right]\sin\alpha x\right\} \\[2mm] \times\dfrac{r_i h_i k\, e^{-\alpha x}\left(L-\dfrac{2H_f}{\tan\beta}\right)}{24\alpha^3 EI\left[\alpha\left(L-\dfrac{2H_f}{\tan\beta}\right)+2\right]}+r_i h_i \quad \left(x\geq 0,L_c>L\geq\dfrac{2H_f}{\tan\beta}\right) \\[6mm] \left\{\left[\alpha^2\left(L_c-\dfrac{2H_f}{\tan\beta}\right)^2+6\alpha\left(L_c-\dfrac{2H_f}{\tan\beta}\right)+6\right]\cos\alpha x-\left[\alpha^2\left(L_c-\dfrac{2H_f}{\tan\beta}\right)^2-6\right]\sin\alpha x\right\} \\[2mm] \times\dfrac{r_i h_i k\, e^{-\alpha x}\left(L_c-\dfrac{2H_f}{\tan\beta}\right)}{24\alpha^3 EI\left[\alpha\left(L_c-\dfrac{2H_f}{\tan\beta}\right)+2\right]}+r_i h_i \quad (x\geq 0,L\geq L_c)\end{cases}$$

$$(3.51)$$

3.1.4 覆岩楔形岩体对下覆岩层压力的求解

覆岩垮落后在工作面上方形成岩层破断迹线，而该迹线与煤层呈一夹角，使该迹线一侧未垮落岩体呈楔形体，如图 3.9 所示。楔形体的上界为弯曲下沉带与裂隙带的交界。假设楔形体为弹性楔形体，则垮落带与裂隙带范围内岩层所施加的压力 $p_i(x)$ 传递至采煤工作面的支承压力可以采用弹性力学 (吴家龙, 2001) 中楔形体的楔面受到分布载荷的计算模型来求解。该计算模型如图 3.9 所示。

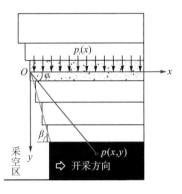

图 3.9　垮落带与裂隙带内岩梁对下覆岩层的传力模型

注: φ、β 的单位为 rad。

在楔形体中任取一点 $p(x,y)$，则 p 点距 x 轴的距离为 y，距 y 轴的距离为 x，距原点的距离为 ρ，Op 连线与 x 轴的夹角为 φ。根据莱维解法，可解得 p 点的应力分量:

$$
\begin{cases}
\sigma_\rho = \dfrac{\left[(1+\cos 2\varphi)\tan\beta - 2\varphi - \sin 2\varphi\right]p_i(x)}{2(\tan\beta - \beta)} - p_i(x) \\[3mm]
\sigma_\varphi = \dfrac{\left[(1-\cos 2\varphi)\tan\beta - 2\varphi + \sin 2\varphi\right]p_i(x)}{2(\tan\beta - \beta)} - p_i(x) \\[3mm]
\tau_{\rho\varphi} = \dfrac{(1-\cos 2\varphi - \tan\beta\sin 2\varphi)p_i(x)}{2(\tan\beta - \beta)}
\end{cases}
\tag{3.52}
$$

将式 (3.52) 转换到直角坐标系，便得到第 i 层岩层作用下楔形体内的垂直应力:

$$
\begin{aligned}
\sigma_{vi} = &\left(\left\{\tan\beta\left[1-\left(\frac{x^2-y^2}{x^2+y^2}\right)^2\right] - 2\arctan\frac{y}{x} + \frac{2xy}{x^2+y^2} - 4\tan\beta\left(\frac{xy}{x^2+y^2}\right)^2\right\}\frac{1}{2(\tan\beta-\beta)} - 1\right) \\
&\times p_i(x) \quad \left(x \geqslant \frac{y}{\tan\beta}, H_f \geqslant y > 0\right)
\end{aligned}
\tag{3.53}
$$

然而，对于弯曲下沉带内岩层，第 i 层岩层对工作面煤层的垂向压力实则与该岩层在裂隙带上界处对工作面煤层的垂向压力相同，如图 3.10 所示。

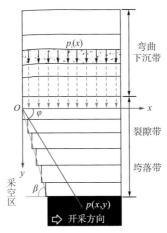

图 3.10　弯曲下沉带内岩梁对下覆岩层的传力模型

因此，根据楔形体计算模型，得到弯曲下沉带内第 i 层岩层作用在楔形体内的垂直应力：

$$\sigma_{vi} = \left(\left\{ \tan\beta \left[1 - \left(\frac{x^2 - H_f^2}{x^2 + H_f^2} \right)^2 \right] - 2\arctan\frac{H_f}{x} + \frac{2xH_f}{x^2 + H_f^2} - 4\tan\beta \left(\frac{xH_f}{x^2 + H_f^2} \right)^2 \right\} \frac{1}{2(\tan\beta - \beta)} - 1 \right)$$

$$\times p_i(x) \qquad \left(x \geqslant \frac{y}{\tan\beta}, y > H_f \right)$$

$$(3.54)$$

3.1.5　十二参数采场覆岩压力计算模型

上述研究目的在于得到工作面上方第 i 层岩层在煤层顶部形成的支承压力，故建立了图 3.11 所示的动态坐标系：以工作面煤壁为 x 轴原点，以工作面推进方向为 x 轴正方向，以覆岩第 i 层岩层的中性轴为 y 轴原点，以 y 轴原点到煤壁的方向为 y 轴正方向。将式(3.22)与式(3.35)分别代入式(3.53)，将 x 向右平移 $H_i / \tan\beta$（H_i 为第 i 层岩层距煤层的距离，即层位）个单位；将式(3.51)代入式(3.54)，将 x 向右平移 H_f 个单位，最终可得采场上覆第 i 层岩层作用在煤层顶部的支承压力，从而形成了式(3.55a)～式(3.55c)所示的全新的包含

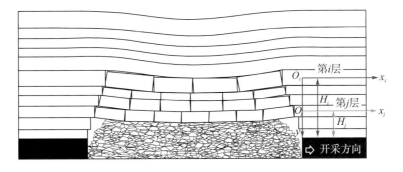

图 3.11　采场动态坐标系

岩层层位(即岩层在地层中所处位置，也即岩层标高，为便于表示和计算，采用相对开采煤层的距离来表示)、煤层采高、岩层碎胀系数、岩层重力密度、岩层厚度、岩层弹性模量、岩层抗拉强度、覆岩垮落角、工作面推进长度、超前煤壁距离、岩层内摩擦角和砌体岩块转动角等参数的十二参数采场覆岩压力计算模型。

$$
\sigma_{vi} = \left[\left(\tan\beta \left\{ 1 - \left[\frac{\left(x + \frac{H_i}{\tan\beta}\right)^2 - H_i^2}{\left(x + \frac{H_i}{\tan\beta}\right)^2 + H_i^2} \right]^2 \right\} - 2\arctan\frac{H_i}{x + \frac{H_i}{\tan\beta}} + \frac{2H_i\left(x + \frac{H_i}{\tan\beta}\right)}{\left(x + \frac{H_i}{\tan\beta}\right)^2 + H_i^2} \right. \right.
$$

$$
\left. \left. - 4\tan\beta\left[\frac{H_i\left(x + \frac{H_i}{\tan\beta}\right)}{\left(x + \frac{H_i}{\tan\beta}\right)^2 + H_i^2} \right]^2 \right) \frac{1}{2(\tan\beta - \beta)} - 1 \right] \times \left(\frac{r_i h_i(kl_p^4 - 12EI)e^{-\alpha\left(x + \frac{H_i}{\tan\beta}\right)}}{4EI\left(4l_p^2\alpha^2 + 3l_p\alpha + 3\right)} \right. \quad (3.55a)
$$

$$
\left. \left\{ (l_p\alpha + 1)\cos\left[\alpha\left(x + \frac{H_i}{\tan\beta}\right)\right] - (l_p\alpha - 1)\sin\left[\alpha\left(x + \frac{H_i}{\tan\beta}\right)\right] \right\} + r_i h_i \right)
$$

$$
(x \geq 0, H_c \geq H_i > 0)
$$

或

$$
\sigma_{vi} = \left[\left(\tan\beta \left\{ 1 - \left[\frac{\left(x + \frac{H_i}{\tan\beta}\right)^2 - H_i^2}{\left(x + \frac{H_i}{\tan\beta}\right)^2 + H_i^2} \right]^2 \right\} - 2\arctan\frac{H_i}{x + \frac{H_i}{\tan\beta}} \right. \right.
$$

$$
\left. \left. + \frac{2H_i\left(x + \frac{H_i}{\tan\beta}\right)}{\left(x + \frac{H_i}{\tan\beta}\right)^2 + H_i^2} - 4\tan\beta\left[\frac{H_i\left(x + \frac{H_i}{\tan\beta}\right)}{\left(x + \frac{H_i}{\tan\beta}\right)^2 + H_i^2} \right]^2 \right) \frac{1}{2(\tan\beta - \beta)} - 1 \right]
$$

$$
\times \left(\frac{2r_i h_i l_p \tan\phi}{2h_i - l_p\sin\theta}kl_p^2 e^{-\alpha\left(x + \frac{H_i}{\tan\beta}\right)} \right.
$$

$$
\times \frac{l_p^2\alpha^2(l_p^2\alpha^2 - 2)\cos\left[\alpha\left(x + \frac{H_i}{\tan\beta}\right)\right] - (l_p\alpha - 1)(l_p^3\alpha^3 + l_p\alpha + 3)\sin\left[\alpha\left(x + \frac{H_i}{\tan\beta}\right)\right]}{2\alpha EI(l_p^2\alpha^2 - 1)(l_p^3\alpha^3 + 3l_p^2\alpha^2 + 3l_p\alpha + 3)}
$$

$$
+ \frac{r_i h_i(kl_p^4 - 12EI)e^{-\alpha\left(x + \frac{H_i}{\tan\beta}\right)}}{4EI\left(4l_p^2\alpha^2 + 3l_p\alpha + 3\right)} \left\{ \begin{array}{l} (l_p\alpha + 1)\cos\left[\alpha\left(x + \frac{H_i}{\tan\beta}\right)\right] \\ -(l_p\alpha - 1)\sin\left[\alpha\left(x + \frac{H_i}{\tan\beta}\right)\right] \end{array} \right\} + r_i h_i \right)
$$

$$
(x \geq 0, H_f \geq H_i > H_c)
$$

$$(3.55b)$$

或

$$
\sigma_{\mathrm{v}i} = \left[\begin{array}{l} \left(\tan\beta \left\{ 1 - \left[\dfrac{\left(x+\dfrac{H_{\mathrm{f}}}{\tan\beta}\right)^2 - H_{\mathrm{f}}^2}{\left(x+\dfrac{H_{\mathrm{f}}}{\tan\beta}\right)^2 + H_{\mathrm{f}}^2} \right]^2 \right\} - 2\arctan\dfrac{H_{\mathrm{f}}}{x+\dfrac{H_{\mathrm{f}}}{\tan\beta}} \right. \\[6ex] \left. + \dfrac{2H_{\mathrm{f}}\left(x+\dfrac{H_{\mathrm{f}}}{\tan\beta}\right)}{\left(x+\dfrac{H_{\mathrm{f}}}{\tan\beta}\right)^2 + H_{\mathrm{f}}^2} - 4\tan\beta \left[\dfrac{H_{\mathrm{f}}\left(x+\dfrac{H_{\mathrm{f}}}{\tan\beta}\right)}{\left(x+\dfrac{H_{\mathrm{f}}}{\tan\beta}\right)^2 + H_{\mathrm{f}}^2} \right]^2 \right) \dfrac{1}{2(\tan\beta-\beta)} - 1 \end{array} \right]
$$
$$
\times \left\{ \dfrac{\left(L-\dfrac{2H_{\mathrm{f}}}{\tan\beta}\right)r_i h_i k\,\mathrm{e}^{-\alpha\left(x+\frac{H_{\mathrm{f}}}{\tan\beta}\right)}}{24\alpha^3 EI\left[\alpha\left(L-\dfrac{2H_{\mathrm{f}}}{\tan\beta}\right)+2\right]} \left[\begin{array}{l} \left[\alpha^2\left(L-\dfrac{2H_{\mathrm{f}}}{\tan\beta}\right)^2 + 6\alpha\left(L-\dfrac{2H_{\mathrm{f}}}{\tan\beta}\right)+6\right]\cos\left[\alpha\left(x+\dfrac{H_{\mathrm{f}}}{\tan\beta}\right)\right] \\[3ex] -\left[\alpha^2\left(L-\dfrac{2H_{\mathrm{f}}}{\tan\beta}\right)^2 - 6\right]\sin\left[\alpha\left(x+\dfrac{H_{\mathrm{f}}}{\tan\beta}\right)\right] \end{array} \right] \right.
$$
$$
+ r_i h_i \Big\}
$$

$$
\left(x \geqslant 0, H_i > H_{\mathrm{f}}, L_{\mathrm{c}} > L \geqslant \dfrac{2H_{\mathrm{f}}}{\tan\beta} \right)
$$

(3.55c)

或

$$
\sigma_{\mathrm{v}i} = \left[\begin{array}{l} \left(\tan\beta \left\{ 1 - \left[\dfrac{\left(x+\dfrac{H_{\mathrm{f}}}{\tan\beta}\right)^2 - H_{\mathrm{f}}^2}{\left(x+\dfrac{H_{\mathrm{f}}}{\tan\beta}\right)^2 + H_{\mathrm{f}}^2} \right]^2 \right\} - 2\arctan\dfrac{H_{\mathrm{f}}}{x+\dfrac{H_{\mathrm{f}}}{\tan\beta}} \right. \\[6ex] \left. + \dfrac{2H_{\mathrm{f}}\left(x+\dfrac{H_{\mathrm{f}}}{\tan\beta}\right)}{\left(x+\dfrac{H_{\mathrm{f}}}{\tan\beta}\right)^2 + H_{\mathrm{f}}^2} - 4\tan\beta \left[\dfrac{H_{\mathrm{f}}\left(x+\dfrac{H_{\mathrm{f}}}{\tan\beta}\right)}{\left(x+\dfrac{H_{\mathrm{f}}}{\tan\beta}\right)^2 + H_{\mathrm{f}}^2} \right]^2 \right) \dfrac{1}{2(\tan\beta-\beta)} - 1 \end{array} \right]
$$
$$
\times \left\{ \dfrac{\left(L_{\mathrm{c}}-\dfrac{2H_{\mathrm{f}}}{\tan\beta}\right)r_i h_i k\,\mathrm{e}^{-\alpha\left(x+\frac{H_{\mathrm{f}}}{\tan\beta}\right)}}{24\alpha^3 EI\left[\alpha\left(L_{\mathrm{c}}-\dfrac{2H_{\mathrm{f}}}{\tan\beta}\right)+2\right]} \left[\begin{array}{l} \left[\alpha^2\left(L_{\mathrm{c}}-\dfrac{2H_{\mathrm{f}}}{\tan\beta}\right)^2 + 6\alpha\left(L_{\mathrm{c}}-\dfrac{2H_{\mathrm{f}}}{\tan\beta}\right)+6\right]\cos\left[\alpha\left(x+\dfrac{H_{\mathrm{f}}}{\tan\beta}\right)\right] \\[3ex] -\left[\alpha^2\left(L_{\mathrm{c}}-\dfrac{2H_{\mathrm{f}}}{\tan\beta}\right)^2 - 6\right]\sin\left[\alpha\left(x+\dfrac{H_{\mathrm{f}}}{\tan\beta}\right)\right] \end{array} \right] \right.
$$
$$
+ r_i h_i \Big\}
$$

$$
\left(x \geqslant 0, H_i > H_{\mathrm{f}}, L \geqslant L_{\mathrm{c}} \right)
$$

(3.55d)

　　本书所建立的十二参数采场覆岩压力计算模型与以往其他模型不同，最大的区别在于：①考虑的因素更为全面，本模型包含了岩层层位、煤层采高、岩层碎胀系数、岩层重力密度、岩层厚度、岩层弹性模量、岩层抗拉强度、覆岩垮落角、工作面推进长度、超前煤壁距离、岩层内摩擦角和砌体岩块转动角共 12 个参数，其中岩层碎胀系数、岩层重力密度、岩层厚度、岩层弹性模量、岩层抗拉强度和岩层内摩擦角为岩层物理力学参数，岩层层位、煤层采高、覆岩垮落角、工作面推进长度和砌体岩块转动角为采场覆岩结构参数，这些参数基本可以描述一个长壁工作面的特征；②可以求得长壁工作面各顶板在各超前煤壁距离处形成的超前支承压力，并可进一步求得其超前支承压力峰值，进而可以断定哪层顶板在工作面形成的超前支承压力峰值最大。

　　各层顶板的成岩时间与矿物质成分等的差异，使得各层顶板的赋存状态与力学性质等均存在不同程度的差异，因而不同顶板对工作面的压力有所不同。即便相同岩层，因其与开采煤层的相对位置关系不同，对工作面的压力也不尽相同。然而，采场覆岩中必然存在某一岩层相对其他岩层对工作面的支承压力分布与矿压显现的影响更大，这一岩层便可为地面水力压裂的目标层判定提供理论依据。为便于描述，本书称此岩层为最大致压层，其数学描述如下：

$$\sigma_v^m = \max(\sigma_{vi}) \tag{3.56}$$

式中，σ_v^m 为覆岩中各层顶板在工作面形成的超前支承压力中的最大值，其对应的岩层即为最大致压层。应用时，输入各层顶板的物理力学参数和采场覆岩结构参数至式(3.55)进行支承压力求解，再由式(3.56)进行判别，便可确定出最大致压层。本书所称最大致压层不同于关键层，两者的本质区别在于：①前者考虑了煤层采高、岩层层位、覆岩垮落角、工作面推进长度等采场覆岩结构参数；②前者着眼于其对下覆岩层的压力，而后者归结于其对上覆岩层移动变形的控制。

3.2　十二参数采场覆岩压力计算的程序实现

　　为便于快速求解采场覆岩中各层岩层对被开采煤层的压力，基于岩土工程领域广泛使用的 FLAC3D 数值模拟软件，采用其自带的 FISH 语言，实现了式(3.55)所示的十二参数采场覆岩压力计算模型的程序化，其程序代码如下。

```
New                          ；开始一个新的计算
call tab101.tab              ；导入地层中每层岩层的重力密度
call tab102.tab              ；导入地层中每层岩层的厚度
call tab103.tab              ；导入地层中每层岩层的层位
call tab104.tab              ；导入地层中每层岩层的泊松比
call tab105.tab              ；导入地层中每层岩层的弹性模量
call tab106.tab              ；导入地层中每层岩层的内摩擦角
call tab107.tab              ；导入地层中每层岩层的抗拉强度
def abutment_stress_zdzyc    ；自定义函数
```

beta=？/180.*pi	；赋值垮落角 β，？表示用户应输入的参数值
ceta=？/180.*pi	；赋值砌体岩块转动角 θ
M=？	；赋值采高 M
kb=？	；赋值碎胀系数 k_b
Hc=M/(kb-1)	；获取垮落带高度 H_c
Hf=Hc*（？*M+？）/（？*M+？）	；获取裂隙带高度 H_f
L=？	；赋值工作面推进长度 L
MAX_PRES=0	；赋值最大支承压力的初值为 0
ZDZYC=0	；赋值最大致压层的初值为第 0 层
loop layers（1，？）	；从第一层岩层开始遍历
ri=table（101，layers）	；赋值重力密度 r_i
hi=table（102，layers）	；赋值岩层厚度 h_i
H=table（103，layers）	；赋值岩层层位 H
v=table（104，layers）	；赋值岩层泊松比 v
E=table（105，layers）/(1-v^2)	；赋值弹性模量 E
fai=table（106，layers）/180.0*pi	；赋值内摩擦角 ϕ
Rt=table（107，layers）	；赋值抗拉强度 R_t
lp=hi*（Rt/(3*ri*hi)）^0.5	；获取悬臂梁悬露长度 l_p
I=hi^3/12.	；获取横截面惯性矩 I
EI=E*I	；获取抗弯刚度 EI
k=？	；赋值温克勒地基系数
arfa=（k*1./(4.*EI)）^0.25	；获取 α
max_yali=0	；赋值岩层产生的支承压力峰值初值为 0
loop x（0，？）	；从工作面煤壁开始超前遍历
x_i=x+H/tan（beta）	；自定义变量
s1=tan（beta）*（1-((x_i^2-H^2)/(x_i^2+H^2))）^2	
	；自定义变量
s2=-2*atan（H/x_i）	；自定义变量
s3=2*H*x_i/（x_i^2+H^2）	；自定义变量
s4=-4*tan（beta）*（H*x_i/(x_i^2+H^2)）^2	；自定义变量
s5=1./（2*（tan（beta）-beta））	；自定义变量
s6=（s1+s2+s3+s4）*s5-1	；自定义变量
if Hc≥H	；层位在垮落带内则向下执行
c1=ri*hi*（k*lp^4-12*EI）*exp（-1*arfa*x_i）/（4*EI*（4*lp^2*arfa^2+3*lp*arfa+3））	
	；自定义变量
c2=（lp*arfa+1）*cos（arfa*x_i）-（lp*arfa-1）*sin（arfa*x_i）	
	；自定义变量
c3=c1*c2+ri*hi	；自定义变量

```
yali=-1*s6*c3                                  ; 获取支承压力数据
end_if                                         ; 执行结束


if H＞Hc
if Hf＞=H                                       ; 层位在裂隙带内则向下执行
f1=2*ri*hi*lp*tan(fi)/(2*hi-lp*sin(ceta))      ; 自定义变量
f2=k*lp^2*exp(-1*arfa*x_i)                      ; 自定义变量
f3=lp^2*arfa^2*(lp^2*arfa^2-2)*cos(arfa*x_i)
                                               ; 自定义变量
f4=(lp*arfa-1)*(lp^3*arfa^3+lp*arfa+3)*sin(arfa*x_i)
                                               ; 自定义变量
f5=2*arfa*EI*(lp^2*arfa^2-1)*(lp^3*arfa^3+3*lp^2*arfa^2+3*lp*arfa+3)
                                               ; 自定义变量
c1=ri*hi*(k*lp^4-12*EI)*exp(-1*arfa*x_i)/(4*EI*(4*lp^2*arfa^2+3*lp*arfa+3))
                                               ; 自定义变量
c2=(lp*arfa+1)*cos(arfa*x_i)-(lp*arfa-1)*sin(arfa*x_i)
                                               ; 自定义变量
c3=c1*c2+ri*hi                                  ; 自定义变量
f6=f1*f2*(f3-f4)/f5+c3                          ; 自定义变量
yali=-1*s6*f6                                   ; 获取支承压力数据
end_if
end_if                                         ; 执行结束


if H＞Hf                                        ; 层位在弯曲下沉带内则向下执行
x_f=x+Hf/tan(beta)                              ; 自定义变量
s1=tan(beta)*(1-((x_f^2-Hf^2)/(x_f^2+Hf^2))^2)
                                               ; 自定义变量
s2=-2*atan(Hf/x_f)                              ; 自定义变量
s3=2*Hf*x_f/(x_f^2+Hf^2)                        ; 自定义变量
s4=-4*tan(beta)*(Hf*x_f/(x_f^2+Hf^2))^2         ; 自定义变量
s5=1./(2*(tan(beta)-beta))                      ; 自定义变量
s6=(s1+s2+s3+s4)*s5-1                           ; 自定义变量
L0=2.*Hf/tan(beta)                              ; 自定义变量
Lc=?                                           ; 赋值工作面临界推进长度 L_c
if L＞=L0                                        ; 判断
if L＜Lc                                         ; 未达充分采动时向下执行
ll=L-L0                                        ; 自定义变量
else                                           ; 充分采动时向下执行
```

```
ll=Lc-L0                            ; 自定义变量
end_if
end_if                              ; 执行结束
b1=ll*ri*hi*k*exp(-1*arfa*x_f)/(24*arfa^3*EI*(arfa*ll+2))
                                    ; 自定义变量
b2=(arfa^2*ll^2+6*arfa*ll+6)*cos(arfa*x_f)-(arfa^2*ll^2-6)*sin(arfa*x_f)
                                    ; 自定义变量
b3=b1*b2+ri*hi                      ; 自定义变量
yali=-1*s6*b3                       ; 获取支承压力数据
end_if                              ; 执行结束
if max_yali＜yali
max_yali=yali                       ; 获取支承压力峰值
end_if
end_loop                            ; 工作面超前距离遍历结束
if MAX_PRES＜max_yali
MAX_PRES=max_yali                   ; 获取最大支承压力
ZDZYC=layers                        ; 获取最大致压层
end_if
end_loop                            ; 岩层遍历结束
end                                 ; 函数结束
@ abutment_stress_zdzyc             ; 执行函数
print @ZDZYC                        ; 输出最大致压层
print @MAX_PRES                     ; 输出最大致压层产生的最大支承压力
```

3.3　采场覆岩压力的影响因素分析

根据式(3.55)可知,影响采场覆岩压力的因素有岩层层位、煤层采高、岩层碎胀系数、岩层重力密度、岩层厚度、岩层弹性模量、岩层抗拉强度、覆岩垮落角、工作面推进长度、超前煤壁距离、岩层内摩擦角和砌体岩块转动角。下面就部分因素对采场覆岩压力的影响展开定量分析。

3.3.1　岩层层位

赋值岩层层位 H=5m、10m、15m、$\cdots$、100m,采高 M=10m,碎胀系数 k_b=1.35,重力密度 r=25000N/m^3,厚度 h=10m,弹性模量 E=10GPa,抗拉强度 R_t=4MPa,垮落角 β=65°,工作面推进长度 L=250m,超前煤壁距离 x=0～100m,内摩擦角 ϕ=30°,砌体岩块转动角 θ=10°,代入式(3.55)中分析不同层位顶板作用在工作面的支承压力,结果如图 3.12 所示。

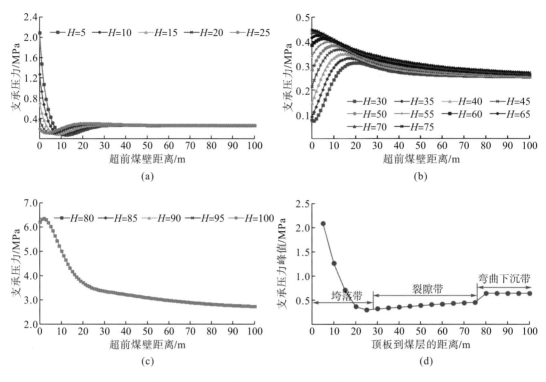

图 3.12　不同层位顶板作用在工作面的支承压力

(a)垮落带；(b)裂隙带；(c)弯曲下沉带；(d)支承压力峰值

图 3.12(a)所示为垮落带内顶板作用在工作面的支承压力。对于支承压力为何呈现先快速减小然后缓慢增加最后保持恒定，可借助图 3.13 进行解释。对于图 3.13 中反弹区、压缩区的存在，钱鸣高等人在文献中已有阐述(钱鸣高等，1994，1996，1998，2003，2010；钱鸣高和许家林，2019)，在此不再赘述。随着顶板层位增高，顶板在工作面煤壁附近形成的支承压力快速减小，而对远离工作面的区域则没有影响。

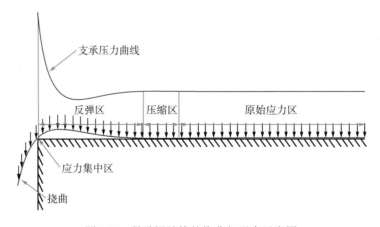

图 3.13　悬臂梁结构的挠曲与压力示意图

图 3.12(b) 所示为裂隙带内岩层在工作面形成的支承压力。随着顶板层位增高，顶板在工作面形成的支承压力逐渐增大，且高应力影响区域也逐渐增大。对于垮落带和裂隙带范围内的顶板作用在工作面的支承压力随顶板层位增高而呈现出图 3.12(a) 和图 3.12(b) 所示的分布规律，实则是由工作面上覆的楔形岩体结构引起的。如图 3.14 所示，随着顶板层位增高，顶板的悬臂梁结构逐渐落入工作面煤壁后方，悬臂梁结构对下覆岩层的高应力亦逐渐"转移"到煤壁后方。在此过程中，工作面形成的超前支承压力则将历经快速降低至最低，然后缓慢增大，最后保持恒定的变化过程。

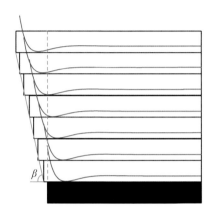

图 3.14　楔形岩体在工作面形成支承压力示意图

应该指出，楔形岩体中各层顶板在工作面形成的支承压力不会如图 3.14 所示的那样仅将覆盖工作面煤层部分的压力传递到工作面煤层，工作面煤壁后方的悬臂梁结构产生的压力也将作用到工作面煤层。在前述的楔形岩体对下覆岩层压力的求解中已将其作用考虑在内，其仅是改变数值大小，并不影响规律；且根据圣维南原理，远离工作面的顶板的悬臂梁结构主要改变该悬臂梁附近的压力分布，对远处的压力分布影响并不大。另外，虽然裂隙带考虑了砌体岩块的切力，使得裂隙带与垮落带在工作面形成的支承压力在数值上略有差异，但并不改变分布规律，因而最终呈现出图 3.12(a) 和图 3.12(b) 所示的分布规律。

图 3.12(c) 所示为弯曲下沉带内顶板作用在工作面的支承压力。因为视弯曲下沉带范围内岩层协调变形、不发生离层，所以相同的岩层具有相同的挠曲，而不随层位的增高而变化，在工作面产生相同的支承压力。

图 3.12(d) 所示为不同层位顶板作用在工作面的支承压力峰值。从图中清晰可见，在垮落带范围内，工作面的支承压力峰值随岩层层位的增高而快速降低至谷值，在裂隙带内则随岩层层位的增高而缓慢增大，进入弯曲下沉带后则突然增大，但增量不大且不再随层位的增高而增大。造成如此分布的根本原因是垮落带、裂隙带和弯曲下沉带内顶板的边界条件不同，即是采场覆岩结构造成的。由上述可知，岩层层位对工作面支承压力的影响重大，且同等条件下距离被开采煤层最近的岩层对工作面的压力最大，也最易成为水力压裂的目标层。

3.3.2 煤层采高

赋值采高 $M=2m$、$4m$、$6m$、$8m$、$10m$，其他参数同 3.3.1 节，代入式(3.55)中分析不同采高下不同层位顶板在工作面形成的支承压力峰值。如图 3.15 所示，横坐标为顶板到煤层的距离，纵坐标为不同层位顶板作用在工作面的支承压力峰值。可以看出，采高对工作面支承压力的影响是通过改变垮落带、裂隙带和弯曲下沉带"三带"的范围来实现的。随着煤层采高增大，垮落带内岩层对工作面的支承压力峰值无明显影响，均随岩层层位增高而迅速降低。裂隙带内岩层在工作面形成的支承压力峰值几乎不变，随层位增高轻微增大。弯曲下沉带内岩层在工作面形成的支承压力峰值明显增大，但不随层位变化(3.3.1 节已阐述缘由)。采高一定时，垮落带和裂隙带范围便确定了，但弯曲下沉带的范围却有变化空间，其取决于煤层采深。当煤层采深较深时，弯曲下沉带的范围较大，弯曲下沉带施加的压力便较大。当煤层采深足够深时，随采高增大覆岩作用在工作面的支承压力增大。根据图 3.15 所示，总体而言，岩层层位对工作面支承压力峰值的影响重大，而采高对工作面支承压力峰值的影响小，因而对水力压裂目标层判定的影响小。

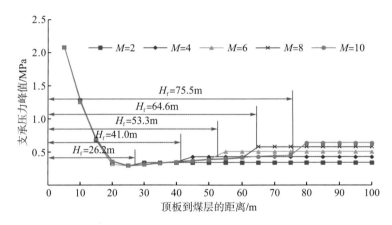

图 3.15   不同采高下不同层位顶板作用在工作面的支承压力峰值

3.3.3 岩层碎胀系数

碎胀系数与采高一样，对工作面支承压力的影响也是通过改变垮落带、裂隙带和弯曲下沉带"三带"的范围来实现的。赋值碎胀系数 $k_b=1.30$、1.35、1.40、1.45、1.50，其他参数同初值，代入式(3.55)中分析不同碎胀系数下不同层位顶板在工作面形成的支承压力峰值。

如图 3.16 所示，碎胀系数增大对垮落带、裂隙带内岩层在工作面形成的支承压力峰值无影响，仅降低了裂隙带的高度，使得弯曲下沉带从更低的层位开始。弯曲下沉带施加的相对略高的压力也就从更低的层位开始。同时，也可发现碎胀系数对工作面支承压力峰值的影响小，几乎不能直接影响水力压裂目标层的判定，其必须与采高等其他影响因素搭配才能影响水力压裂目标层的判定。

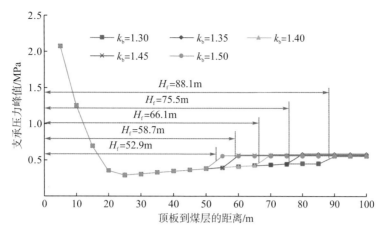

图 3.16　不同碎胀系数下不同层位顶板作用在工作面的支承压力峰值

3.3.4　岩层重力密度

赋值层位 H=10m、50m、90m，重力密度 r=20000N/m^3、22000N/m^3、24000N/m^3、26000N/m^3、28000N/m^3、30000N/m^3，其他参数同初值，代入式(3.55)中分析不同重力密度下分别处于垮落带、裂隙带和弯曲下沉带的顶板在工作面形成的支承压力。

当 H=10m、50m、90m 时，岩层分别处于垮落带、裂隙带和弯曲下沉带，其在工作面形成的支承压力随重力密度的变化规律分别如图 3.17(a)～图 3.17(c)所示。从图中可

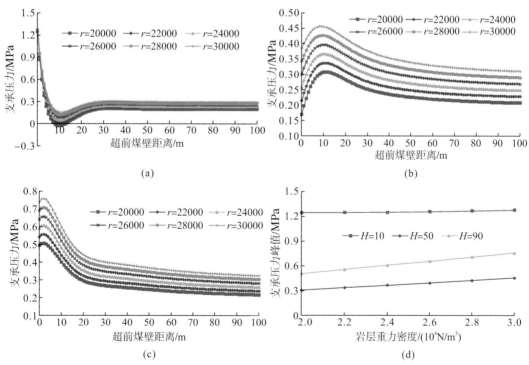

图 3.17　不同重力密度下不同"带"内顶板作用在工作面的支承压力

(a) H=10m；(b) H=50m；(c) H=90m；(d) 支承压力峰值

见，岩层在工作面形成的支承压力随重力密度的增大而几乎线性增大，只是在不同的"带"内增长速率不同。如图 3.17(d)所示，在垮落带内该岩层在工作面形成的支承压力峰值随重力密度的增大略有增大，在裂隙带内则增长略快，而在弯曲下沉带内增长最快。造成这种现象的原因是"三带"内岩层结构不同。如图 3.14 所示，垮落带内岩层对工作面的压力不仅与其重力密度有关，还受到楔形体结构的显著影响，削弱了重力密度对工作面支承压力峰值的贡献(尤其对于垮落带)；而在裂隙带和弯曲下沉带内重力密度则扮演着更重要的角色。

3.3.5　岩层厚度

赋值层位 H=10m、50m、90m，厚度 h=4m、8m、12m、16m、20m，其他参数同初值，代入式(3.55)中分析不同厚度下分别处于垮落带、裂隙带和弯曲下沉带的顶板在工作面形成的支承压力。

当 H=10m、50m、90m 时，岩层分别处于垮落带、裂隙带和弯曲下沉带，其在工作面形成的支承压力随厚度的变化规律分别如图 3.18(a)～图 3.18(c)所示，它们的峰值如图 3.18(d)所示。从图中可见，岩层在工作面形成的支承压力峰值与其厚度呈正相关关系，且随厚度增加大体呈线性增大，但是在不同的"带"内增长速率不同。在垮落带内该岩层在工作面形成的支承压力峰值随厚度增加快速增大，其主要是因为悬臂梁的悬伸长度增加，从而对下覆岩层的压力增大；在裂隙带内则增长较缓，因为楔形岩体结构对悬臂梁结

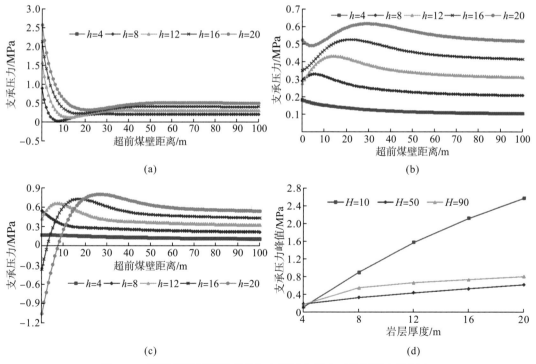

图 3.18　不同厚度下不同"带"内顶板作用在工作面的支承压力

(a)H=10m；(b)H=50m；(c)H=90m；(d)支承压力峰值

构产生的高应力的"转移"作用增强；在弯曲下沉带内增长最缓。同时也可得出，同等条件下厚度大的岩层对工作面的支承压力峰值越大。因此，采用地面水力压裂在岩层中形成水平水压裂缝对厚岩层进行分层，减小岩层的分层厚度，可减小该岩层对工作面的支承压力，尤其是对于垮落带内的岩层。

3.3.6　岩层弹性模量

赋值层位 H=10m、50m、90m，弹性模量 E=2GPa、4GPa、6GPa、…、20GPa，其他参数同初值，代入式(3.55)中分析不同弹性模量下分别处于垮落带、裂隙带和弯曲下沉带的顶板在工作面形成的支承压力。

当 H=10m、50m、90m 时，岩层分别处于垮落带、裂隙带和弯曲下沉带，其在工作面形成的支承压力随弹性模量的变化分别如图 3.19(a)～图 3.19(c)所示。随弹性模量变化岩层在工作面形成的支承压力峰值如图 3.19(d)所示。在垮落带和弯曲下沉带内，岩层在工作面形成的支承压力峰值随弹性模量的增大先快速增大，而后增速渐缓直至最大值后逐渐减小，在裂隙带内则随弹性模量的增大逐渐降低且降速渐缓。造成这种现象的根本原因是弹性模量的改变导致岩层挠曲的变化，同时采场覆岩结构的作用也有影响。因而可以得出，岩层的弹性模量对工作面的支承压力有影响，但非简单的正相关或负相关，而是更为复杂的影响。当采用地面水力压裂在岩层中形成水压裂缝将削弱岩层的弹性模量，对于垮落带和弯曲下沉带内弹性模量相对较小(如小于 6GPa)的岩体，可减小其对工作面的支承压力。

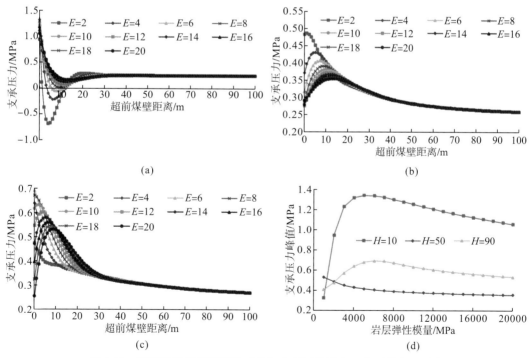

图 3.19　不同弹性模量下不同"带"内顶板作用在工作面的支承压力

(a) H=10m；(b) H=50m；(c) H=90m；(d)支承压力峰值

3.3.7　岩层抗拉强度

赋值层位 H=10m、50m、90m，抗拉强度 R_t=1MPa、2MPa、3MPa、4MPa、5MPa，其他参数同初值，代入式(3.55)中分析不同抗拉强度下分别处于垮落带、裂隙带和弯曲下沉带的顶板在工作面形成的支承压力。

当 H=10m、50m、90m 时，岩层分别处于垮落带、裂隙带和弯曲下沉带，其随抗拉强度的变化在工作面形成的支承压力分别如图3.20(a)~图3.20(c)所示，它们的峰值如图3.20(d)所示。在垮落带内，岩层在工作面形成的支承压力峰值随其抗拉强度的增大几乎线性增大。其主要是因为抗拉强度增大使得悬臂梁的悬伸长度增大，从而增大了岩层对工作面的压力。在裂隙带内，岩层在工作面形成的支承压力峰值随其抗拉强度增大非常缓慢地减小。虽然抗拉强度增大使得悬臂梁的悬伸长度增大并对下覆岩层的压力增大，但是如图3.13所揭示的，悬臂梁结构在对下覆岩层施压过程中会产生一反弹区，使得该处成为低压区；如图3.14所示，裂隙带内岩层距离工作面较远，使得楔形岩体结构对该区域的悬臂梁结构作用在下覆岩层的高应力的"转移"作用显著，从而阻止了裂隙带内的高应力作用到工作面。在弯曲下沉带内，根据本书的基本假设，该范围内的岩层只发生协调的弯曲变形，不发生破断，所以抗拉强度不影响其挠曲，因而弯曲下沉带内各岩层作用在工作面的支承压力相同。由上述可知，抗拉强度对工作面的支承压力有影响，但主要影响垮落带内岩层，且岩层抗拉强度越大对工作面的支承压力也可能越大。采用地面水力压裂在岩层中形成水压裂缝将降低岩层的抗拉强度，从而减小该岩层对工作面的支承压力，尤其是对于垮落带内的岩层。

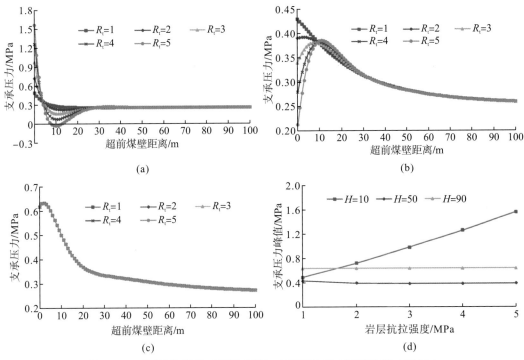

图3.20　不同抗拉强度下不同"带"内顶板作用在工作面的支承压力

(a) H=10m；(b) H=50m；(c) H=90m；(d) 支承压力峰值

3.3.8　覆岩垮落角

赋值层位 H=5～100m，垮落角 β=30°、40°、50°、60°、70°、80°，其他参数同初值，代入式(3.55)中分析不同垮落角下不同层位顶板在工作面形成的支承压力峰值。

如图 3.21 所示，当岩层层位很低时，岩层在工作面形成的支承压力随岩层垮落角增大总体呈增大趋势。当层位达到一定高度后，岩层在工作面形成的支承压力随岩层垮落角增大总体呈减小趋势。在覆岩厚度大时，这是主要的分布态势，同时也是岩层垮落角小时工作面矿压显现强烈的原因之一。总之，垮落角对工作面支承压力峰值的影响复杂但并不显著，层位较低的岩层对工作面的支承压力峰值始终较大，而层位较高的岩层在垮落角较小时才可能对工作面的支承压力峰值产生重要影响。

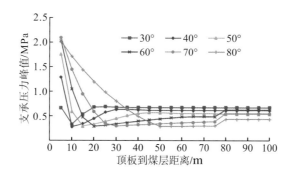

图 3.21　不同垮落角下不同层位顶板作用在工作面的支承压力峰值

3.3.9　工作面推进长度

赋值层位 H=5～100m，工作面推进长度 L=80m、120m、160m、200m、240m、280m，其他参数同初值，代入式(3.55)分析不同推进长度下不同层位顶板在工作面形成的支承压力峰值。

如图 3.22 所示，工作面推进长度对垮落带和裂隙带内岩层作用在工作面的支承压力峰值无影响，只是对弯曲下沉带内岩层影响显著。认为随工作面推进长度增加，垮落带、裂隙带内岩层对工作面的压力会增大，实际上是一种误解。工作面压力随着工作面推进长度增大而增大的主要原因是弯曲下沉带的挠度增大，垮落带、裂隙带内岩层只是被动传递挠曲和压力，而非其自身作用的结果。随着推进长度增大，弯曲下沉带内岩层挠曲增大，对工作面的压力不断增大。当达到临界开采长度后，覆岩沉降达到稳定，弯曲下沉带内岩层的挠曲不再随推进长度的增大而变化，因而对工作面的支承压力保持不变。总之，达到临界开采长度之前，随着工作面推进长度增大，弯曲下沉带内岩层对工作面的压力是不断增大的。

至于超前煤壁距离的影响，在图 3.12、图 3.17～图 3.20 中均有充分的展现。毫无疑问，距离煤壁越近支承压力变化越剧烈；距离煤壁越远则影响越小，直至恢复到原始状态。但是超前煤壁距离并不影响采场覆岩压力的分布，借助它可以求解出采场覆岩压力的分布。

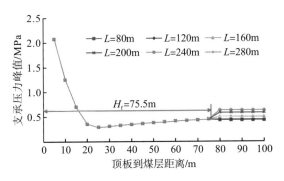

图 3.22　不同推进长度下不同层位顶板作用在工作面的支承压力峰值

岩层内摩擦角和砌体岩块转动角只对裂隙带内岩层作用在工作面的支承压力产生影响，且内摩擦角和砌体岩块转动角的取值范围较小，又由图 3.12(d)可知，裂隙带内岩层作用在工作面的支承压力本身也较小，所以内摩擦角和砌体岩块转动角的影响很小，可以忽略，故在此不再单独分析。

综上，影响采场覆岩压力的主要因素有岩层层位、煤层采高、岩层碎胀系数、岩层重力密度、岩层厚度、岩层弹性模量、岩层抗拉强度、覆岩垮落角、工作面推进长度。它们对采场覆岩压力有着不同的影响规律，而真实的采场覆岩压力便是这些因素共同作用的结果。

第 4 章　地面水力压裂控制强矿压显现数值模拟研究

地面水力压裂是煤矿开采过程中控制顶板以减少煤矿灾害的一种新方法(冯彦军和康红普，2012；夏永学等，2020)。然而，该方法的有效性，形成的水压裂缝的产状对矿压显现的影响，以及地面水力压裂控制强矿压显现的机理仍待明确。因此，本章以赋存坚硬顶板的塔山煤矿的 8101 工作面为研究对象，采用相似物理模型试验方法，在坚硬顶板中分别预制水压裂缝、预制水平水压裂缝和预制垂向水压裂缝，观测模型开挖过程中顶板的周期垮落、坚硬顶板的位移和破断，以及工作面的压力变化；采用数值模拟研究地面水力压裂形成水平水压裂缝和垂向水压裂缝对开采过程中覆岩的损伤、水压裂缝的活化、覆岩应力分布的扰动、坚硬顶板的破断以及对工作面支承压力的影响；最后，力学解析地面水力压裂坚硬顶板对工作面支承压力的削弱作用，揭示地面水力压裂控制强矿压显现的机理。

4.1　地面水力压裂控制强矿压显现的数值模拟

4.1.1　数值模拟建模

为便于探究地面水力压裂控制强矿压显现过程中的力学现象，采用了数值模拟的方法和 FLAC3D 数值模拟软件。为描述模拟长壁开采过程中覆岩的损伤，对 FLAC3D 程序进行了必要的二次开发。覆岩的破坏可分为拉伸破坏和剪切破坏。拉伸破坏和剪切破坏引起的塑性拉应变和塑性切应变构成了岩体的塑性体应变，如下式所示(夏彬伟等，2017)：

$$\varepsilon_v^p = \varepsilon_t^p + \varepsilon_s^p \sin\theta \tag{4.1}$$

式中，ε_v^p 为塑性体应变；ε_t^p 为塑性拉应变；ε_s^p 为塑性切应变；θ 为剪胀角，(°)。

岩体的损伤可表示为

$$D = \frac{\varepsilon_t^p + \varepsilon_s^p \sin\theta}{1 + \varepsilon_t^p + \varepsilon_s^p \sin\theta} \tag{4.2}$$

随着岩石中损伤的发展，岩石力学性能随之弱化，在岩石力学参数上则表现为岩石力学参数的劣化。在本书中设定岩石力学参数随损伤发展按下式演化：

$$\begin{cases} E = (1-D)E_0 \\ c = (1-D)c_0 \\ \varphi = (1-D)\varphi_0 \\ \sigma_t = (1-D)\sigma_{t0} \end{cases} \tag{4.3}$$

式中，E 为当前弹性模量，Pa；E_0 为初始弹性模量，Pa；c 为当前内聚力，Pa；c_0 为初始内聚力，Pa；φ 为当前内摩擦角，(°)；φ_0 为初始内摩擦角，(°)；σ_t 为当前抗拉强度，Pa；σ_{t0} 为初始抗拉强度，Pa。

数值模拟研究仍以塔山煤矿的 8101 工作面为研究对象进行建模。鉴于部分岩层太薄，对这类岩层分别与其相邻的薄岩层进行了合并。被合并的岩层的物理力学参数除弹性模量根据弹簧串联的刚度计算公式获取外，其余的密度、泊松比、内聚力、内摩擦角、抗拉强度等参数采用加权平均的计算公式获取，最终结果见表 4.1。表中 21#、26#、31#、36#和 40#顶板分别对应 1#~5#坚硬顶板。

表 4.1　岩层合并后的 8101 工作面的物理力学参数

序号	岩层	顶板埋深/m	岩层厚度/m	密度/(kg/m³)	弹性模量/MPa	泊松比	内聚力/MPa	内摩擦角/(°)	抗拉强度/MPa
41	覆岩	−162.35	14.00	2330	10.01	0.25	4.80	30.00	3.00
40	中砂岩	−176.35	28.25	2526	14.27	0.17	6.80	31.00	7.00
39	中砂岩-砂质泥岩	−204.60	6.75	2581	6.43	0.21	5.76	32.60	5.56
38	粗砂岩	−211.35	13.30	2519	12.01	0.20	6.00	31.00	5.50
37	砂质泥岩	−224.65	2.60	2595	23.41	0.22	5.50	33.00	5.20
36	中砂岩	−227.25	11.90	2526	14.27	0.17	6.80	31.00	7.00
35	砂质泥岩	−239.15	3.35	2595	23.41	0.22	5.50	33.00	5.20
34	粗砂岩-砂质泥岩	−242.50	5.95	2537	7.94	0.21	5.88	31.47	5.43
33	粗砂岩-砂质泥岩	−248.45	5.95	2545	7.94	0.21	5.83	31.69	5.40
32	粗砂岩-砂质泥岩	−254.40	4.00	2556	7.94	0.21	5.76	31.98	5.35
31	中砂岩	−258.40	17.65	2526	14.27	0.17	6.80	31.00	7.00
30	砂质泥岩	−276.05	4.50	2595	23.41	0.22	5.50	33.00	5.20
29	粗砂岩	−280.55	5.30	2519	12.01	0.20	6.00	31.00	5.50
28	砂质泥岩	−285.85	8.20	2595	23.41	0.22	5.50	33.00	5.20
27	粗砂岩-泥岩	−294.05	7.60	2547	7.71	0.21	5.77	31.63	5.35
26	中砂岩	−301.65	14.40	2526	14.27	0.17	6.80	31.00	7.00
25	砂质泥岩	−316.05	7.95	2595	23.41	0.22	5.50	33.00	5.20
24	中砂岩	−324.00	3.75	2526	14.27	0.17	6.80	31.00	7.00
23	中砂岩-砂质泥岩	−327.75	6.50	2576	8.87	0.21	5.86	32.45	5.70
22	砂质泥岩	−334.25	7.00	2595	23.41	0.22	5.50	33.00	5.20
21	中砂岩	−341.25	13.75	2526	14.27	0.17	6.80	31.00	7.00
20	砂质泥岩	−355.00	6.45	2595	23.41	0.22	5.50	33.00	5.20
19	细砂岩-砂质泥岩	−361.45	4.95	2560	12.17	0.15	7.96	41.20	6.72
18	细砂岩	−366.40	5.75	2535	25.34	0.10	9.70	47.00	7.80
17	泥岩	−372.15	5.75	2654	21.49	0.25	4.90	34.00	4.80
16	中砂岩	−377.90	6.80	2526	14.27	0.17	6.80	31.00	7.00
15	砂质泥岩	−384.70	4.55	2595	23.41	0.22	5.50	33.00	5.20

续表

序号	岩层	顶板埋深/m	岩层厚度/m	密度/(kg/m³)	弹性模量/MPa	泊松比	内聚力/MPa	内摩擦角/(°)	抗拉强度/MPa
14	中砂岩-泥岩	−389.25	5.35	2571	5.36	0.20	6.13	32.07	6.22
13	砂质泥岩	−394.60	4.15	2595	23.41	0.22	5.50	33.00	5.20
12	中砂岩-泥岩	−398.75	4.90	2620	8.58	0.23	5.40	33.20	5.38
11	细砂岩-泥岩	−403.65	7.05	2554	7.97	0.13	8.92	44.88	7.31
10	砂质泥岩	−410.70	5.30	2595	23.41	0.22	5.50	33.00	5.20
9	细砂岩-砂质泥岩	−416.00	6.65	2581	12.17	0.19	6.51	36.37	5.83
8	细砂岩	−422.65	3.35	2535	25.34	0.10	9.70	47.00	7.80
7	细砂岩-砂质泥岩	−426.00	6.85	2585	12.17	0.20	6.17	35.25	5.62
6	细砂岩-泥岩	−432.85	7.15	2604	7.55	0.19	6.91	39.45	6.06
5	中砂岩-砂质泥岩	−440.00	4.35	2549	8.87	0.19	6.37	31.67	6.40
4	中砂岩-砂质泥岩	−444.35	5.65	2571	8.87	0.20	5.96	32.29	5.84
3	砂砾岩-泥岩	−450.00	4.25	2676	9.87	0.23	5.04	35.45	4.51
2	3-5#煤层	−454.25	20.08	1426	2.89	0.31	9.50	30.00	2.60
1	底板	−474.33	40.67	2590	23.60	0.18	8.50	31.00	5.20

注："岩层"一列中用"-"连接两种岩性的岩层是指被合并后的岩层。

基于 FLAC3D 数值模拟软件,通过二次开发在程序中嵌入了岩石的损伤、力学参数的劣化,并以塔山煤矿 8101 工作面为对象,根据表 4.1 所示岩层建立了如图 4.1 所示的共有 41 层岩层并含有 5 层坚硬顶板的模型。模型尺寸为 800m×352.65m(长×高),单元数量为 54338 个,节点为 109620 个。模型上边界采用应力边界,模型上方至地表未建模的岩层转化为重力施加在模型上边界。模型下边界采用固定边界并限制模型左右两侧水平位移。

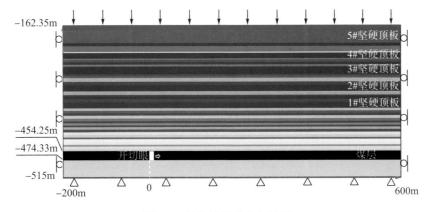

图 4.1　数值模拟的几何模型

为研究地面水力压裂对工作面强矿压显现的控制作用,根据前述研究在数值模拟的几何模型中的 1#和 2#坚硬顶板中分别植入图 4.2 所示的水平水压裂缝和垂向水压裂缝,以分别模拟地面垂直井压裂与 L 型钻孔水平井压裂在坚硬顶板中形成的水压裂缝。水压裂缝采用极薄的软弱夹层来模拟，其力学参数见表 4.2。

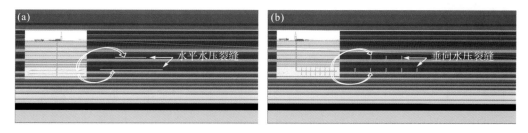

图 4.2　水平裂缝模型(a)与垂向裂缝模型(b)

表 4.2　数值模拟中水压裂缝的力学参数

弹性模量/MPa	泊松比	内聚力/kPa	内摩擦角/(°)	抗拉强度/kPa
10.0	0.3	1.0	10.0	1.0

采煤工作面的初始地应力状态为垂直应力 11.4MPa，最大水平主应力 12.0MPa(其方向与工作面推进方向相同)，最小水平主应力 6.4MPa。在无水压裂缝的原型、含水平水压裂缝的水平裂缝模型和含垂向水压裂缝的垂向裂缝模型中反演初始地应力场，待应力平衡后分别进行长壁开采过程模拟，每次开挖 4cm，直至 5 层坚硬顶板全部破断垮落。

4.1.2　数值模拟的有效性分析

为验证数值模拟的有效性，以数值模拟的无水压裂缝模型(原型)为例，与对应的相似物理模型试验结果进行了对比，如图 4.3 所示。

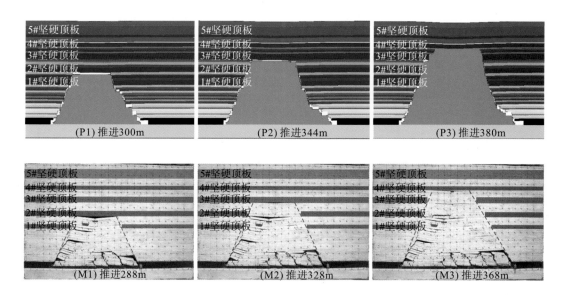

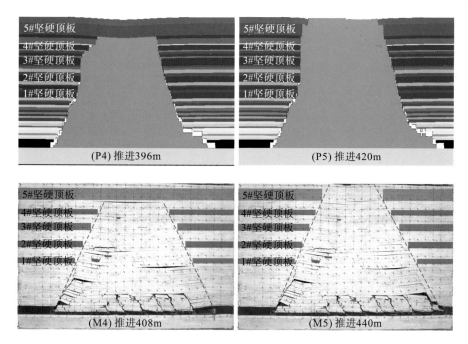

图 4.3　数值模拟(P)与相似物理模型试验(M)结果的对比

图 4.3 中各图的截取时刻分别为 1#～5#坚硬顶板破断的时刻。由图 4.3 可以看出，数值模拟中顶板的垮落情况与相似物理模型中顶板的垮落情况具有较好的相似性。同时，数值模拟和相似物理模型中的 1#～5#坚硬顶板的初次破断步距也具有很好的相似性。如表 4.3 所示，相似物理模型试验(几何相似比为 1∶200)中 1#～5#坚硬顶板的初次破断步距分别为 288m、328m、368m、408m 和 440m。数值模拟中坚硬顶板的初次破断步距分别为 300m、344m、380m、396m 和 420m，与相似物理模型试验对比，误差分别为 4.17%、4.88%、3.26%、2.94%和 4.55%，均在合理误差范围内。这表明本书中的数值模拟能够较好地反映长壁开采过程中顶板的变形与垮落特征，因此可用于开展后续研究。

表 4.3　数值模拟与相似物理模型试验中坚硬顶板的初次破断步距

坚硬顶板	模型试验/m	数值模拟/m	误差/%
1#	288	300	4.17
2#	328	344	4.88
3#	368	380	3.26
4#	408	396	2.94
5#	440	420	4.55

4.1.3　长壁开采中覆岩的损伤

随着工作面的不断向前推进，顶板的悬露长度增大，顶板发生弯曲变形、离层和损伤。覆岩的损伤最易发生在采空区上方悬露的岩层间的层理面，因为此处层理面易于发生离层，从而导致损伤。同时损伤还易于出现在采空区两侧的岩层破断线附近，如图 4.4(P4)

所示。因为顶板垮落后在采空区两侧形成了悬臂梁结构，在重力作用下将发生剪切破坏和弯曲离层，从而导致岩层的损伤。工作面推进至120m时，坚硬顶板中水平水压裂缝和垂向水压裂缝尚未受到明显采动影响，所以此前三模型中覆岩的损伤情况基本相同。工作面推进至160m时，坚硬顶板中水压裂缝逐渐开裂和发育，并伴随着损伤的发生。此时水平裂缝模型中 1#坚硬顶板中的水压裂缝发生了可被观察的损伤。工作面继续向前推进，该损伤逐渐加剧。当工作面推进至200m时2#坚硬顶板中的水压裂缝也开始发生可被观察的损伤。随着该损伤的加剧，坚硬顶板的完整性逐渐受到削弱，并有被分层的危险，使得其抗压、抗拉、抗剪和抗弯强度均降低，从而导致坚硬顶板提前破断。在垂向裂缝模型中，当工作面推进至200m时，1#和2#坚硬顶板中水压裂缝开始发生损伤。但由于该垂向水压裂缝的长度短和所在坚硬顶板上下均受到相邻岩层的保护以及受到最大水平主应力(其方向与工作面推进方向一致)的挤压，限制了水压裂缝的发育，即限制了损伤的发展，所以其损伤程度比水平水压裂缝的损伤程度低。但无论是水平水压裂缝还是垂向水压裂缝，均促进了坚硬顶板的损伤和弱化，在坚硬顶板的提前破断中都发挥了重要作用。

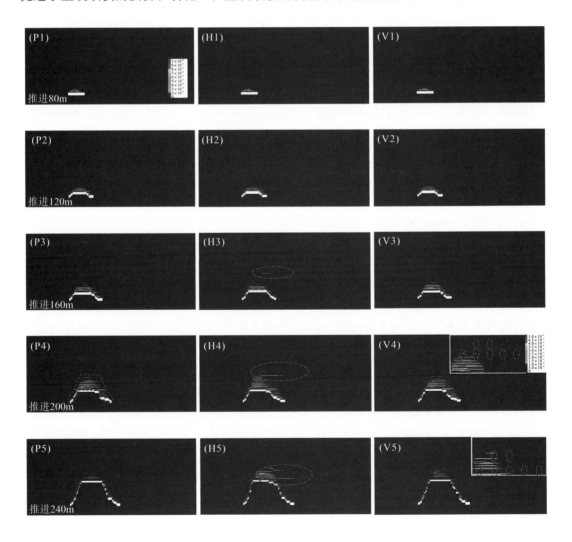

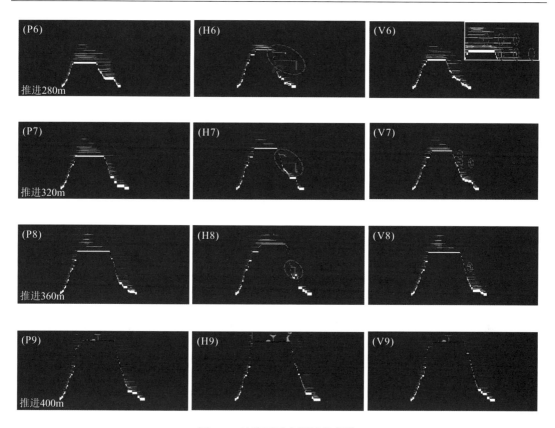

图 4.4　长壁开采中覆岩的损伤

注：除图中 (V5)、(V6) 的局部放大图的图例与 (V4) 中的图例相同外，其余图的图例均与 (P1) 中的图例相同，

图例表示损伤 (量纲一)。

4.1.4　水压裂缝的活化

地面水力压裂坚硬顶板产生水压裂缝后，当水力压力一旦去除，坚硬顶板中的水压裂缝在矿山压力作用下可能闭合，直到工作面开采到一定长度后水压裂缝受到足够强度的扰动才会再次打开并扩展。水平裂缝模型中水压裂缝的活化如图 4.5 所示。由图 4.5(a) 可知，1#坚硬顶板中的水平水压裂缝的活化始于工作面推进至 80m 时，此时该水平水压裂缝发生的是水平方向上的位错。这是由于该水平裂缝的走向与最大水平主应力方向相同，因而受到最大水平主应力的剪切作用所致。当工作面推进至 136m 时，该水平水压裂缝开始发生垂向方向上的张裂，此为垂向裂缝面重力的拉伸作用造成的。机理如图 4.6(a) 和图 4.6(c) 所示。图 4.6(c) 为与图 4.6(a) 相对应的相似物理模型试验结果。由于 2#坚硬顶板比 1#坚硬顶板距离开采煤层远，且受到 1#坚硬顶板的保护，所以 2#坚硬顶板中水压裂缝的活化较晚。当工作面推进至 120m 和 192m 时，水平水压裂缝才分别开始发生水平方向和垂向的位错与张裂。含水平水压裂缝的坚硬顶板破断时，水平水压裂缝的最大位错量和张开度在 6~12mm。

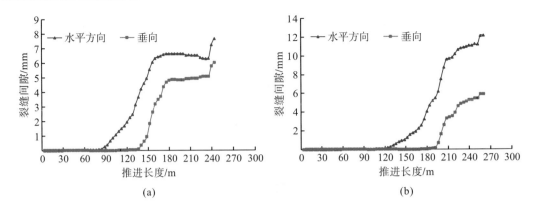

图 4.5　水平裂缝模型中水压裂缝的活化

(a)1#坚硬顶板中水压裂缝；(b)2#坚硬顶板中水压裂缝

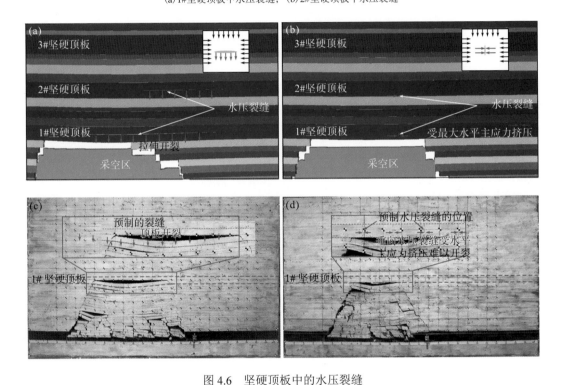

图 4.6　坚硬顶板中的水压裂缝

(a)数值模拟中的水平裂缝模型；(b)数值模拟中的垂向裂缝模型；(c)相似物理模型中的水平裂缝模型；

(d)相似物理模型中的垂向裂缝模型

　　图 4.7 所示为垂向裂缝模型中水压裂缝的活化。从图 4.7(a)和图 4.7(b)中均可发现，垂向水压裂缝的位错或张裂均极小，与水平水压裂缝相比垂向水压裂缝更大，完全可以忽略不计。然而，这是最大水平主应力与水压裂缝产状共同决定的。在长壁开采中工作面通常沿最大水平主应力的方向向前推进，而垂向水压裂缝的走向与此方向垂直，所以垂向水压裂缝面受到最大水平主应力挤压，使其难以张裂，甚至完全闭合，如图 4.6(b)和图 4.6(d)所示。同时，垂向水压裂缝受到相邻岩层的阻挡和保护，使其难以发生垂向的位错，所以

垂向水压裂缝的活化受到抑制，但是其对坚硬顶板的分段作用却是不容忽视的。

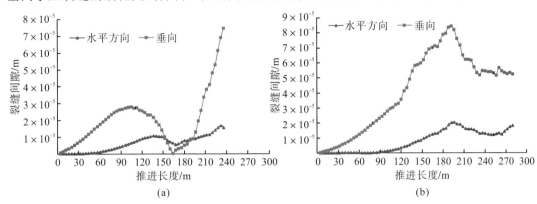

(a)   (b)

图 4.7   垂向裂缝模型中水压裂缝的活化
(a) 1#坚硬顶板中的水压裂缝；(b) 2#坚硬顶板中的水压裂缝

4.1.5   力学参数的劣化

　　随着坚硬顶板中水压裂缝的活化与损伤的发展，水压裂缝附近的岩体的弹性模量、内聚力、内摩擦角和抗拉强度被弱化。弱化的程度与损伤的程度直接相关，如图 4.8 所示。由于水平水压裂缝更易于开裂，所以损伤程度更大，力学参数被弱化得更严重；而垂向裂缝受到最大水平主应力的挤压难以开裂，损伤较小，因而其力学参数的弱化程度较低。但水压裂缝的存在构成了坚硬顶板中的弱面，有助于坚硬顶板的破断。

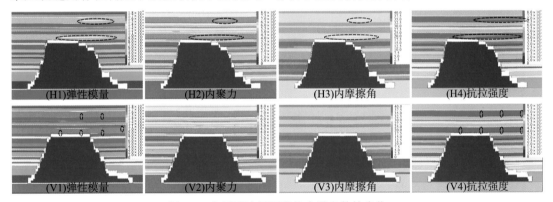

(H1)弹性模量　　　　(H2)内聚力　　　　(H3)内摩擦角　　　　(H4)抗拉强度

(V1)弹性模量　　　　(V2)内聚力　　　　(V3)内摩擦角　　　　(V4)抗拉强度

图 4.8   水压裂缝周围岩体力学参数的劣化
注：图(H1)、(H2)、(H4)、(V1)、(V3)、(V4)的图例单位为 Pa；图(H3)、(V3)的图例单位为(°)。

4.1.6   水压裂缝对应力分布的扰动

　　模拟开采过程的覆岩垂直应力分布如图 4.9 所示。图中第一排为原型中的应力分布，第二排为水平裂缝模型中的应力分布，第三排为垂向裂缝模型中的应力分布。从图中可见，开采过程中垂直应力的总体分布规律是：在采空区上方覆岩中形成一个以工作面推进长度为底边的近似等腰三角形的卸压区域，在开切眼煤壁和工作面煤壁附近应力集中。同时也可观察到水压裂缝对覆岩的应力分布有影响，主要表现在两个方面：一是切断了原始应力的连续性,二是使水压裂缝附近区域的应力得到一定程度释放。对于水平和垂向的两种形式的水压裂缝,水平水压裂缝更利于释放覆岩中的垂直应力。

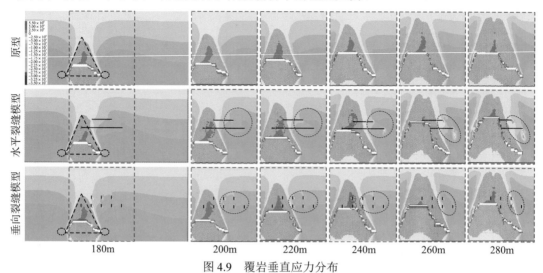

图 4.9 覆岩垂直应力分布

注:图例为应力,Pa。

4.1.7 水压裂缝对坚硬顶板破断的影响

坚硬顶板的位移达到其能承受的极限值后将发生破断。无水压裂缝的原型、水平裂缝模型和垂向裂缝模型开采过程中坚硬顶板的破断如图 4.10 所示。图 4.10(P1)～图 4.10(P5)为无水压裂缝的原型在开采过程中的坚硬顶板的破断。从图中可见,当坚硬顶板不含水压裂缝时工作面推进至 300m 时 1#坚硬顶板才发生破断,并且其上直至 2#坚硬顶板之间的顶板随之同步破断;当工作面推进至 344m、380m、396m 时,2#、3#、4#坚硬顶板分别与其上一层坚硬顶板之间的顶板同步破断;当工作面推进至 420m 时,5#坚硬顶板与其上覆岩层同步破断。此过程充分体现了坚硬顶板对覆岩变形和破断的控制作用。在此,坚硬顶板发挥了关键层的作用。

图 4.10(H1)～图 4.10(H5)为水平裂缝模型开采过程中坚硬顶板的破断。从图中可见,坚硬顶板的破断均较原型提前了。在图 4.10(H1)和图 4.10(H2)中,由于 1#和 2#坚硬顶板中预制了水平水压裂缝,坚硬顶板的完整性与抗压、抗拉、抗剪和抗弯强度受到削弱,导致 1#和2#坚硬顶板的破断比原型中 1#和 2#坚硬顶板的破断分别提前了 52m 和 80m。同时,1#和 2#坚硬顶板破断时其上方的顶板不再随之同步破断,表明其失去了对上覆顶板变形和破断的控制作用。由于 3#～5#坚硬顶板中无水压裂缝,所以图 4.10(H3)～图 4.10(H5)中 3#～5#坚硬顶板仍能发挥对上覆岩层变形和破断的控制作用。但是它们的破断受到了 1#和 2#坚硬顶板提前破断的影响,仍表现为一定程度的提前破断,只是提前破断的距离缩短到 8～16m。

图 4.10(V1)～图 4.10(V5)为垂向裂缝模型开采过程中坚硬顶板的破断。此时坚硬顶板的破断与水平裂缝模型中坚硬顶板的破断情形相似。由于在 1#和 2#坚硬顶板中嵌入了垂向水压裂缝,所以它们的破断比原型中 1#和 2#坚硬顶板的破断分别提前了 40m 和 56m。

此时的 1#和 2#坚硬顶板也失去了对上覆岩层变形和破断的控制作用。但不含水压裂缝的 3#～5#坚硬顶板的破断未受到明显影响，也无显著的提前破断。

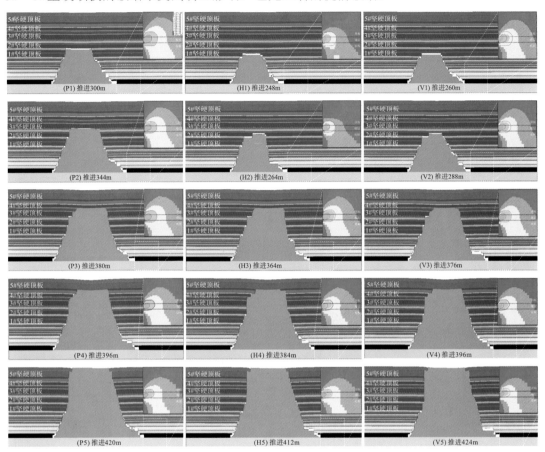

图 4.10　模拟开采过程中坚硬顶板的破断
注：图例为应力，Pa。

同时，结合图 4.10 中工作面煤壁前方的垂直应力分布可发现，水平裂缝模型和垂向裂缝模型中工作面煤壁前方的高垂直应力区（绿色区域）的面积均比原型中该高垂直应力区的面积小，尤其是预制水平和垂向水压裂缝的坚硬顶板提前破断后，该高垂直应力区明显减小，如图 4.10(H1)、图 4.10(H2)、图 4.10(V1)和图 4.10(V2)所示。

上述分析表明，水力压裂主要影响其压裂目标层的变形和破断，促使其压裂的岩层的完整性和强度降低，提前破断，并造成采场覆岩空间的变化和矿山压力的重分布，转移工作面煤壁前方的高应力，减弱工作面的矿压显现。

4.1.8　工作面支承压力分析

支承压力是反映矿山压力强烈程度的重要指标。在模拟开采过程中监测了工作面煤壁的支承压力和工作面的超前支承压力峰值。监测支承压力的测点和超前支承压力峰值的测线位置如图 4.11 所示。从图 4.12 中可知，随着工作面向前推进，煤壁处的支承压力整体呈增大趋势。工作面推进至 180m 前，三模型中的支承压力基本相同。此后，坚硬顶板中的水压裂缝开始发生较明显的损伤，因而影响覆岩压力分布，进而影响三模型中的支承压力。工作面推进至 180m 后水平裂缝模型的支承压力总体上比原型中的支承压力小。尤其是工作面推进至 248~328m 时，即预制有水平水压裂缝的 1#和 2#坚硬顶板分别破断后，工作面煤壁处的支承压力相较于原型中的支承压力显著降低。工作面推进至 328m 后有局部的支承压力大于原型中的支承压力，是由于含水压裂缝的 1#和 2#坚硬顶板提前破断后导致采场空间增大，同时 3#坚硬顶板提早成为承载覆岩的主体，因其完整和未被压裂，所以能够承受较长时间的较大挠曲，从而使得工作面遭受较长时间的较强支承压力。在垂向裂缝模型中，工作面的支承压力几乎处处低于原型中的支承压力。工作面从 180m 推进至 420m 期间，原型中的平均支承压力＞水平裂缝模型中的平均支承压力＞垂向裂缝模型中的平均支承压力。

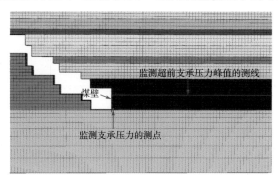

图 4.11　测点与测线的位置

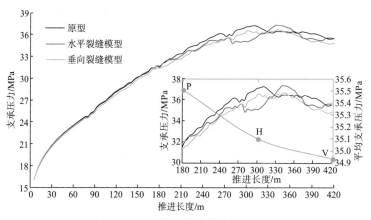

图 4.12　工作面煤壁的支承压力
注：P 代表原型；H 代表水平裂缝模型；V 代表垂向裂缝模型。

　　图 4.13 所示为工作面的超前支承压力峰值曲线，其走势与煤壁支承压力曲线走势相似。工作面推进到 180m 之前，三模型中的超前支承压力峰值基本相同。此后，随着坚硬顶板中预制的水压裂缝的作用，水平裂缝模型中的超前支承压力峰值表现出整体降低的趋势。在工作面推进至 276~328m 期间，即含水平水压裂缝的 1#和 2#坚硬顶板破断期间，工作面超前支承压力峰值迅速降低。在垂向裂缝模型中的超前支承压力峰值除局部外基本上均小于原型中的超前支承压力峰值。

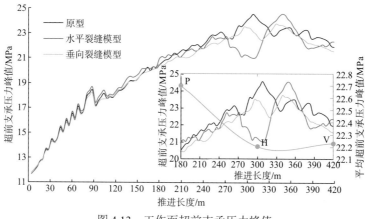

图 4.13　工作面超前支承压力峰值

注：P、H、V 代表的含义同图 4.12。

从上述的支承压力分析中不难发现，在坚硬顶板中预制水压裂缝后，含水压裂缝的坚硬顶板破断后工作面煤壁下方岩体的支承压力和煤壁前方的超前支承压力峰值将实质性地降低，从而可削弱工作面的矿压显现。

4.2　坚硬顶板强度弱化对采场矿压显现影响的数值模拟研究

4.2.1　研究现场工作面概况及模型建立

同忻煤矿地处大同市西南，大同煤田北东部，是晋能控股煤业集团有限公司旗下生产主力矿，矿井年设计生产能力为 1000 万 t，矿区地应力场为水平应力场，地应力以方位角为 245.18°、最大应力为 20.42MPa 的水平压应力为主。同忻煤矿 8203 工作面对应地面位于云冈区口泉乡郑家岭村南，地形地貌为低山丘陵台地，大部分为黄土覆盖，基岩在大沟两侧有出露。8203 工作面所在煤层为 3-5# 煤层，煤层平均厚度为 14.91m，属特厚煤层，平均倾角为 3°～10°，埋深为 377.6～519m，以半亮型煤为主，夹矸 4～8 层。工作面位置关系如图 4.14 所示，其 2# 钻孔覆岩柱状及关键层判别结果如图 4.15 所示。

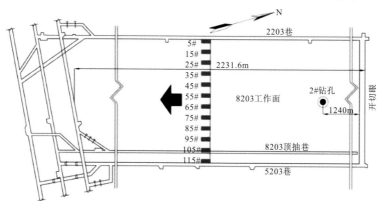

图 4.14　8203 工作面布置图

层号	厚度/m	埋深/m	岩层岩性	关键层位置	硬岩层位置	备注	岩层图例
46	0.80	316.93	煤层			侏煤，未采	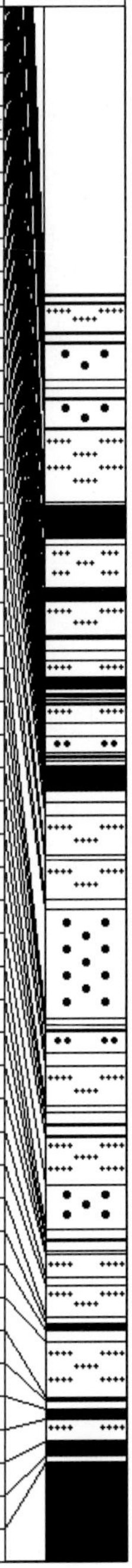
45	0.85	317.78	粉砂岩				
44	0.75	318.53	细砂岩				
43	4.00	322.53	粉砂岩			此上为套管段	
42	2.85	325.38	细砂岩				
41	3.60	328.98	中砂岩				
40	1.00	329.98	粉砂岩				
39	0.90	330.88	细砂岩				
38	0.95	331.83	粉砂岩				
37	2.70	334.53	煤层				
36	0.35	334.88	砂质泥岩				
35	1.70	336.58	煤层				
34	2.75	339.33	粗砂岩				
33	2.72	342.05	粗砂岩				
32	8.30	350.35	粉砂岩				
31	1.20	351.55	粗砂岩				
30	8.37	359.92	粉砂岩				
29	2.10	362.02	中砂岩				
28	23.27	385.29	粗砂岩	主关键层	第5层硬岩		
27	1.55	386.84	粗砂岩				
26	1.15	387.99	粉砂岩				
25	4.75	392.74	中砂岩				
24	2.97	395.71	粗砂岩				
23	8.58	404.29	粉砂岩	亚关键层	第4层硬岩		
22	1.30	405.59	细砂岩				
21	2.51	408.10	中砂岩				
20	2.60	410.70	细砂岩				
19	10.10	420.80	粉砂岩		第3层硬岩		
18	9.57	430.37	粗砂岩	亚关键层	第2层硬岩		
17	1.95	432.32	粗砂岩				
16	0.50	432.82	煤层				
15	2.00	434.82	粉砂岩				
14	0.77	435.59	中砂岩				
13	4.86	440.45	粉砂岩				
12	1.90	442.35	粗砂岩				
11	6.55	448.90	粉砂岩				
10	1.36	450.26	砂质泥岩				
9	1.50	451.76	煤层				
8	2.38	454.14	砂质泥岩				
7	12.12	466.26	粉砂岩	亚关键层	第1层硬岩		
6	0.60	466.86	煤层				
5	1.90	468.76	砂质泥岩				
4	1.90	470.66	煤层				
3	4.60	475.26	粉砂岩				
2	3.30	478.56	煤层				
1	1.60	480.16	砂质泥岩				
0	21.02	501.18	煤层			3-5#煤层	

图 4.15　同忻煤矿 8203 工作面岩性柱状图

　　根据图 4.15 所示地层信息，建立了一个含有 46 层岩层的几何模型，如图 4.16 所示。为提高运算速率和便于观察，采用二维模型，模拟工作面中心线上的开采情况。模型尺寸为 1000m×550m（长×高），网格单元数量为 26680 个。模型上边界采用自由边界，下边界采用固定边界并约束左右边界水平位移。模型两侧各留设 200m 以消除边界效应，工作面

沿 X 轴正方向推进，每次模拟开采 3m，并基于现场实测地应力数据反演初始地应力场。

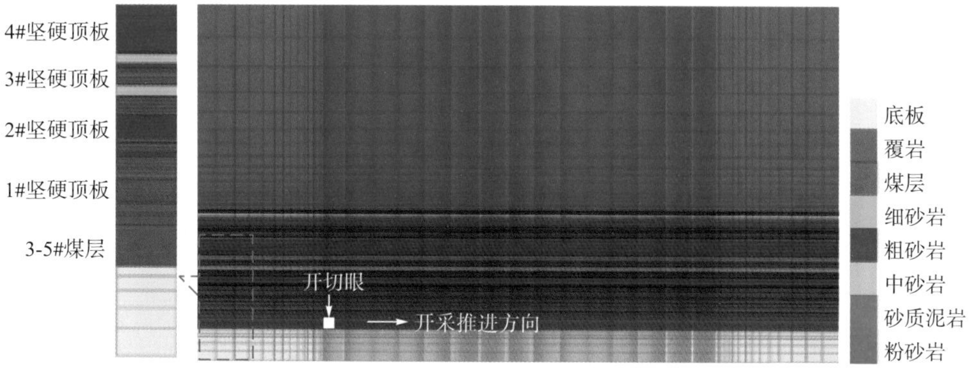

图 4.16　同忻煤矿 8203 工作面岩层几何模型

本数值模拟计算中，煤岩体的力学性质采用损伤软化本构模型来描述，其物理力学参数见表 4.4。采空区岩块的承压行为采用双屈服本构模型模拟。通过钻孔电视对上覆岩层垮落范围进行实测，测得垮落高度达 70m，裂隙高度达 150~180m。结合 4.1 节中计算式最终求得描述采空区岩石承压特性的应力-应变关系，双屈服本构模型的其他力学参数见表 4.5。最后，按本书方法进行连续、循环开采模拟，同时对模型中岩层位移、地表沉降和支架压力等数据进行监测。

表 4.4　煤岩体物理力学参数

岩性	密度 /(kg/m³)	体积模量 /GPa	剪切模量 /GPa	内聚力 /MPa	内摩擦角 /(°)	抗拉强度 /MPa	抗压强度 /MPa
覆岩	2400	9.33	5.6	5.5	35	3.0	—
中砂岩	2400	13.89	10.42	7.2	35	6.3	61.2
细砂岩	2500	18.49	15.04	15.7	40	9.2	75.5
粗砂岩	2400	12.68	8.73	6.8	35	5.5	57.4
粉砂岩	2500	15.00	9.44	8.5	37	5.7	59.3
砂质泥岩	2300	10.95	7.54	5.5	33	5.0	63.8
煤层	1400	10.35	4.78	4.0	30	2.6	24.8
底板	2400	11.83	8.88	8.5	35	6.0	—

表 4.5　计算用双屈服本构模型力学参数

体积模量 /MPa	剪切模量 /MPa	密度 /(kg/m³)	内聚力 /MPa	内摩擦角 /(°)	抗拉强度 /MPa
1042	176	2000	0.002	20	0

模拟长壁开采过程完成时所得岩层垮落范围图如图 4.17 所示。图中垮落高度达 72.1m，与实测垮落高度 70m 的误差为 3.0%，说明在垮落高度计算上数值计算结果是可靠、合理的。

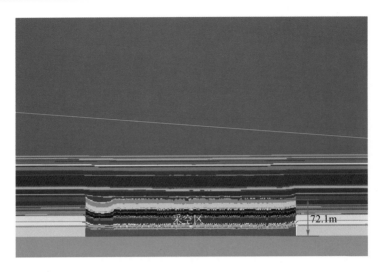

图 4.17　模拟开采完成时岩层垮落范围图

　　图 4.18 为模拟开采完成时的塑性区分布图。从图中可见，在开切眼煤壁处和工作面前方煤壁处均有拉伸破坏发生。这与实际煤层开采工作面两端应力集中而造成煤壁外鼓、片帮，煤体被压酥、破碎等有关。在塑性区上部是明显的拉伸破坏，这是上覆岩层弯曲下沉出现离层过程中发生拉伸破坏造成的。在塑性区右侧的中下部主要是剪切破坏和部分拉伸破坏分布的区域。在实际采煤过程中，该区域处于垮落带和裂隙带范围内，在该范围内往往发生岩石的剪切和拉伸破坏。

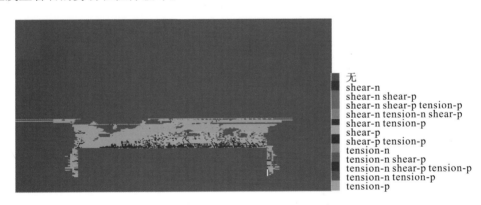

图 4.18　模拟开采完成时的塑性区分布图

注：shear 表示张力；tension 表示剪切力。

　　图 4.19 为模拟开采完成时的垂直应力分布图。从图中可见，在开切眼煤壁处和工作面前方煤壁处均产生了很高的支承压力，而该高支承压力往往诱发岩爆。由于本书中数值模拟工作量大，在不影响研究的前提下为尽量减少工作量，提高效率，本书中数值模型的开采长度仅为 600m。由于该长度略短，所以在模拟开采过程中采空区上方大结构中尚未形成压力拱。若开采长度较长，则在模拟开采过程中垂直应力将逐渐演化形成采空区上方大结构中的压力拱，如图 4.20 所示。

图 4.19　模拟开采完成时的垂直应力分布图

图 4.20　采空区上方压力拱形成过程

为验证本书构建的数值模型的合理性，还将对支架压力进行监测和对比。鉴于工作面矿压显现规律与顶板岩层破断、运动特征密切相关，考虑到工作面两端及上、下部一定范围内支架处于顶板岩层"O-X"破断的"弧形三角块"保护之下，来压现象不明显，故选择了具有明显来压现象的工作面中部 65#支架监测的支架压力供分析研究。从图 4.21 中展示的数值模拟监测的支架压力与现场实测值的对比可见，数值计算结果与现场实测支架压力数据整体具有较强的可比性。在数值上，计算的支架压力峰值与现场实测的支架压力峰值基本相等且来压位置大体相当，误差在工程尺度可接受的范围内。

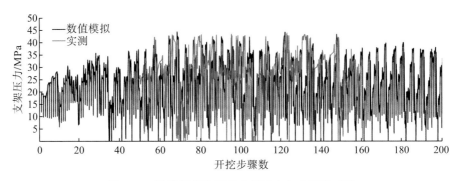

图 4.21　数值模拟监测的支架压力与实测值对比

此外，根据同忻煤矿提供的资料，在 8203 工作面对应地表布设了 10 个地表沉降观测点，各观测点间隔约 20m，采用高精度便携 GPS 测量系统观测地表沉降。对此，根据工作面地表沉降监测过程，在数值计算模型中模拟监测了地表的沉降量，数值计算的沉降量与现场实测的地表沉降量的对比如图 4.22 所示。从图中可见，二者在数值上相近，在趋势上一致，反映了开发的数值模拟方法的可行性和合理性。

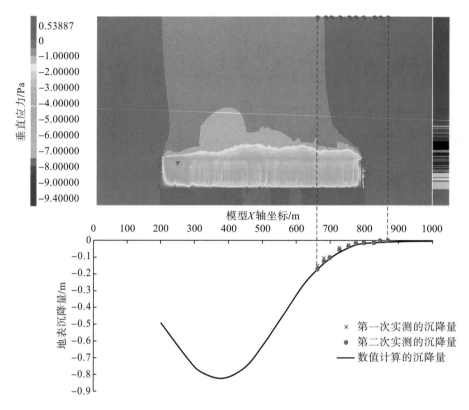

图 4.22　数值计算的地表沉降量与实测值对比

4.2.2　坚硬顶板强度弱化方案

　　水力压裂岩层后，被压裂岩层中形成的水压裂缝降低了岩层的完整性和强度，从而使岩层更容易破断垮落。在开采煤层上覆岩层的低位岩层中，岩层的适时破断避免了顶板大范围内悬而不垮造成的工作面矿压显现强烈。因此，本节针对坚硬顶板的强度弱化对工作面矿压显现的影响进行了数值模拟研究。然而，在众多岩层中，对矿压显现影响最明显的当属坚硬顶板。故坚硬顶板的强度弱化主要是针对开采煤层上覆岩层中的坚硬顶板进行的。坚硬顶板强度弱化方案见表 4.6。

表 4.6　坚硬顶板强度弱化方案

方案编号	弱化岩层
1#	1#坚硬顶板
2#	2#坚硬顶板
3#	3#坚硬顶板
4#	4#坚硬顶板
5#	1#、2#坚硬顶板
6#	1#、3#坚硬顶板
7#	1#、2#、3#坚硬顶板

4.2.3　单层坚硬顶板强度弱化

1. 弱化 1#坚硬顶板

基于 FLAC3D 数值模拟软件，采用其内置 FISH 语言，将前述应力-渗流-化学耦合弹塑性本构模型程序化并植入计算程序中，便可实现对坚硬顶板强度弱化的数值模拟。

对离工作面最近的 1#坚硬顶板进行强度弱化后，在岩层垮落范围图(图 4.23)中，坚硬顶板强度弱化与否差异并不明显。在塑性区范围(图 4.24)，表现在塑性区上部的拉伸破坏区域在高度上变窄。这表明对 1#坚硬顶板进行强度弱化后，在上覆岩层压力作用下临近采煤工作面的顶板更容易破坏和垮落，垮落的破碎岩石堆积在采空区中在一定程度上阻止了上覆岩层的弯曲下沉，故出现的离层拉伸破坏减少。

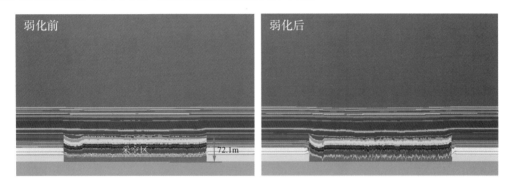

图 4.23　1#坚硬顶板强度弱化前后所得岩层垮落范围图

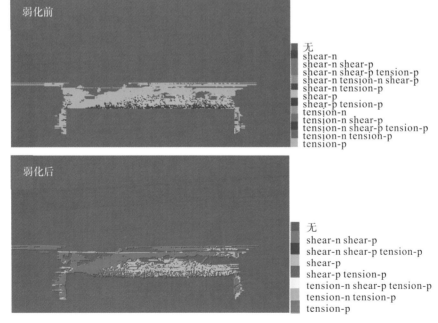

图 4.24　1#坚硬顶板强度弱化前后所得塑性区分布图

注：shear 表示张力；tension 表示剪切力。

　　图 4.25 为 1#坚硬顶板强度弱化前后所得采场垂直应力分布图。从图中可明显地观察到坚硬顶板强度弱化后采场垂直应力显现整体均比坚硬顶板未弱化时缓和，二者之间的最大压应力差达 10.687MPa，表明坚硬顶板强度弱化后采场卸压更充分，矿山压力降低。

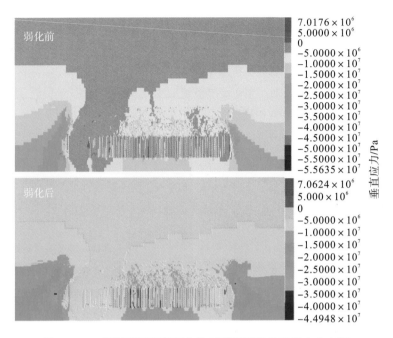

图 4.25　1#坚硬顶板强度弱化前后所得采场垂直应力分布图

　　图 4.26 为 1#坚硬顶板强度弱化前后所得支架压力的对比图。其中，图 4.26（b）为从图 4.26（a）中提取的数值大于 36.86MPa（支架额定工作阻力）的数据，从中能更加清楚地看到未进行任何强度弱化时监测的最大支架压力为 44.32MPa，1#坚硬顶板进行强度弱化后的最大支架压力为 39.7MPa，且整体数值明显比未进行任何强度弱化时监测的支架压力小，表明对 1#坚硬顶板进行强度弱化能明显地降低工作面矿压显现的强度。

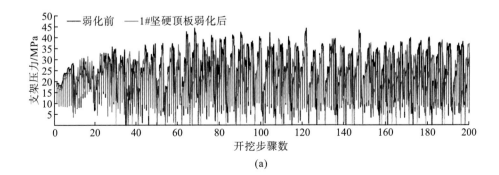

(a)

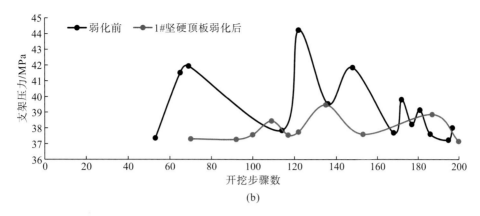

(b)

图 4.26　1#坚硬顶板强度弱化前后的支架压力对比

2. 弱化 2#坚硬顶板

从 2#坚硬顶板强度弱化前后的岩层垮落范围图和塑性区分布图上难以看出二者的细微差异，无法据其深入分析 2#坚硬顶板强度弱化前后矿压显现的不同，所以选择从监测的支架压力来对比分析。图 4.27 即为 2#坚硬顶板强度弱化前后的支架压力对比图。从图中可见，2#坚硬顶板进行强度弱化后的最大垂直应力为 41.06MPa，比未弱化前有所降低，但降低幅度小于 1#坚硬顶板强度弱化所带来的垂直应力降低幅度。

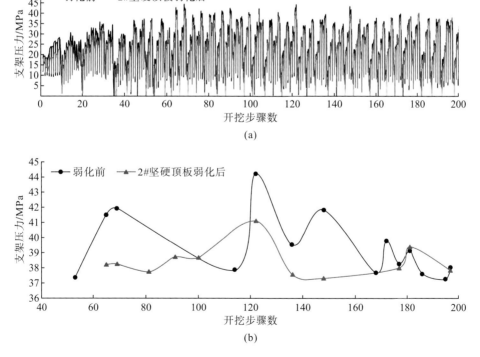

图 4.27　2#坚硬顶板强度弱化前后的支架压力对比

3. 弱化 3#坚硬顶板

图 4.28 为 3#坚硬顶板强度弱化前后的支架压力对比图。从图中可见，3#坚硬顶板进行强度弱化后的最大垂直应力为 42.5MPa，比未弱化前有所降低，但降低幅度小于 1#和 2#坚硬顶板单层强度弱化所带来的垂直应力降低幅度。

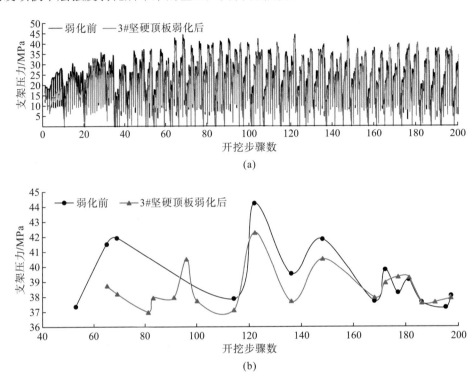

(a)

(b)

图 4.28   3#坚硬顶板强度弱化前后的支架压力对比

4. 弱化 4#坚硬顶板

图 4.29 为 4#坚硬顶板强度弱化前后的支架压力对比图。从图中可见，4#坚硬顶板强度弱化前后支架压力并无多大差异。4#坚硬顶板厚度大，对覆岩起主要控制作用，其强度弱化后工作面的支架压力非但未见明显减小，反而在煤层开采的前 200m 范围内有较明显的增大，在其后的范围内也时常比未弱化时计算的支架压力大。上述结果表明，对起主控作用的 4#坚硬顶板进行强度弱化未必有助于减小工作面矿压显现强度，甚至适得其反。因为起主控作用的坚硬顶板通常坚硬、厚度大，不易破断，控制着其上直至地表岩层的运动。一旦其强度被弱化，则该坚硬顶板将丧失其控制上覆岩层运动的能力，从而导致新的主控岩层向上覆岩层迁移，而原有的主控岩层与新的主控岩层之间的岩层破断后便增加了工作面支架的承压负担。同时，4#坚硬顶板距离开采煤层较远，故 4#坚硬顶板强度弱化后对工作面矿压显现的影响较缓和，工作面支架压力无明显增大。

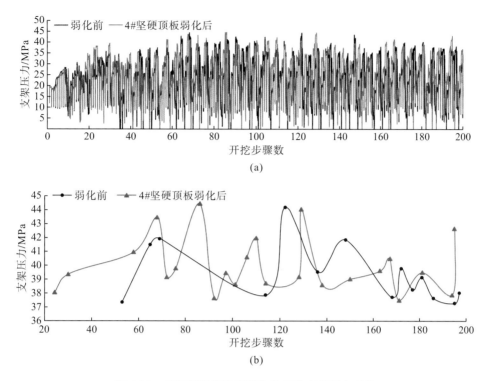

图 4.29　4#坚硬顶板强度弱化前后的支架压力对比

图 4.30(a)为基于各单层坚硬顶板强度弱化方案计算出的支架压力中提取的数值大于 36.86MPa(支架额定工作阻力)的支架压力数据。图 4.30(b)为图 4.30(a)中支架压力数值的平均值。通过图 4.30 中可以清晰地看出各单层坚硬顶板强度弱化方案下计算出的支架压力的大小差异。对距离开采煤层最近的坚硬顶板进行强度弱化后，支架压力明显降低，随着坚硬顶板与开采煤层的距离增大，其强度弱化后工作面支架压力降低的幅度逐渐减小，但仍小于未进行任何强度弱化时计算出的支架压力；而 4#坚硬顶板的强度被弱化后工作面支架压力非但没有降低，反而有所增大，但由于距离开采煤层较远，故增势缓和。

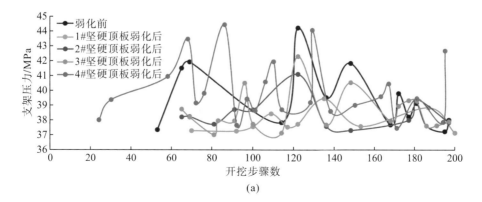

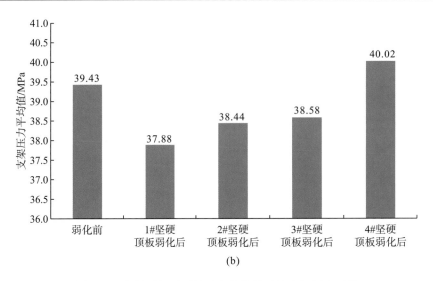

图 4.30　各单层坚硬顶板强度弱化前后的支架压力对比

上述结果表明，水力压裂坚硬顶板时，压裂的坚硬顶板距离开采煤层越近，越有利于减缓工作面的矿压显现。若压裂的是 4#坚硬顶板，则不利于减缓工作面的矿压显现，甚至造成工作面矿压显现更为强烈。

4.2.4　多层坚硬顶板联合强度弱化

在对单层坚硬顶板强度弱化对工作面矿压显现的影响进行研究后，本节针对多层坚硬顶板联合强度弱化进行研究。当对工作面上方 1#和 2#坚硬顶板，1#和 3#坚硬顶板，1#、2#和 3#坚硬顶板分别进行联合强度弱化处理后，数值计算出的支架压力分布分别如图 4.31、图 4.32 和图 4.33 所示。由图 4.31～图 4.33 可以看出，多层坚硬顶板联合强度弱化后与未进行强度弱化时相比，工作面支架压力有更明显的降低，尤其是在 1#、2#和 3#坚硬顶板联合强度弱化时。为更为清晰地对比 1#和 2#坚硬顶板，1#和 3#坚硬顶板，1#、2#和 3#坚硬顶板分别进行联合强度弱化处理后支架压力的大小，对 3 种强度弱化方案下的支架压力取平均值和最大值进行对比分析，如图 4.34 所示。

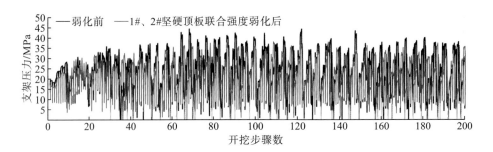

图 4.31　1#、2#坚硬顶板联合强度弱化前后的支架压力对比

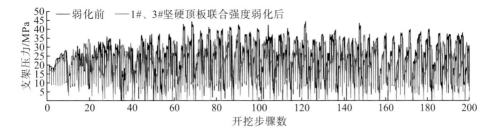

图 4.32　1#、3#坚硬顶板联合强度弱化前后的支架压力对比

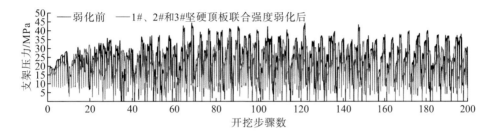

图 4.33　1#、2#和3#坚硬顶板联合强度弱化前后的支架压力对比

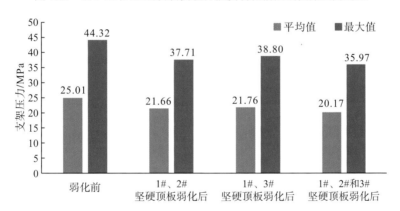

图 4.34　多层坚硬顶板联合强度弱化前后的支架压力对比

从图 4.34 可见，1#和 2#坚硬顶板联合强度弱化后工作面支架压力平均值和最大值分别降低了 3.35MPa 和 6.61MPa。1#和 3#坚硬顶板联合强度弱化后工作面支架压力平均值和最大值分别降低了 3.25MPa 和 5.52MPa，降幅小于 1#和 2#坚硬顶板联合强度弱化时工作面支架压力的降幅。1#、2#和 3#坚硬顶板联合强度弱化后工作面支架压力平均值和最大值分别降低了 4.84MPa 和 8.35MPa，比 1#和 2#坚硬顶板联合强度弱化时工作面支架压力的降幅更大。

上述分析表明，坚硬顶板联合强度弱化对工作面矿压显现的影响也主要与坚硬顶板的层位有关。被弱化的坚硬顶板整体距离开采煤层越近，其强度弱化后工作面矿压显现程度减弱越明显，且多坚硬顶板联合强度弱化时其对矿压显现的影响作用并不是其中各单层坚硬顶板对矿压显现影响作用的简单相加，而是有机的综合影响。总之，坚硬顶板距离开采煤层越近，弱化层数越多，工作面支架压力降幅越大，越有利于降低工作面强矿压显现。

4.3　水压裂缝对坚硬顶板采场矿压显现影响的研究

4.3.1　水压裂缝对坚硬顶板强度影响的理论研究

岩体中发育一组结构面，假定结构面(指其法线方向)与最大主应力方向的夹角为 β (图 4.35)，由莫尔应力圆理论，作用于 AB 面上的法向应力 σ 和剪应力 τ 为

$$\sigma = \frac{1}{2}(\sigma_1 + \sigma_3) + \frac{1}{2}(\sigma_1 - \sigma_3) \tag{4.4}$$

$$\tau = \frac{1}{2}(\sigma_1 - \sigma_3)\sin 2\beta \tag{4.5}$$

结构面强度曲线服从库仑破裂准则：

$$\tau = c_{\mathrm{w}} + \sigma \tan\phi_{\mathrm{w}} \tag{4.6}$$

式中，c_{w}、ϕ_{w} 分别为结构面的黏聚力和内摩擦角。

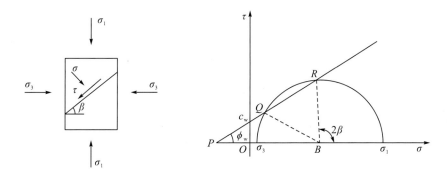

图 4.35　单结构面理论分析图

经整理可得沿结构面产生破坏的条件：

$$\sigma_1 = \sigma_3 + \frac{2(c_{\mathrm{w}} + \sigma_3 \tan\phi_{\mathrm{w}})}{(1 - \tan\phi_{\mathrm{w}}\cot\beta)\sin 2\beta} \tag{4.7}$$

当作用在岩体上的主应力值满足本方程时，弱面上的应力处于极限平衡状态。从式(4.7)中可以看出，当 $\beta = \pi/2$ 时，σ_1 趋向于无穷大；当 $\beta = \phi_{\mathrm{w}}$ 时，σ_1 趋向于无穷大。这说明当 $\beta = \pi/2$ 和 $\beta = \phi_{\mathrm{w}}$ 时，试件不可能沿结构面破坏。但 σ_1 不可能无穷大，在这种情况下，将沿着岩石内的某一方向进行破坏。

式(4.7)对 β 求导，令一阶导数为零，即可求得满足 σ_1 取得极小值 $\sigma_{1,\min}$ 的条件为

$$\beta = \frac{\pi}{4} + \frac{\phi_{\mathrm{w}}}{2} \tag{4.8}$$

代入式(4.7)可得

$$\sigma_{1,\min} = \sigma_3 + \frac{2(c_{\mathrm{w}} + \sigma_3 \tan\phi_{\mathrm{w}})}{\sqrt{1 + \tan^2\phi_{\mathrm{w}}} - \tan\phi_{\mathrm{w}}} \tag{4.9}$$

此时的莫尔圆与结构面的强度包络线相切，如图 4.36 所示。

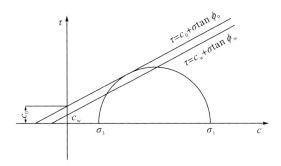

图 4.36　单结构面岩体强度分析

当岩体不沿结构面破坏，而沿岩石的某一方向破坏时，岩体的强度就等于岩石的强度。此时，破坏面与 σ_1 的夹角为

$$\beta_0 = \frac{\pi}{4} + \frac{\phi_0}{2} \tag{4.10}$$

岩石的强度为

$$\sigma_1 = \sigma_3 + \frac{2\left(c_0 + \sigma_3 f_0\right)}{\left(1 - f_0 \cot\beta\right)\sin 2\beta} \tag{4.11}$$

式中，$f_0 = \tan\phi_0$，c_0、ϕ_0 分别为岩石的黏聚力和内摩擦角。

图 4.36 中，$\tau = c_{\mathrm{w}} + \sigma\tan\phi_{\mathrm{w}}$ 为节理面的强度包络线；$\tau = c_0 + \sigma\tan\phi_0$ 为岩石的强度包络线；根据试件受力状态 (σ_1, σ_3) 可给出应力莫尔圆。应力莫尔圆的某一点代表试件上某一方向一个界面上的受力状态。

根据莫尔强度理论，若应力莫尔圆上的点落在强度包络线之下，则试件不会沿此截面破坏。所以从图 4.36 可以看出，当结构面与 σ_1 的夹角 β 满足下式：

$$2\beta < 2\beta_1 \ 或 \ 2\beta > 2\beta_2 \tag{4.12}$$

此时，试件将不会沿结构面破坏。

在图 4.36 中，当 β 满足式 (4.12) 时，试件不会沿着节理面破坏，但应力莫尔圆已与岩石强度包络线相切，因此试件将沿着 $\beta_0 = \frac{\pi}{4} + \frac{\phi_0}{2}$ 的一个岩石截面破坏。若应力莫尔圆并不和岩石强度包络线相切，而是落在其下，则此时试件将不发生破坏，既不沿结构面破坏，也不沿岩石面破坏。

β_1、β_2 的值由以下公式计算：

$$\beta_1 = \frac{\phi_{\mathrm{w}}}{2} + \frac{1}{2}\arcsin\left[\frac{\left(\sigma_1 + \sigma_3 + 2c_{\mathrm{w}}\cot\phi_{\mathrm{w}}\right)\sin\phi_{\mathrm{w}}}{\sigma_1 - \sigma_3}\right] \tag{4.13}$$

$$\beta_2 = \frac{\pi}{2} + \frac{\phi_{\mathrm{w}}}{2} + \frac{1}{2}\arcsin\left[\frac{\left(\sigma_1 + \sigma_3 + 2c_{\mathrm{w}}\cot\phi_{\mathrm{w}}\right)\sin\phi_{\mathrm{w}}}{\sigma_1 - \sigma_3}\right] \tag{4.14}$$

图 4.37 给出了当 σ_3 为常数时，岩体的承载强度 σ_1 与 β 的关系。水平线与结构面破坏曲线相交于 a、b 两点。相对于 β_1 与 β_2，这两点之间的曲线表示沿结构面破坏时 β 与 σ_1 的关系曲线，在这两点之外，即 $\beta < \beta_1$ 或 $\beta > \beta_2$ 时，岩体不会沿结构面破坏，此时岩体强度取决于岩石强度，而与结构面的存在无关。

改写式(4.7)，可得到岩体的三轴压缩强度 σ_{1m} 为

$$\sigma_{1m} = \sigma_3 + \frac{2(c + \sigma_3 f)}{(1 - f \cot \beta)\sin 2\beta} \tag{4.15}$$

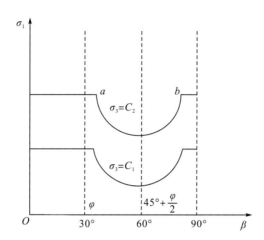

图 4.37　结构面力学效应（σ_3 为常数时，σ_1 与 β 的关系）

注：φ 为内摩擦角。

令 $\sigma_3 = 0$，可得岩体单轴压缩强度 σ_{mc} 为

$$\sigma_{mc} = \frac{2c}{(1 - f \cot \beta)\sin 2\beta} \tag{4.16}$$

根据单结构面强度效应可以看出岩体强度的各向异性，岩体单轴或三轴受压，其强度受加载方向与结构面夹角 β 的控制，如岩体为同类岩石分层所组成，或岩体只含有一种岩石，但有一组发育的较弱结构面简称弱面，当最大主应力 σ_1 与弱面垂直时，岩体强度与弱面无关，此时岩体强度就是岩石的强度；当 $\beta = \dfrac{\pi}{4} + \dfrac{\phi_w}{2}$ 时，岩体将沿弱面破坏，此时岩体强度就是弱面的强度。当最大主应力与弱面平行时，岩体将因弱面横向扩张而破坏，此时，岩体的强度将介于前述两种情况之间。

岩体强度的确定方法是分步运用单结构面理论公式[式(4.4)～式(4.7)]，分别绘出每一组单结构面单独存在时的强度包络线和应力莫尔圆。岩体到底沿哪组结构面破坏，由 σ_1 与各组结构面的夹角所决定。当岩体沿着强度最小的那组结构面破坏时，岩体强度取得最小抗压强度。此时，岩体沿强度最小的那组结构面破坏。

1. 水平裂缝对坚硬顶板破断的影响

某采煤工作面的基本顶为难垮落坚硬顶板，其高度为 h，长度为 l，坚硬顶板所承受的单位面积垂向载荷为 q_1（包括自重）。

基本顶的初次来压可以简化为两端固支梁模型，坚硬顶板任意点处的正应力为

$$\sigma = \frac{12My}{h^3} \tag{4.17}$$

式中，M 为该点所在断面的弯矩；y 为该点离断面中性轴的距离。

最大弯矩发生在梁的两端：

$$M_{\max} = \frac{-q_1 l^2}{12} \tag{4.18}$$

该处的最大拉应力为

$$\sigma_{\max} = \frac{q_1 l^2}{2h} \tag{4.19}$$

当拉应力达到岩石抗拉强度极限 R_T 时，岩层将在该处发生拉伸破坏，进而得出坚硬顶板的极限跨距为

$$l_{\max} = h\sqrt{\frac{2R_\mathrm{T}}{q_1}} \tag{4.20}$$

1）水平贯穿型裂缝对坚硬顶板运动特征的影响

若坚硬顶板所处应力环境中水平应力大于垂直应力，则水力压裂后会形成水平裂缝，认为形成的水平裂缝为水平贯穿型裂缝，如图 4.38 所示，其高度为 $h_1(0 < h_1 < h)$。因要讨论预制裂缝后上位、下位岩层是否发生同步运动，所以该部分的分析认为顶板发生运动前水压裂缝已闭合。

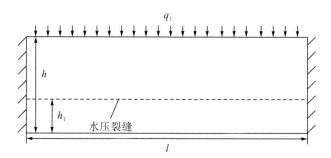

图 4.38　坚硬顶板中的水平贯穿型裂缝

采用基本顶岩层梁所承受载荷法，分析预制裂缝后坚硬顶板上位、下位岩层的运动特征。下位岩层独立运动所承受的载荷为

$$q_{11} = \gamma h_1 \tag{4.21}$$

上位岩层与下位岩层同步运动时所承受的载荷为

$$q_{21} = \frac{E h_1^3 \left[\gamma h_1 + \gamma (h - h_1) \right]}{E h_1^3 + E (h - h_1)^3} \tag{4.22}$$

式中，E、γ 分别为坚硬顶板的弹性模量和重力密度。

当 $q_{21} < q_{11}$ 时，下位岩层将独立于上位岩层运动，上位与下位岩层将产生离层，此时 $0 < h_1 < h/2$。

当 $q_{21} \geqslant q_{11}$ 时，下位岩层、上位岩层将同步运动，两岩层在某一层发生断裂前不会产生离层，此时 $h/2 \leqslant h_1 < h$。

2) 产生水平贯穿型裂缝后的初次破断步距

(1) 上位与下位岩层发生离层。

上位与下位岩层发生离层运动时，下位岩层不受上覆岩层载荷，垂直方向只受岩层自重作用，得出下位岩层的极限跨距为

$$l_{11} = h_1 \sqrt{\frac{2R_T}{\gamma h_1}} \tag{4.23}$$

上位岩层的极限跨距为

$$l_{12} = (h - h_1) \sqrt{\frac{2R_T}{q_1 - \gamma h_1}} \tag{4.24}$$

若 $l_{11} / l_{max} < 1$，则 $q_1 < \gamma h^2 / h_1$。

由 $0 < h_1 < h/2$，可得 $\gamma h^2 / h_1 > 2\gamma h$，故当 $q_1 < 2\gamma h$ 时，$l_{11} < l_{max}$，此时下位岩层的破断步距小于坚硬顶板的初始极限跨距。

若 $l_{12} / l_{max} < 1$，则 $q_1 > \gamma h^2 / (2h - h_1)$。

由 $0 < h_1 < h/2$，可得 $0 < \gamma h^2 / (2h - h_1) < 2\gamma h / 3$，而 $q_1 > \gamma h$，故 l_{12} 总是小于 l_{max}，即上位岩层的破断步距总是小于坚硬顶板的初始极限跨距。

(2) 上位与下位岩层同步运动。

当下位岩层与上位岩层同步运动时，下位岩层的极限跨距为

$$l_{21} = h_1 \sqrt{\frac{2R_T}{q_1}} \tag{4.25}$$

由 $h/2 < h_1 < h$ 可知，$l_{21} < l_{max}$，故下位岩层的破断步距总是小于坚硬顶板的初始极限跨距。

上位岩层的失稳破断要滞后于下位岩层，故上位岩层的极限跨距为

$$l_{22} = (h - h_1) \sqrt{\frac{2R_T}{q_1 - \gamma h_1}} \tag{4.26}$$

令 $l_{22} / l_{max} < 1$，可得 $q_1 > \gamma h^2 / (2h - h_1)$。

由 $h/2 < h_1 < h$ 得 $2\gamma h / 3 < \gamma h^2 / (2h - h_1) < \gamma h$，而 $q_1 > \gamma h$，故 l_{22} 总是小于 l_{max}，即上位岩层的破断步距总是小于坚硬顶板的初始极限跨距。

2. 垂向裂缝对坚硬顶板破断的影响

1) 产生垂向贯穿型裂缝后的破断步距

若该坚硬顶板所处应力环境中垂直应力明显大于水平应力，则水力压裂后会形成垂向裂缝，同样认为形成的垂向裂缝为垂向贯穿型裂缝，如图 4.39 所示。该部分的分析考虑顶板发生断裂破坏前水压裂缝是否发生闭合两种情况。

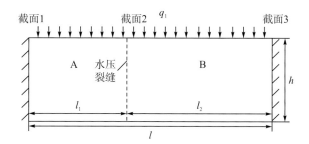

图 4.39　水力压裂坚硬板形成垂向裂缝示意图

坚硬顶板左端、裂缝面、坚硬顶板右端依次定义为截面 1～截面 3，预制裂缝左右两侧为块体 A 和块体 B，长度分别为 l_1、l_2（$l_1 + l_2 = l$）。

（1）水压裂缝未闭合。

无水压裂缝时，截面 1、截面 3 的弯矩为 $M_1 = M_3 = -q_1 l^2 / 12$（"$-$"仅表示弯矩的方向）。

当垂向贯穿型裂缝未闭合时，可认为裂缝两侧块体 A、B 为悬臂梁，则截面 1、截面 3 的弯矩分别为 $M_{11} = -q_1 l_1^2 / 12$，$M_{31} = -q_1 l_2^2 / 2$。

当同时满足 $|M_{11}| > |M_1|$、$|M_{31}| > |M_3|$ 时，块体 A、B 均较没有裂缝的坚硬顶板更容易在端部发生断裂，此时 $\sqrt{6} l / 6 < l_1 < \left(1 - \sqrt{6}/6\right) l$。

（2）水压裂缝已闭合。

对块体 A 的受力情况进行分析，如图 4.40 所示。块体 A 受到垂向力 Q_A、端部支撑力 R_A、水平推力 T 共同作用。若块体 A 存在向裂缝面方向发生回转的倾向，则块体 A 还受到沿裂缝面向上的摩擦力 F_A 作用，其中 $F_A = T \tan\phi$（ϕ 为岩石的内摩擦角）。

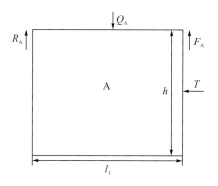

图 4.40　块体 A 受力分析图

根据块体 A 的受力平衡，可得

$$Q_A = R_A + T \tan\phi \tag{4.27}$$

在水压裂缝的扩展过程中，裂缝尖端在集中应力的作用下，使尖端区域的岩石发生损伤破坏，岩石的力学性能发生不可逆的损伤劣化，从而使水压裂缝的周围产生了一定范围的破坏和损伤区域，水压裂缝的周围岩体由内向外依次可划分为破坏区、损伤区和弹性区。

由于破坏区和损伤区的存在，水压裂缝两侧的块体在垂向力和水平挤压力的作用下，更容易向裂缝面方向发生偏转和产生位移，同时块体 A、B 也更易于沿裂缝面发生剪切滑移，从而使块体 A、B 的两端头发生断裂，造成坚硬顶板的失稳破断。因此，即使水压裂缝面发生闭合，含水压裂缝的坚硬顶板较没有裂缝的坚硬顶板也更容易发生失稳破断。

2) 垂向裂缝面性质与坚硬顶板破断的关系

由于水压裂缝面的存在，裂缝面两侧块体会向裂缝面方向发生回转，块体 A 回转过程中的受力如图 4.41 所示。

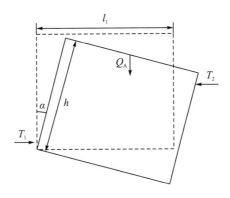

图 4.41   回转块体 A 的受力分析图

裂缝面所受法向力为

$$T_n = T_1 \cos\alpha + Q_A \sin\alpha - T_2 \cos\alpha \tag{4.28}$$

式中，T_1、T_2 为块体所受到的水平推力；α 为坚硬顶板块体的回转角。

水压裂缝面所受的法向应力随块体回转角度的变化而变化，由 $\sigma_n = K_n \mu_n$（K_n 为裂缝面的法向刚度系数，μ_n 为裂缝在法向上的位移）可知，K_n 一定时，块体的法向位移与法向应力成正比，在其他条件相同的情况下，裂缝面的法向刚度系数越小，则块体的法向位移越大，块体的下沉量也就越大，越容易失稳破断。

4.3.2   水压裂缝对坚硬顶板采场矿压显现影响的数值模拟研究

矿井尺度的水力压裂过程数值模拟是一个非常复杂的过程，且 FLAC3D 为有限差分软件，难以实现真实的水力压裂过程，更难以在岩层中产生宏观裂缝，故本节采用等效的水力压裂模拟方案，即在坚硬顶板中预制裂缝，以模拟水压裂缝。具体数值模拟试验方案见表 4.6。表中的 5#、4#方案和不同坚硬顶板层位对工作面矿压显现影响的数值模拟试验方案(表 4.7)中的 5#、4#方案相同。表 4.7 所示方案旨在探究垮落带与裂隙带范围内(坚硬顶板层位为 50m 时煤层开采后处于垮落带范围内，层位为 100m 时开采后处于裂隙带范围内)的坚硬顶板水力压裂前后对工作面矿压显现的影响。有预制裂缝的坚硬顶板代表水力压裂后产生了水压裂缝的坚硬顶板。

表 4.7　坚硬顶板预制裂缝与否对工作面矿压显现影响的数值模拟试验方案

方案编号	采高 M/m	坚硬顶板层位 H/m	坚硬顶板厚度 h/m	预制裂缝
5#	20	50	15	否
4#	20	100	15	否
13#	20	50	15	是
14#	20	100	15	是

1. 水压裂缝对位移场的影响

在坚硬顶板中预制裂缝是为了模拟水力压裂坚硬顶板后在坚硬顶板中形成的水压裂缝，目的在于研究坚硬顶板水力压裂前后对工作面矿压显现的影响。图 4.42 所示为坚硬顶板中预制裂缝前后覆岩的垮落运移，从图中能明显地观察到，坚硬顶板中预制裂缝后顶板岩层的垮落角发生了明显的变化，说明了坚硬顶板中预制裂缝后采场的应力分布有较明显变化，从而使得岩层破坏垮落形态发生变化。

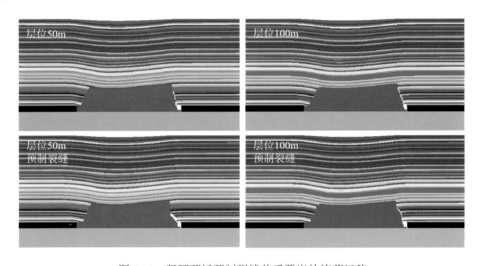

图 4.42　坚硬顶板预制裂缝前后覆岩的垮落运移

图 4.43 所示为坚硬顶板层位为 50m 时预制裂缝前后地表的沉降量。对比图 4.42 中坚硬顶板层位为 50m 时预制裂缝前后覆岩的垂向位移场和图 4.43 中坚硬顶板层位为 50m 时预制裂缝前后地表的沉降量，可以明显地观察到在坚硬顶板中预制裂缝后覆岩的垂向位移减小。这是由于坚硬顶板未预制裂缝之前岩性坚硬、完整，在其破坏垮落之前已经累积了大量弯曲变形，所以覆岩位移较大。在坚硬顶板中预制裂缝之后，坚硬顶板的完整性遭到严重削弱，所以易破坏垮落。坚硬顶板较早的破坏垮落后使其上覆岩层失去坚硬顶板的保护和控制作用，也易于破坏垮落，而大量破碎岩块较早地充填在采空区中给覆岩提供了支撑作用，在一定程度上阻止了覆岩的大量下沉。所以，坚硬顶板层位较低，处于垮落带范围内时，在坚硬顶板中预制裂缝将有助于减少覆岩的弯曲下沉，从而有利于减小采场矿压显现强度。

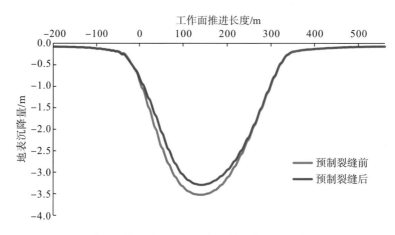

图 4.43　坚硬顶板层位为 50m 时预制裂缝前后地表的沉降量

坚硬顶板层位为 100m 时，对比图 4.44 中坚硬顶板预制裂缝前后覆岩的垂向位移场和图 4.45 中坚硬顶板预制裂缝前后地表的沉降量可以得出，在覆岩垮落带以上的坚硬顶板中预制裂缝前后覆岩的位移变化并不明显。如前所述，顶板破坏垮落后充填在采空区对覆岩起到了支撑作用，当坚硬顶板层位较高，在垮落带以上的区域，其受到垮落带破碎岩块的支撑，其预制裂缝易于破坏与否并不能使其发生真正意义上的垮落，所以当坚硬顶板所在层位高出垮落带范围时预制裂缝与否并不会明显影响覆岩的位移变化。

图 4.46 所示为坚硬顶板层位为 50m 时随工作面推进连续监测的顶板端头下沉量。图中非常清楚地展现了在层位为 50m 的坚硬顶板中预制裂缝后工作面顶板端头的下沉量明显降低。这表明在坚硬顶板中预制裂缝后采场的矿压显现强度明显降低。

图 4.47 所示为坚硬顶板层位为 100m 时随工作面推进连续监测的顶板端头下沉量。尽管坚硬顶板层位为 100m 时预制裂缝后工作面顶板端头的下沉量波动起伏，但整体仍明显小于预制裂缝前工作面顶板端头的下沉量。

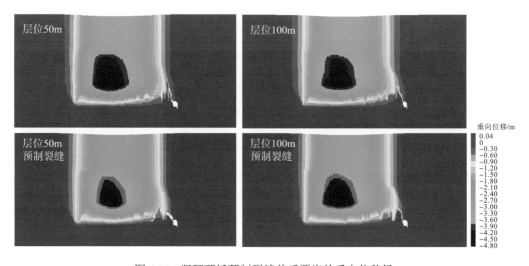

图 4.44　坚硬顶板预制裂缝前后覆岩的垂向位移场

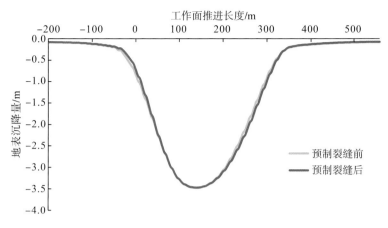

图 4.45 坚硬顶板层位为 100m 时预制裂缝前后的地表沉降量

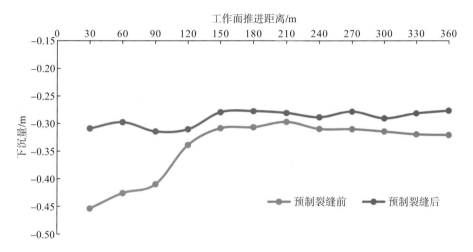

图 4.46 坚硬顶板层位为 50m 时预制裂缝前后工作面顶板端头下沉量

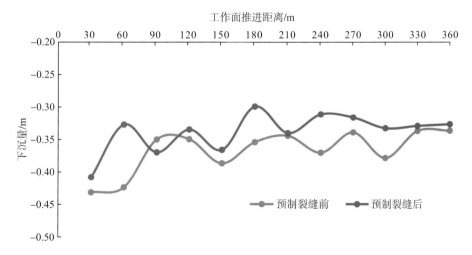

图 4.47 坚硬顶板层位为 100m 时预制裂缝前后工作面顶板端头下沉量

　　综合图 4.46、图 4.47 可知，在坚硬顶板中预制裂缝能明显减小工作面顶板端头的下沉量，即能明显减缓工作面的矿压显现。只是坚硬顶板的层位不同，减缓的程度有所差异。就坚硬顶板层位为 50m 和 100m 而言，当坚硬顶板层位较低时预制裂缝对减缓工作面矿压显现的效果整体上更好。

　　2. 水压裂缝对应力场的影响

　　坚硬顶板预制裂缝前后覆岩的垂直应力场如图 4.48 所示。从图中可以明显地观察到，无论坚硬顶板层位为 50m 还是为 100m，在坚硬顶板中预制裂缝后覆岩的垂直应力均有降低。这表明水力压裂坚硬顶板，在坚硬顶板中产生水压裂缝后能有效降低采场的应力（康红普和冯彦军，2012）。

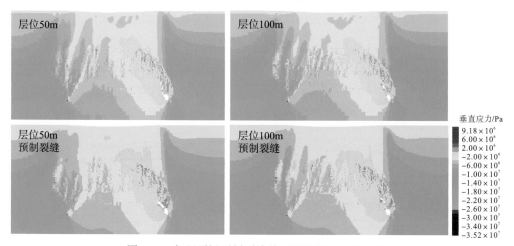

图 4.48　坚硬顶板预制裂缝前后覆岩的垂直应力场

　　3. 水压裂缝对岩层破坏释放能量的影响

　　坚硬顶板层位为 50m、100m 时在坚硬顶板中预制裂缝前后岩层释放的能量分别如图 4.49、图 4.50 所示。从图中可明显地观察到，在坚硬顶板中预制裂缝后顶板岩层破坏释放的能量明显整体降低。这表明水力压裂坚硬顶板后，坚硬顶板的强度得以降低以及实现了应力释放，降低了顶板岩层的塑性应变能，减少了岩层破坏释放的能量，减小了顶板岩层对下部岩体的冲击性。

　　4. 水压裂缝对支承应力的影响

　　图 4.51、图 4.52 分别为坚硬顶板层位为 50m、100m 时在坚硬顶板中预制裂缝前后工作面的超前支承应力峰值。从图中可明显地观察到，尽管坚硬顶板预制裂缝前后的工作面超前支承应力峰值曲线存在局部交织，但整体而言，在坚硬顶板中预制裂缝后工作面的超前支承应力峰值明显较坚硬顶板未预制裂缝时的工作面超前支承应力峰值低。这表明在坚硬顶板中预制裂缝将有效降低工作面的超前支承应力，从而达到治理坚硬顶板造成的工作面强矿压显现的目的。

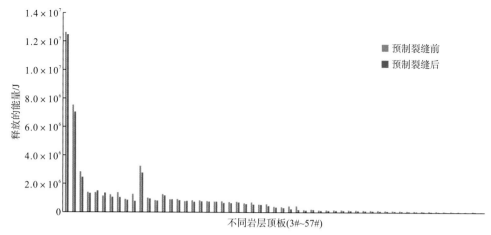

图 4.49　坚硬顶板层位为 50m 时预制裂缝前后岩层释放的能量

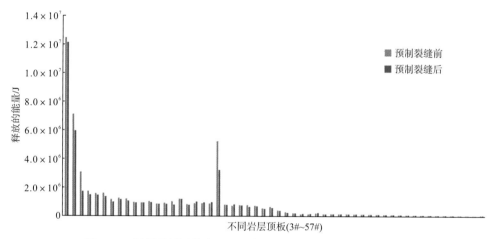

图 4.50　坚硬顶板层位为 100m 时预制裂缝前后岩层释放的能量

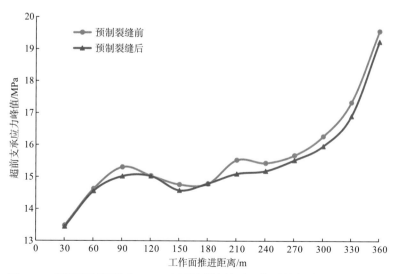

图 4.51　坚硬顶板层位为 50m 时预制裂缝前后工作面的超前支承应力峰值

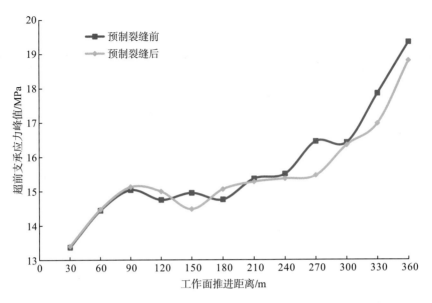

图 4.52 坚硬顶板层位为 100m 时预制裂缝前后工作面的超前支承应力峰值

第5章 采动应力场下坚硬顶板中水压裂缝扩展规律数值模拟研究

5.1 采动应力场下坚硬顶板中水压裂缝的扩展

5.1.1 复杂应力场的应力分布特征

1. 采动应力拱形态特征

煤层开采后上部岩层逐步冒落形成拱形结构，引起岩体应力重新分布。覆岩为抵抗介质不均匀变形自我调节，载荷路线发生偏离形成应力拱(图 5.1)。应力拱是覆岩破坏的受力形态，是由应力迹线概化的覆岩承载结构。应力拱作为一种受力形态，受采场条件的影响，呈现不同的力学特征。

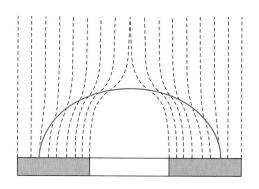

图 5.1 覆岩应力拱效应

距地表埋深为 H 处,应力拱在拱顶处承受竖向均布载荷 $\sigma_v = q = \gamma H$ (γ 为岩层的容重; H 为岩层高度)，在拱身两侧承受着水平均布载荷 $\sigma_h = \lambda q = \lambda \gamma H$ (其中, λ 为侧压系数)，在拱顶截面 O 处作用有水平推力 T,拱脚处作用有水平切力 T_A 和垂直反力 R,在点 $M(x, y)$ 上作用有左半拱的去除部分带来的轴向压力 W, 如图 5.2 所示。

对 M 点取力矩可得平衡方程:

$$Ty - \frac{q}{2}x^2 - \frac{\lambda q}{2}y^2 = 0 \tag{5.1}$$

沿 x 轴方向力的平衡方程:

$$T = T_A + \lambda q b_1 \tag{5.2}$$

把 T_A 视为 R 产生的摩擦阻力，依据普氏应力拱理论引入普氏系数 f 来代替岩体内的内聚力。散体岩石和实际围岩的抗剪强度分别为

$$S_1 = \sigma f \ , \quad S_2 = C + \sigma \tan \phi \tag{5.3}$$

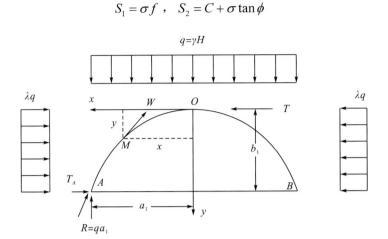

图 5.2　应力拱受力分析

使 $S_1 = S_2$，则 $f = \tan \phi + \dfrac{C}{\sigma}$。令 $f = \tan \phi_f$，则 $\phi_f = \arctan f$，其中 ϕ_f 为松散岩体的折算摩擦角。

可得拱脚处水平切力：

$$T_A = fR = fqa_1 \tag{5.4}$$

由 x 向力的平衡方程和 M 点力矩平衡方程可得应力拱方程：

$$\frac{x^2}{\left(D\sqrt{\lambda}\right)^2} + \frac{\left(y - D\right)^2}{D^2} = 1 \tag{5.5}$$

式中，$D = b_1 + \dfrac{fa_1}{\lambda}$。

由上式可见，应力拱的形状为椭圆曲线的一部分；该椭圆曲线水平半轴长为 $D\sqrt{\lambda}$，竖向半轴长为 D，轴比为 $\sqrt{\lambda}$，椭圆中心点坐标为 $(0, D)$。椭圆中心点在采场顶板水平线 AB 的下方。应力拱形态受侧压系数影响较大(图 5.3)：$\lambda > 1$，应力拱椭圆长轴方向为水平向，应力拱为扁平拱；$\lambda = 1$，应力拱椭圆长轴与短轴相等，应力拱为圆形；$0 < \lambda < 1$，应力拱椭圆长轴方向为竖直向，应力拱为陡拱。

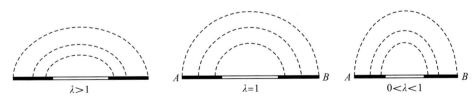

图 5.3　应力拱形态

迹线上一点的切线方向即为该点主应力的方向：

$$\beta = \arctan\left(-\frac{x}{y}\lambda\right) \tag{5.6}$$

将 $x=a_1$，$y=b_1$ 代入应力迹线方程可得应力拱矢高：

$$b_1 = \frac{a_1}{\lambda}\left(\sqrt{f^2 + \lambda} - f\right) \tag{5.7}$$

从弹性平衡状态发展到极限平衡状态，提出计算半无限体内各点应力拱拱厚度的理论（钱鸣高等，2010），取轴力方向与竖直方向的夹角为 φ，根据几何关系可得 $\varphi=\phi$。

$$\sigma_{1B} = \sigma_{3B}\tan^2\left(45° + \frac{\phi}{2}\right) + 2C\tan\left(45° + \frac{\phi}{2}\right) \tag{5.8}$$

式中，σ_{1B}、σ_{3B} 分别为拱脚 B 处最大、最小主应力；C 为内聚力；ϕ 为内摩擦角。

$$\sigma_{1f} = \frac{T_A + \lambda q}{t\sin\phi} = \frac{fqa_1 + \lambda q}{t\sin\phi} \tag{5.9}$$

$$\sigma_{3f} = \frac{q}{\sin\phi} \tag{5.10}$$

式中，σ_{1f}、σ_{3f} 分别为最大、最小极限主应力；t 为拱体厚度。

$$t = \frac{fqa_1 + \lambda q}{q\tan^2\left(45° + \frac{\phi}{2}\right) + 2C\tan^2\left(45° + \frac{\phi}{2}\right)\sin\phi} \tag{5.11}$$

椭圆轴比为常量 $\sqrt{\lambda}$，可得应力拱外边界拱线水平半轴长为

$$m = \sqrt{\lambda}\left(D + t\right) = \sqrt{\lambda}\left[D + \frac{fqa_1 + \lambda q}{q\tan^2\left(45° + \frac{\phi}{2}\right) + 2C\tan^2\left(45° + \frac{\phi}{2}\right)\sin\phi}\right] \tag{5.12}$$

应力拱外边界拱线竖直半轴长为

$$n = \frac{m}{\sqrt{\lambda}} = D + t = D + \frac{fqa_1 + \lambda q}{q\tan^2\left(45° + \frac{\phi}{2}\right) + 2C\tan^2\left(45° + \frac{\phi}{2}\right)\sin\phi} \tag{5.13}$$

应力拱外边界迹线方程为

$$\frac{x^2}{m^2} + \frac{(y-D)^2}{n^2} = 1 \tag{5.14}$$

通过式(5.5)、式(5.11)～式(5.14)可见，决定应力拱迹线的主要影响因素有采场半跨长 a_1、采深 H、煤岩普氏系数 f 及侧压系数 λ。

从上述推导过程可知，煤层回采后，最大主应力出现偏转，形成应力拱以承载上覆岩层重量。应力拱不是单一的拱形应力迹线，而是具有一定厚度的拱壳结构，是多条同中心 $(0, D)$、同轴比 $(\sqrt{\lambda})$ 的拱形应力迹线的集成束。应力拱形态主要受采场宽度 $2a_1$ 及侧压系数 λ 的影响。采场宽度越大，应力拱迹线跨度越大，矢高越大；侧压系数减小，应力拱矢高增加，拱厚增加。

　　图 5.4 为不同采场结构参数和原岩地应力条件下的采场围岩走向剖面最大主应力矢量图。煤层回采后，岩层应力重新分布，出现了应力的集中与耗散，在顶板范围内最大主应力出现了部分偏转。从矢量图中可知，采场围岩最大主应力矢量分布呈半空间"椭圆形"环向分布。上覆岩层的自重应力通过这部分岩体传递给采场空间临空区两侧围岩，致使临空区两侧围岩形成应力集中。图 5.4(d) 为远场地层中最大主应力矢量为竖直向，煤层开挖致使围岩体中最大主应力矢量发生偏转，在拱顶处最大主应力矢量转为水平向，由拱顶至拱脚，最大主应力矢量逐渐由水平向转为垂直向。

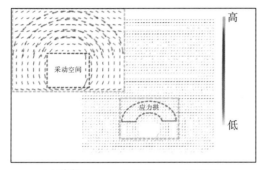
(a) 采宽30m，σ_v=8.0MPa，σ_h=10.0MPa

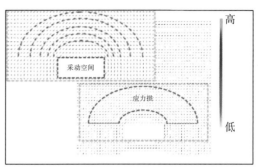
(b) 采宽70m，σ_v=8.0MPa，σ_h=10.0MPa

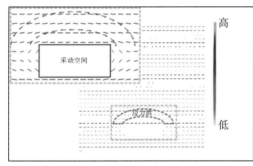
(c) 采宽70m，σ_v=2.0MPa，σ_h=10.0MPa

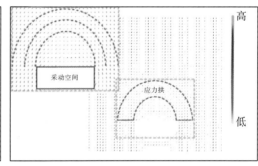
(d) 采宽70m，σ_v=18.0MPa，σ_h=10.0MPa

图 5.4　采场围岩走向剖面最大主应力矢量图

注：σ_v 为垂直应力，σ_h 为水平应力；图例表示最大主应力。

　　沿煤层走向采场围岩存在高应力束组成的应力拱，不同地质条件及采场结构参数下采场围岩应力拱形态特征差别较大。由图 5.4(a)(采宽 30m)、图 5.4(b)(采宽 70m)可知，相同原岩地应力条件下(σ_v=8.0MPa，σ_h=10.0MPa)，远场最大主应力方向为水平向，应力拱椭圆长轴方向为水平向，与远场最大主应力方向一致。应力拱的形态随着采宽的增加不断演化、扩展，应力拱矢高增加，拱厚增大。侧压系数恒定，应力拱椭圆离心率不变。由图 5.4(c)(σ_v=2.0MPa，σ_h=10.0MPa)和图 5.4(d)(σ_v=18.0MPa，σ_h=10.0MPa)可知，采场结构参数相同时，侧压系数变化对采场顶板应力拱空间展布形态影响较大。图 5.4(c)中，应力拱分布形态为扁平拱形，应力拱椭圆长轴方向为水平向。图 5.4(d)中垂直应力增大，应力拱的形成机制和动态分布发生变化，应力拱椭圆长轴方向转为竖直向，应力拱形态为拱形，此时卸压区范围增大，采动裂隙发育高度较高。

2. 煤柱底板应力分布特征

煤层的开采引起回采空间周围岩层应力重新分布，在回采空间周围的煤柱上造成应力集中，且该应力向底板深部传递。煤柱宽度为 L，视底板岩层为弹性体，煤柱载荷按均布载荷 q 处理。如图 5.5 所示，应用弹性理论，通过叠加原理将半无限体内一点(x, y)受集中载荷的应力推广到自由边界上受均布载荷的情况(Zhang et al.，2008)。均布载荷作用下底板煤岩体内的应力计算公式为

$$\sigma_x = \frac{q}{\pi}\left[\arctan\frac{x+\frac{L}{2}}{y} - \arctan\frac{x-\frac{L}{2}}{y} - \frac{y\left(x+\frac{L}{2}\right)}{y^2+\left(x+\frac{L}{2}\right)^2} + \frac{y\left(x-\frac{L}{2}\right)}{y^2+\left(x-\frac{L}{2}\right)^2}\right] \tag{5.15}$$

$$\sigma_y = \frac{q}{\pi}\left[\arctan\frac{x+\frac{L}{2}}{y} - \arctan\frac{x-\frac{L}{2}}{y} + \frac{y\left(x+\frac{L}{2}\right)}{y^2+\left(x+\frac{L}{2}\right)^2} - \frac{y\left(x-\frac{L}{2}\right)}{y^2+\left(x-\frac{L}{2}\right)^2}\right] \tag{5.16}$$

$$\tau_{xy} = -\frac{q}{\pi}\left[\frac{y^2}{y^2+\left(x+\frac{L}{2}\right)^2} - \frac{y^2}{y^2+\left(x-\frac{L}{2}\right)^2}\right] \tag{5.17}$$

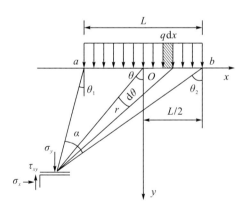

图 5.5　底板受均布载荷计算图

由材料力学可知，二向应力状态下的最大、最小主应力为

$$\left.\begin{array}{c}\sigma_1\\\sigma_3\end{array}\right\} = \frac{\sigma_x+\sigma_y}{2} \pm \sqrt{\left(\frac{\sigma_x-\sigma_y}{2}\right)^2 + \tau_{xy}^2} \tag{5.18}$$

即

$$
\begin{cases}
\sigma_1 = \dfrac{q}{\pi} \left\{ \arctan\dfrac{x+\dfrac{L}{2}}{y} - \arctan\dfrac{x-\dfrac{L}{2}}{y} + \sqrt{ \left[\dfrac{y\left(x+\dfrac{L}{2}\right)}{y^2+\left(x+\dfrac{L}{2}\right)^2} - \dfrac{y\left(x-\dfrac{L}{2}\right)}{y^2+\left(x-\dfrac{L}{2}\right)^2} \right]^2 + \left[\dfrac{y^2}{y^2+\left(x+\dfrac{L}{2}\right)^2} - \dfrac{y^2}{y^2+\left(x-\dfrac{L}{2}\right)^2} \right]^2 } \right\} \\[4em]
\sigma_3 = \dfrac{q}{\pi} \left\{ \arctan\dfrac{x+\dfrac{L}{2}}{y} - \arctan\dfrac{x-\dfrac{L}{2}}{y} - \sqrt{ \left[\dfrac{y\left(x+\dfrac{L}{2}\right)}{y^2+\left(x+\dfrac{L}{2}\right)^2} - \dfrac{y\left(x-\dfrac{L}{2}\right)}{y^2+\left(x-\dfrac{L}{2}\right)^2} \right]^2 + \left[\dfrac{y^2}{y^2+\left(x+\dfrac{L}{2}\right)^2} - \dfrac{y^2}{y^2+\left(x-\dfrac{L}{2}\right)^2} \right]^2 } \right\}
\end{cases}
\tag{5.19}
$$

主平面方位:

$$
\tan 2\alpha_0 = -\frac{2\tau_{xy}}{\sigma_x - \sigma_y} = \frac{-4xy}{4x^2 - 4y^2 - L^2} \rightarrow \alpha_0 = \frac{1}{2}\arctan\left(\frac{-4xy}{4x^2 - 4y^2 - L^2}\right)
\tag{5.20}
$$

根据材料力学,受力物体内一点任意两相互垂直的垂直面上的正应力之和为常量,则最大主应力 σ_1 迹线上一点恒有

$$
\sigma_1 + \sigma_3 = \sigma_x + \sigma_y = k
$$

式中,k 为常量,k 值不同则 σ_1 迹线位置不同,即

$$
\sigma_1 + \sigma_3 = \frac{2q}{\pi}\left(\arctan\frac{x+\dfrac{L}{2}}{y} - \arctan\frac{x-\dfrac{L}{2}}{y} \right) = k
\tag{5.21}
$$

$$
\arctan\frac{x+\dfrac{L}{2}}{y} - \arctan\frac{x-\dfrac{L}{2}}{y} = \frac{k\pi}{2q}
\tag{5.22}
$$

令 $\dfrac{k\pi}{2q} = \arctan n$ (n 为常量),则有

$$
\arctan\frac{x+\dfrac{L}{2}}{y} - \arctan\frac{x-\dfrac{L}{2}}{y} = \arctan n
\tag{5.23}
$$

由反三角函数可得

$$
\frac{Ly}{x^2 + y^2 - \dfrac{L^2}{4}} = n
\tag{5.24}
$$

对式(5.24)变换后可得底板最大主应力 σ_1 迹线方程:

$$
x^2 + \left(y - \frac{L}{2n}\right)^2 = \frac{L^2}{4} + \frac{L^2}{4n^2}
\tag{5.25}
$$

该方程为一组圆，圆心位置为 $(0,-L/2n)$，半径为 $\dfrac{L}{2}\sqrt{1+\dfrac{1}{n}}$。圆上任意点切线斜率为

$k=\dfrac{x}{L/2n-y}$，即为该点最大主应力的方向：$\tan\alpha=\dfrac{x}{L/2n-y}$。

由式 (5.25) 可知，煤柱底板最大主应力呈扩散状向底板深部传递，分布具有非均匀性，距离煤柱越远，扩散范围越广，且逐渐衰减。最大主应力迹线为以 $(0,-L/2n)$ 为圆心、以 $\dfrac{L}{2}\sqrt{1+\dfrac{1}{n}}$ 为半径的圆。迹线展布形态与煤柱宽度 L、煤柱作用在底板上的均布载荷 q 有关。由式 (5.25) 可知，煤柱下方一点最大主应力方向与煤柱宽度 L、煤柱作用在底板上的均布载荷 q 及该点所处位置 (x,y) 有关。

5.1.2　复杂应力场坚硬顶板水压裂缝扩展模型

1. 水压裂缝扩展方向

如图 5.6 所示，在一个无限大的平板边界，受到区域地应力为 σ_1 和 σ_3 作用，其中 σ_1 为最大水平应力，σ_3 为最小水平应力。平板内有一条孤立的裂缝，长度为 $2l$，裂缝与 σ_1 方向的相交角为 α，裂缝内水压力为 p_w。根据裂缝尖端的应力强度因子叠加原理，可以认为是在远场应力、裂缝内水压力 p_w 分别作用下，裂缝尖端的应力强度因子发生了叠加。裂缝面上的正应力 σ_α 和剪应力 τ_α 如下。

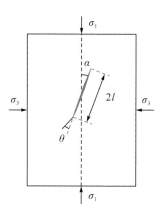

图 5.6　Ⅰ-Ⅱ裂缝平面示意图

在远场应力作用下：

$$\sigma_{\alpha1}=-\left(\dfrac{\sigma_1+\sigma_3}{2}-\dfrac{\sigma_1-\sigma_3}{2}\cos 2\alpha\right) \tag{5.26}$$

$$\tau_{\alpha1}=\dfrac{\sigma_1-\sigma_3}{2}\sin 2\alpha \tag{5.27}$$

在裂缝内作用有水压力 p_w：

$$\sigma_{\alpha2}=p_w,\quad \tau_{\alpha2}=0$$

根据线弹性断裂力学理论，裂缝尖端的应力强度因子为

$$K_{\mathrm{I}} = \sigma_\alpha \sqrt{\pi l}, \quad K_{\mathrm{II}} = \tau_\alpha \sqrt{\pi l} \tag{5.28}$$

裂缝尖端的应力强度因子的叠加为

$$K_{\mathrm{I}} = \left(p_{\mathrm{w}} - \frac{\sigma_1 + \sigma_3}{2} + \frac{\sigma_1 - \sigma_3}{2} \cos 2\alpha \right) \sqrt{\pi l} \tag{5.29}$$

$$K_{\mathrm{II}} = \frac{\sigma_1 - \sigma_3}{2} \sin 2\alpha \sqrt{\pi l} \tag{5.30}$$

由式(5.29)和式(5.30)可知，裂缝的扩展失稳为断裂力学中的 I-II 复合型断裂问题。如图 5.7 所示，采用由 Erdogan 和 Shi(1963) 提出的最大环向拉应力 $[\sigma(\theta)_{\max}]$ 理论，对于一个复合型裂缝，裂缝端部的应力状态在极坐标系中可以表达为

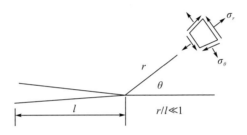

图 5.7 裂缝尖端应力和位移

$$\sigma_r = \frac{K_{\mathrm{I}}}{\sqrt{2\pi r}} \cos \frac{\theta}{2} \left(1 + \sin^2 \frac{\theta}{2} \right) + \frac{K_{\mathrm{II}}}{\sqrt{2\pi r}} \sin \frac{\theta}{2} \left(1 - 3\sin^2 \frac{\theta}{2} \right) \tag{5.31}$$

$$\sigma_\theta = \frac{K_{\mathrm{I}}}{\sqrt{2\pi r}} \cos^3 \left(\frac{\theta}{2} \right) - \frac{3K_{\mathrm{II}}}{\sqrt{2\pi r}} \sin \frac{\theta}{2} \cos^2 \left(\frac{\theta}{2} \right) \tag{5.32}$$

$$\tau_{r\theta} = \frac{K_{\mathrm{I}}}{\sqrt{2\pi r}} \cos^2 \left(\frac{\theta}{2} \right) \sin \frac{\theta}{2} + \frac{K_{\mathrm{II}}}{\sqrt{2\pi r}} \cos \frac{\theta}{2} \left[1 - 3\sin^2 \left(\frac{\theta}{2} \right) \right] \tag{5.33}$$

根据 $\sigma(\theta)_{\max}$ 理论，裂缝在其端部延径向开始扩展，裂缝在垂直于最大应力的方向开始扩展，对式(5.33)求一阶偏导数，并令其为 0：

$$\frac{\partial \sigma_\theta}{\partial \theta} = -\frac{3}{4\sqrt{2\pi r}} \cos \frac{\theta}{2} \left[K_{\mathrm{I}} \sin \theta + K_{\mathrm{II}} (3\cos \theta - 1) \right] = 0 \tag{5.34}$$

可求得裂缝扩展方向 θ_0 为

$$\theta_0 = \pm \pi \text{（无意义）} \tag{5.35}$$

可求得

$$K_{\mathrm{I}} \sin \theta + K_{\mathrm{II}} (3\cos \theta - 1) = 0 \tag{5.36}$$

解得裂缝尖端的转向角度公式：

$$\tan\frac{\theta_0}{2}=\frac{\dfrac{K_{\mathrm{I}}}{K_{\mathrm{II}}}-\sqrt{\left(\dfrac{K_{\mathrm{I}}}{K_{\mathrm{II}}}\right)^2+8}}{4}\tag{5.37}$$

2. 应力拱影响下的水压裂缝扩展模型

初始水压裂缝扩展时，$\alpha=\beta$。将 K_{I}、K_{II} 及最大主应力方向角代入转向角度公式可得

$$\tan\frac{\theta_0}{2}=\frac{\left(p_{\mathrm{w}}-\dfrac{\sigma_1+\sigma_3}{2}\right)\sqrt{x^2\lambda^2+y^2}+\dfrac{\sigma_1-\sigma_3}{2}y}{\left(\sigma_1-\sigma_3\right)x\lambda}$$
$$-\frac{\sqrt{\left[\left(p_{\mathrm{w}}-\dfrac{\sigma_1+\sigma_3}{2}\right)\sqrt{x^2\lambda^2+y^2}+\dfrac{\sigma_1-\sigma_3}{2}y\right]^2+2\left(\sigma_1-\sigma_3\right)^2x^2\lambda^2}}{\left(\sigma_1-\sigma_3\right)x\lambda}\tag{5.38}$$

水压裂缝扩展至第 i 步时，最大主应力方向与裂缝尖端的夹角 $\alpha_i=\beta_i-\sum\theta_{i-1}$。每扩展一步需重新判定应力强度因子及裂缝的扩展方向，如图 5.8 所示。

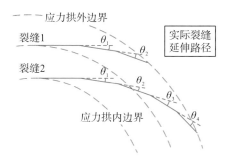

图 5.8　裂缝扩展路径模型

在应力拱影响区域内，主应力方向发生偏转，指定裂缝向前扩展一个步长，主应力方向偏转为 $\alpha_{i+1}=\alpha_i+\Delta\alpha$，裂缝在该扩展步方位角为 θ_i，裂缝扩展方位角的偏转滞后于主应力方向角的偏转。因此，裂缝的扩展在主应力影响下逐渐发生偏转，形成"弧形"裂缝，直至摆脱应力拱控制。水压裂缝扩展至应力拱边界时的累计偏转角，记为 $\sum\theta_i$。水压裂缝在不同层位起裂扩展至应力拱边界的扩展步不同，则扩展至应力拱边界时的累计偏转角也不同，裂缝累计扩展步越多，则裂缝扩展结束时的累计偏转角越大，即 $\sum\theta_i<\sum\theta_j(i<j)$。裂缝每扩展一步应重新判断裂缝尖端的应力强度因子及裂缝的扩展方向，如此循环直至裂缝摆脱应力拱范围影响。最大主应力方向对裂缝的扩展具有控制作用，因此应力拱的形态控制着水压裂缝的扩展，当应力拱形态发生改变时，裂缝的扩展形态也随之发生变化。

3. 煤柱应力影响下的水压裂缝扩展模型

$$K_{\mathrm{I}} = \left\{ \begin{array}{l} p_{\mathrm{w}} - \dfrac{q}{\pi}\left(\arctan\dfrac{x+\dfrac{L}{2}}{y} - \arctan\dfrac{x-\dfrac{L}{2}}{y} \right) \\[4mm] + \dfrac{q}{\pi}\sqrt{\left[\dfrac{y\left(x+\dfrac{L}{2}\right)}{y^2+\left(x+\dfrac{L}{2}\right)^2} - \dfrac{y\left(x-\dfrac{L}{2}\right)}{y^2+\left(x-\dfrac{L}{2}\right)^2} \right]^2 + \left[\dfrac{y^2}{y^2+\left(x+\dfrac{L}{2}\right)^2} - \dfrac{y^2}{y^2+\left(x-\dfrac{L}{2}\right)^2} \right]^2} \\[4mm] \times \dfrac{4x^2-4y^2-L^2}{\sqrt{16x^4+16y^4-16x^2y^2+L^4-8(x^2-y^2)L^2}} \end{array} \right\} \sqrt{\pi l} \quad (5.39)$$

$$K_{\mathrm{II}} = \dfrac{q}{\pi}\left\{ \begin{array}{l} \sqrt{\left[\dfrac{y\left(x+\dfrac{L}{2}\right)}{y^2+\left(x+\dfrac{L}{2}\right)^2} - \dfrac{y\left(x-\dfrac{L}{2}\right)}{y^2+\left(x-\dfrac{L}{2}\right)^2} \right]^2 + \left[\dfrac{y^2}{y^2+\left(x+\dfrac{L}{2}\right)^2} - \dfrac{y^2}{y^2+\left(x-\dfrac{L}{2}\right)^2} \right]^2} \\[4mm] \times \dfrac{-4xy}{\sqrt{16x^4+16y^4-16x^2y^2+L^4-8(x^2-y^2)L^2}} \end{array} \right\} \sqrt{\pi l} \quad (5.40)$$

将 K_{I} 和 K_{II} 代入式(5.37)，可得煤柱下任意位置处裂缝尖端的转向角度。由上述推导过程可见，煤柱集中应力影响下的水压裂缝扩展与裂缝尖端位置 (x, y)、煤柱宽度 L、煤柱作用在底板上的均布载荷 q 以及裂缝内水压力 p_{w} 有关。

随高压水不断泵入，水压裂缝逐渐扩展。基于前述煤柱下方任意位置处水压裂缝扩展准则和方向的确定方法，提出预测水压裂缝扩展轨迹的步骤。在煤柱宽度 L 及煤柱作用在底板上的均布载荷 q 已知的情况下，由水压裂缝尖端初始位置 (x_1, y_1)，根据转向角公式可判定裂缝扩展方向 θ_1。在高压水驱动下水压裂缝向前扩展一个步长，此时，裂缝尖端位置发生改变 (x_2, y_2)，主应力方向也随之发生改变 $\left[\alpha_2 = \dfrac{1}{2}\arctan\left(\dfrac{-4x_2 y_2}{4x_2^2-4y_2^2-L^2} \right) \right]$，重新判定裂缝的扩展方向 θ_2，如此循环直至水压裂缝停止扩展(图5.9)。

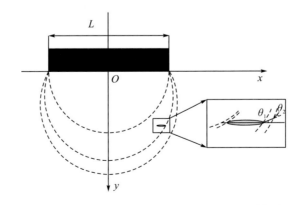

图 5.9　煤柱下任意位置处水压裂缝扩展路径模型

5.1.3　复杂应力场坚硬顶板水压裂缝扩展规律

1. 应力拱影响下的水压裂缝扩展规律

1) 数值模型的建立

采用岩石真实破裂过程渗流-应力耦合分析系统 RFPA^{2D}-Flow 软件模拟研究特厚煤层开采导致的复杂应力环境对坚硬顶板中水压裂缝扩展的影响。

数值模拟以大同同忻煤矿 8203 工作面为原型,地质条件如图 5.10 所示。模型取自采区走向剖面。模型视为平面应变模型。模型为 240m(长度)×240m(高度),划分 480×480=230400 个单元。初始水压裂缝用一条长 4m 的直线进行表示。

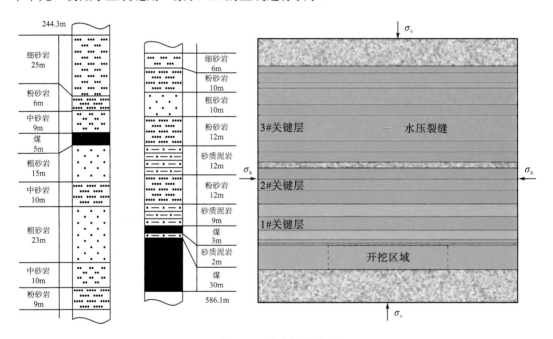

图 5.10　数值计算模型

模型所受的水平地应力以位移边界条件的形式施加于模型的四周。注入水压作用于模型水压裂缝的内壁面,初始水压力为 15MPa,以 0.5MPa 的单步增加量递增。

2) 水压裂缝扩展方向数值模拟结果分析

(1) 不同采空区宽度和不同压裂层位的裂缝扩展规律。

根据采场围岩宏观应力分布状态可知,不同采空区宽度下上覆岩层的应力状态不同,即应力拱的形态不同。本节共进行 12 组模拟,采空区宽度和压裂层位的具体参数见表 5.1。煤岩力学参数见表 5.2。在模型左右、上下两侧分别施加最大、最小主应力,$\sigma_h = 10.0\text{MPa}$、$\sigma_v = 8.0\text{MPa}$。压裂层位距煤层顶板的距离记为 H_d。坚硬顶板水压裂缝的扩展模拟结果如图 5.11 所示。

表 5.1 压裂层位和采空区宽度

压裂层位	采空区宽度(L_c)/m
1#坚硬顶板 ($H_d = 30\text{m}$)	30
	50
	70
	90
2#坚硬顶板 ($H_d = 55\text{m}$)	30
	50
	70
	90
3#坚硬顶板 ($H_d = 106.5\text{m}$)	30
	50
	70
	90

表 5.2 煤岩力学参数

岩层	弹性模量/GPa	抗压强度/MPa	泊松比	重力密度/(10^6N/m^3)	摩擦角/(°)	渗透系数/(μm/d)	孔隙率/%
粗砂岩	30	60	0.17	2.6	31	1	3
细砂岩	40	80	0.30	2.7	24	1	4
中砂岩	28	56	0.25	2.3	27	1	3
粉砂岩	27.5	55	0.35	2.8	23	1	3
砂质泥岩	16	24	0.25	1.6	28	1	6
煤层	2	14.32	0.2	1.44	30	2	4.69

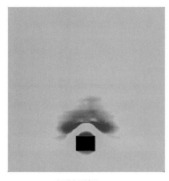

(a) 1#坚硬顶板，L_c=30m

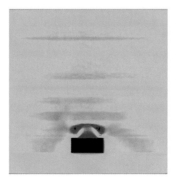

(b) 1#坚硬顶板，L_c=50m

(c) 1#坚硬顶板，L_c=70m

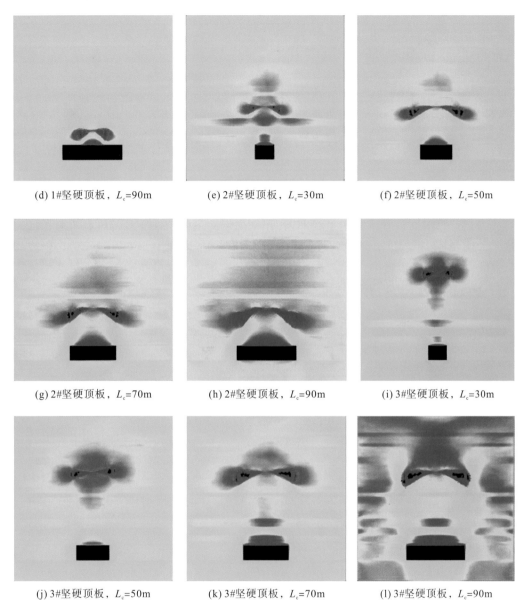

(d) 1#坚硬顶板，L_c=90m　　　　(e) 2#坚硬顶板，L_c=30m　　　　(f) 2#坚硬顶板，L_c=50m

(g) 2#坚硬顶板，L_c=70m　　　　(h) 2#坚硬顶板，L_c=90m　　　　(i) 3#坚硬顶板，L_c=30m

(j) 3#坚硬顶板，L_c=50m　　　　(k) 3#坚硬顶板，L_c=70m　　　　(l) 3#坚硬顶板，L_c=90m

图 5.11　坚硬顶板水压裂缝扩展模拟结果

(2)不同地应力条件下水压裂缝扩展形态。

原岩地应力的分布和大小对应力拱的展布形态影响较大，进而对坚硬顶板水压裂缝的扩展产生较大的影响。水平地应力场的分布特征用侧压系数 λ 表示，定义为

$$\lambda = \frac{\sigma_h}{\sigma_v}$$

根据大同矿区地应力特征，设计的地应力条件见表 5.3。压裂层位距 3-5#煤层顶板 55m。

表 5.3　地应力数据

地应力条件	σ_v / MPa	σ_h / MPa	λ
a	2	10	5.00
b	6	10	1.67
c	10	10	1.00
d	14	10	0.71
e	18	10	0.56

　　原岩地应力的大小和主应力差对覆岩应力拱的展布形态影响较大。水压裂缝的扩展过程受应力拱的影响而呈现不同的扩展形态。不同原岩地应力条件下水力压裂难垮顶板的破坏形态如图 5.12 所示。不同侧压系数条件下，坚硬顶板水压裂缝均发生偏转，形成"弧形"裂缝。随侧压系数减小，单步水压裂缝偏转角度增大，裂缝扩展至应力拱边界的累计偏转角 $\sum \theta_i$ 增大。裂缝扩展对坚硬老顶的切割程度增加，分层效果减弱。

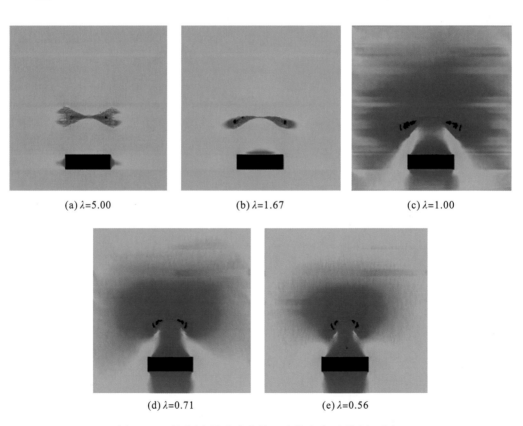

(a) λ=5.00　　　　　　　(b) λ=1.67　　　　　　　(c) λ=1.00

(d) λ=0.71　　　　　　　(e) λ=0.56

图 5.12　不同原岩地应力条件下岩体水力压裂破坏形态

　　(3) 煤岩普氏系数的影响。

　　煤岩普氏系数对坚硬顶板水压裂缝扩展的影响，由于本书篇幅限制，不做数值分析，煤岩普氏系数越大，应力拱拱高越小，拱厚越大。对固定层位进行水力压裂时，水压裂缝的累计偏转角随普氏系数的增大而减小，反之增大。

2. 煤柱应力影响下的水压裂缝扩展规律

在煤柱底板进行水力压裂时，水压裂缝扩展受煤柱集中应力影响发生偏转形成转向裂缝。水压裂缝的转向角度受煤柱宽度、煤柱作用在底板的均布载荷、裂缝内水压力以及裂缝尖端位置等因素的影响。为定量分析各因素对水压裂缝偏转角的影响，对以上因素进行控制变量分析。

1) 煤柱宽度的影响

对于煤层回采过程中留设的煤柱，其宽度不同，底板内最大主应力的展布形态也不相同。当在底板内进行水力压裂时，水压裂缝的转向角也随之变化。假设水压裂缝尖端位置为(20m，20m)，裂缝内水压力为 25MPa，煤柱作用在底板的均布载荷为 10MPa，煤柱宽度取值范围为 1～100m。水压裂缝转向角与煤柱宽度的关系如图 5.13 所示。从图中可看出，煤柱宽度为 1～34m 时，随煤柱宽度增加，转向角急剧增大；煤柱宽度为 34～100m 时，随煤柱宽度的增加，水压裂缝转向角逐渐减小，并趋于稳定。

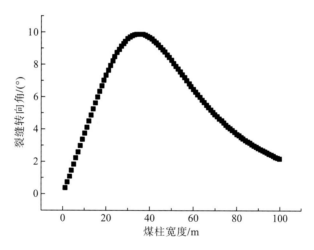

图 5.13　不同煤柱宽度对水压裂缝转向角的影响

2) 煤柱作用在底板的均布载荷的影响

在留煤柱地下开采中，随着开采深度的增加，煤柱所承受的载荷逐渐增大，煤柱作用在底板上的均布载荷也增加。假设煤柱宽度为 20m，裂缝内水压力为 25MPa，水压裂缝尖端位置为(20m，20m)，煤柱作用在底板的均布载荷取值范围为 1～30MPa。水压裂缝转向角与煤柱作用在底板的均布载荷的关系如图 5.14 所示。从图中可以看出，水压裂缝转向角随煤柱作用在底板的均布载荷的增加线性增大。换言之，煤柱作用在底板的均布载荷越大，越有利于水压裂缝的转向。

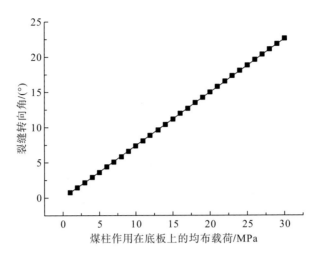

图 5.14 煤柱作用在底板上的均布载荷对水压裂缝转向角的影响

3) 裂缝内水压力的影响

地层破裂后，水压裂缝在高压水的驱动下扩展。裂缝内水压力直接影响着裂缝尖端的应力强度因子，进而决定了水压裂缝形态的复杂程度。假设煤柱宽度为 20m，水压裂缝尖端位置为(20m，20m)，煤柱作用在底板的均布载荷为 10MPa，裂缝内水压力的取值范围为 1～50MPa。水压裂缝转向角与裂缝内水压力的变化关系如图 5.15 所示。从图中可以看出，裂缝内水压力与水压裂缝偏转角呈负指数关系变化。随裂缝内水压力的升高，水压裂缝转向角急剧减小；当裂缝内水压力持续增高时，水压裂缝转向角趋于稳定值。当对岩层进行水力压裂时，适当改变裂缝内水压力可显著改变水压裂缝的扩展方向角。

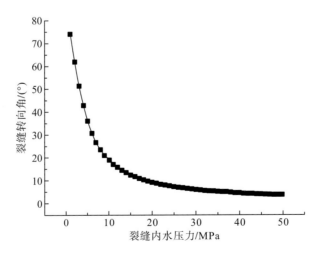

图 5.15 裂缝内水压力对水压裂缝转向角的影响

4）裂缝尖端位置的影响

煤柱底板范围内最大主应力呈不均匀扩散状向深部传递，不同位置处应力环境不同（即水压裂缝尖端位于不同位置处），产生不同的扩展方向角。假设煤柱宽度为20m，煤柱作用在底板的均布载荷为10MPa，裂缝内水压力为25MPa。在煤层底板按不同方向布置测线，计算位于各测线上不同位置时的水压裂缝转向角。如图5.16所示，当水压裂缝尖端位置 x、y 坐标呈线性变化时，A、B、C 三条测线上各点水压裂缝转向角变化趋势一致，都经历了先增大后减小的过程，但水压裂缝转向角的变化幅度及影响范围相差较大。测线 A，水压裂缝转向角变化曲线的峰值最大，且转向角最快趋于稳定，说明在测线 A 方向上煤柱集中应力对水压裂缝转向角的影响程度较大，但影响范围较小；测线 C，不同位置处水压裂缝转向角变化幅度较小，说明在测线 C 方向上煤柱集中应力对水压裂缝偏转的影响程度较小，但影响范围较大；测线 B，不同位置处水压裂缝转向角变化程度及影响范围介于测线 A、B 之间。如图5.17所示，在煤柱底板一侧布置了三条圆形测线，测线方程见图中所示。当压裂位置由 x 轴沿测线向 y 轴变化时，测线 D、E 上各点水压裂缝转向角变化趋势相同，随位置变化逐渐减小，并趋于零；而测线 F 上各点水压裂缝转向角先增大后减小并趋于零，这是因为最大主应力方向经历先增大后减小的过程，峰值点坐标为 $(10\sqrt{2}\mathrm{m}，10\mathrm{m})$，此处最大主应力方向与水平方向呈90°。如图5.18所示，固定 x、y 方向坐标并过点 $(20\mathrm{m}，20\mathrm{m})$，对水压裂缝转向角受不同方向坐标值变化的影响进行研究。当 x、y 坐标变化时，水压裂缝转向角随坐标值变化的趋势相同，都经历了先增大后减小的过程，即随水压裂缝尖端位置远离煤柱中心，水压裂缝转向角受煤柱集中应力影响先增大后减小，并逐渐脱离煤柱影响。但 y 坐标值变化时水压裂缝转向角的峰值及影响范围较 x 坐标值变化时水压裂缝转向角的峰值及影响范围更大，说明煤柱对不同方向上水压裂缝的扩展影响程度及范围不同，竖直向的影响程度及范围更具优势。由图5.16～图5.18可知，在煤柱底板进行水力压裂时存在水压裂缝偏转角度最大的施工区域，此区域内进行施工可保证水压裂缝偏转形成较大转向角。

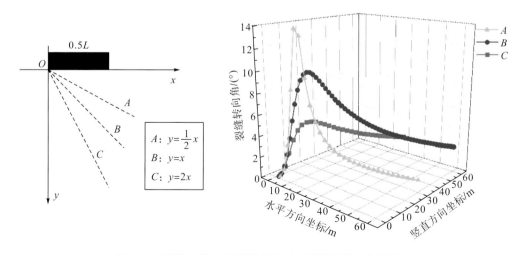

图5.16　裂缝尖端坐标线性变化对水压裂缝转向角的影响

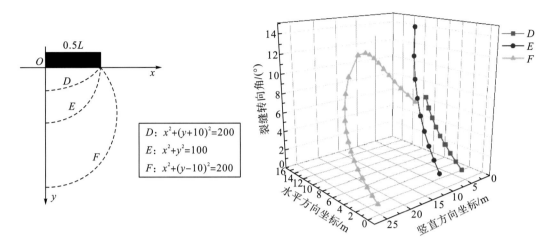

图 5.17   裂缝尖端坐标变化对水压裂缝转向角的影响

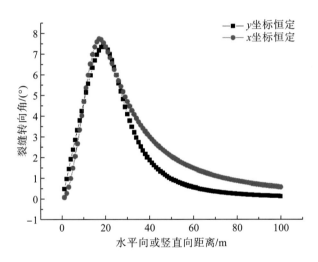

图 5.18 x 或 y 坐标值变化对水压裂缝转向角的影响

5)水压裂缝转向对各影响因素的敏感性分析

从上述分析得到煤柱宽度(L)、煤柱作用在底板上的均布载荷(q)、裂缝内水压力(p_w)、裂缝尖端距煤柱中心水平向的距离(x)以及裂缝尖端距煤柱中心竖直向的距离(y)等变量对水压裂缝转向角均有不同程度的影响。为了突出主要影响因素,设计正交试验,通过直观分析及效应曲线,确定 5 个因素对水压裂缝转向角影响程度的高低以及水压裂缝转向的最优方案(表 5.4)。采用正交试验方案 $L_{16}(4^5)$(表示:四水平五因素做 16 次计算)(表 5.5)。

表 5.4　四水平五因素正交试验计划表

编号	参数	数值			
		m_1	m_2	m_3	m_4
A	煤柱宽度/m	5	30	55	80
B	煤柱作用在底板上的均布载荷/MPa	5	15	25	35
C	裂缝内水压力/MPa	15	25	35	45
D	裂缝尖端距煤柱中心水平向的距离/m	5	35	65	95
E	裂缝尖端距煤柱中心竖直向的距离/m	5	35	65	95

注：m_1、m_2、m_3、m_4 代表不同影响因素的 4 个水平值。

表 5.5　正交试验直观分析表

编号	煤柱宽度/m	煤柱作用在底板上的均布载荷/MPa	裂缝内水压力/MPa	裂缝尖端距煤柱中心水平向的距离/m	裂缝尖端距煤柱中心竖直向的距离/m
试验 1	5	5	15	5	5
试验 2	5	15	25	35	35
试验 3	5	25	35	65	65
试验 4	5	35	45	95	95
试验 5	30	5	25	65	95
试验 6	30	15	15	95	65
试验 7	30	25	45	5	35
试验 8	30	35	35	35	5
试验 9	55	5	35	95	35
试验 10	55	15	45	65	5
试验 11	55	25	15	35	95
试验 12	55	35	25	5	65
试验 13	80	5	45	35	65
试验 14	80	15	35	5	95
试验 15	80	25	25	95	5
试验 16	80	35	15	65	35

　　极差越大，表明这个因素对试验指标的影响越大；极差越小，表明这个因素对试验指标的影响越小。由图 5.19 可知，在正交试验的诸多影响因素中，裂缝内水压力是影响水压裂缝转向的主要因素，煤柱作用在底板的均布载荷和水压裂缝尖端距煤柱中心竖直向的距离（y 坐标值）影响次之，水压裂缝尖端距煤柱中心水平向的距离（x 坐标值）及煤柱宽度对水压裂缝转向角的影响最小。

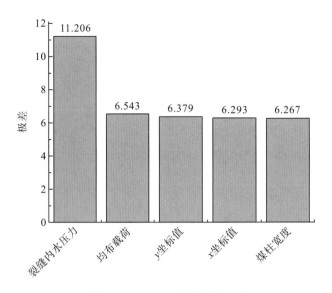

图 5.19　正交试验极差直方图

　　五因素与水压裂缝转向角之间的关系曲线如图 5.20 所示。由图中可知，本次正交试验中以 $A_{m_4}B_{m_4}C_{m_1}D_{m_3}E_{m_2}$ 水压裂缝转向条件最优。据此，可指导现场压裂施工设计。对煤柱底板岩层进行水力压裂时，若欲使水压裂缝沿远场最大主应力方向形成平直裂缝，则应采用较大的裂缝内水压力，压裂位置应优选靠近煤柱中心线且远离煤柱中心处；若欲使水压裂缝偏转形成转向裂缝对坚硬岩层进行切断，则应选用较小的裂缝内水压力，压裂位置优选偏离煤柱中心线并靠近煤柱中心适当距离处。

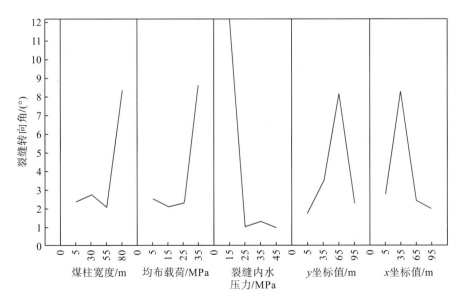

图 5.20　五因素与水压裂缝转向角的关系曲线

6) 坚硬顶板水压裂缝扩展的室内物理模拟试验

采用均质度较高的砂岩试件进行物理模拟试验，其尺寸为 300m×300m×300m。取得试件后对其进行后期加工，加工方法如下：①在正上方中间钻孔，孔径为 25mm，深度为 150mm；②将磨料喷嘴固定在试件钻孔内，用磨料射流喷嘴对试件进行水平方向冲蚀，冲蚀的高度为钻孔底部，即深度为 150mm；③将钻孔内部清理干净，压裂管放置在钻孔内，并用胶水填充空隙固定。试件加载方式如图 5.21 所示。结合现场数据，试样内的室内水力压裂参数：$\sigma_v = 12.0\text{MPa}$，$\sigma_h = 6.5\text{MPa}$。以清水作为压裂液，添加橘黄色颜料作为示踪剂。采用大排量 (10mL/s) 压裂液压裂岩块直至试件表面出现裂缝，待压裂液由裂缝溢出后，继续注水一段时间，直至试样表面的裂缝不再扩展，打开溢流阀，使得系统压力迅速降低。试验系统如图 5.22 所示。

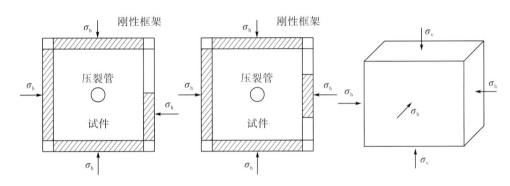

图 5.21　岩样加载示意图

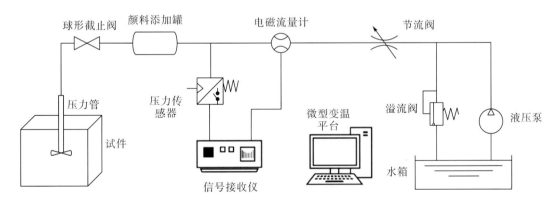

图 5.22　试验系统示意图

7) 试验结果分析

试验结果如图 5.23 所示。试件 1#，由于未设置煤柱，故水压裂缝起裂后，沿最大主应力方向扩展，产生一条平直、规则的双翼裂缝，未出现裂缝转向。试件 2#，煤柱设置在试件一侧，压裂位置位于煤柱中心线一侧，水压裂缝起裂后，在煤柱集中应力的影响下，水压裂缝两端出现不同的扩展结果，向不同方向进行转向扩展，最终形成一条弯曲、不规则的"S"形双翼转向裂缝。试件 3#，煤柱设置在试件中心，压裂位置位于煤柱中心线上，水压裂缝起裂后，由于压裂位置位于煤柱中心线上，水压裂缝两端应力环境相似，从而表现出相同的扩展结果，最终形成一条"凹槽"形双翼转向裂缝，但由于受端部效应的影响，水压裂缝未展现出严格的对称形状。室内物理实验结果与理论分析结果较为吻合。

当压裂位置位于煤柱下方时，水压裂缝的扩展将受到煤柱集中应力的影响，使得水压裂缝扩展时双翼出现转向，形成转向裂缝。为观察水压裂缝表面性质，将试件 2#沿表面裂缝剖开。观察结果显示，在煤柱下方进行水力压裂时，在集中应力的影响下，水压裂缝的扩展并非平面扩展，而是呈不断变化的曲面扩展，形成曲面裂缝。

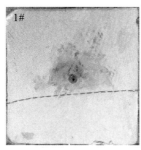
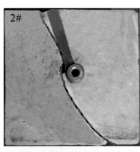
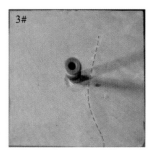
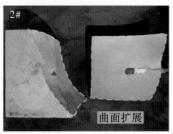

图 5.23　岩样压裂结果

5.2　坚硬顶板中水压裂缝扩展的理论分析

5.2.1　层理面和天然裂缝对水压裂缝扩展的影响

1. 层理面影响机制

当延伸中的裂缝与层理面相交时，由于层理面胶结强度及逼近角的不同，延伸中的裂缝与层理面相互干扰时可能出现的情况如图 5.24 所示，具体如下。

(1)裂缝沿着最大水平主应力方向直接穿过层理面，天然裂缝保持闭合，形成单一裂缝。

(2)水压裂缝沿层理面张开继而产生剪切滑移，裂缝沿层理面延伸，形成单一裂缝。

(3)裂缝在延伸过程中，遇到弱层理面后发生交叉转向。

(4)水压裂缝在延伸过程中，遇到弱层理面不断发生偏转，形成复杂的裂缝网络。

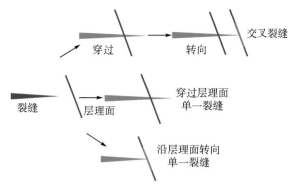

图 5.24　裂缝与层理面相交延伸情况

1）裂缝扩展临界水压

延伸中的水压裂缝受远场最大水平主应力 σ_H、最小水平主应力 σ_h 和裂缝内水压力 p_w 的共同作用，如图 5.25 所示（陈勉等，2008；宋晨鹏等，2014；程亮等，2015；王磊等，2016）。

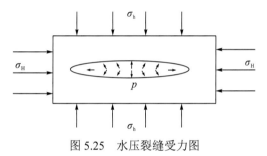

图 5.25　水压裂缝受力图

由应力状态分析可得压裂裂缝近壁面所受正应力、剪切应力如下：

$$\begin{cases} \sigma_\mathrm{n} = p_\mathrm{w} - \sigma_\mathrm{h} \\ \tau = 0 \end{cases} \tag{5.41}$$

由应力强度因子理论可知，裂缝尖端的应力强度因子为

$$K_\mathrm{I} = \sigma_\mathrm{n}\sqrt{\pi a} = (p_\mathrm{w} - \sigma_\mathrm{h})\sqrt{\pi a} \tag{5.42}$$

对于理想的线弹性材料，欧文（Irwin）在 1957 年提出了应力强度因子断裂准则：对于 I 型张开型裂缝，当 K_I 值达到断裂韧性临界值 K_IC 时，裂缝就会产生张拉性破坏，即

$$K_\mathrm{I} = K_\mathrm{IC} \tag{5.43}$$

另外，根据断裂力学理论：

$$K_\mathrm{IC} = \sqrt{\frac{2E\gamma}{1 - \nu^2}} \tag{5.44}$$

根据裂缝延伸理论，在其他条件相同的情况下，线性裂缝延伸所需流体压力最小，设此时裂缝在基质中延伸的临界水压为 $p_\mathrm{net}(h_1)$，则有

$$p_\mathrm{net}(h_1) = \sqrt{\frac{2E\gamma}{(1 - \nu^2)\pi a}} + \sigma_\mathrm{h} \tag{5.45}$$

式中，E、ν分别为目标岩层基质的弹性模量与泊松比；γ为目标岩层基质的单位面积表面能，MPa·m；a为裂缝的半长，m。

如图 5.26 所示，θ 为延伸中的裂缝与层理面之间的逼近角，当水压裂缝与层理面接触时，将裂缝尖端应力场转换到极坐标系中，有(Fan et al., 2014; Haimson and Fairhurst, 1967)

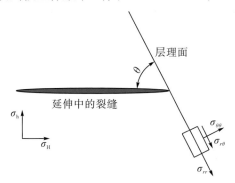

图 5.26　裂缝延伸至层理面

$$
\begin{cases}
\sigma_{rr} = p_{\mathrm{w}}\sqrt{\dfrac{a}{2r}}\cos\dfrac{\theta}{2}\left(1+\sin^2\dfrac{\theta}{2}\right)-p_{\mathrm{w}} \\[2mm]
\sigma_{\theta\theta} = p_{\mathrm{w}}\sqrt{\dfrac{a}{2r}}\cos^3\dfrac{\theta}{2}-p_{\mathrm{w}} \\[2mm]
\sigma_{r\theta} = p_{\mathrm{w}}\sqrt{\dfrac{a}{2r}}\sin\dfrac{\theta}{2}\cos^2\dfrac{\theta}{2}
\end{cases}
\tag{5.46}
$$

式中，p_{w} 为裂缝内水压力。

在远场应力作用下，层理面上的正应力与剪应力可以表示为(彪仿俊等，2011；曾凡辉等，2013；程远方等，2004)：

$$
\tau = \frac{\sigma_{\mathrm{H}}-\sigma_{\mathrm{h}}}{2}\sin 2\theta
\tag{5.47}
$$

$$
\sigma_{\mathrm{n}} = \frac{\sigma_{\mathrm{H}}+\sigma_{\mathrm{h}}}{2}-\frac{\sigma_{\mathrm{H}}-\sigma_{\mathrm{h}}}{2}\cos 2\theta
\tag{5.48}
$$

因此，根据二维弹性理论(吴家龙，2001)，在远场应力及内水压力的作用下，层理面上的正应力与剪应力可以表示为

$$
\sigma_{\mathrm{n}} = \sigma_{\mathrm{n}}^{\infty}-\sigma_{\theta\theta} = \frac{\sigma_{\mathrm{H}}+\sigma_{\mathrm{h}}}{2}-\frac{\sigma_{\mathrm{H}}-\sigma_{\mathrm{h}}}{2}\cos 2\theta - p_{\mathrm{w}}\sqrt{\frac{a}{2r}}\cos^3\frac{\theta}{2}+p_{\mathrm{w}}
\tag{5.49}
$$

$$
\tau = \sigma_{r\theta}+\tau^{\infty} = p_{\mathrm{w}}\sqrt{\frac{a}{2r}}\sin\frac{\theta}{2}\cos^2\frac{\theta}{2}+\frac{\sigma_{\mathrm{H}}-\sigma_{\mathrm{h}}}{2}\sin 2\theta
\tag{5.50}
$$

在计算中，可认为 $\sigma_{\mathrm{n}}<0$ 时，层理面张开；$\tau>c$ 时，层理面产生剪切破坏，即可产生导流通道，整理后可得裂缝发生扩展的临界水压，设此时裂缝沿层理面延伸的临界水压为 $p_{\mathrm{net}}(h_2)$，则有

$$
p_{\mathrm{net}}(h_2) = \frac{2c-(\sigma_{\mathrm{H}}-\sigma_{\mathrm{h}})\sin 2\theta}{\sin\theta\cos\dfrac{\theta}{2}\sqrt{\dfrac{a}{2r}}}
\tag{5.51}
$$

式中，τ、σ_n 分别为层理面的剪切应力、正应力；c 为层理面的黏聚力，表征层理面的胶结程度。

2）裂缝扩展方向判断

根据 5.1.1 节的理论分析，当延伸中的水压裂缝延伸至与层间界面相交时，决定裂缝走向的是裂缝穿过层理延伸所需临界水压 $p_{net}(h_1)$ 与裂缝沿层理产生张开剪切进而延伸所需临界水压 $p_{net}(h_2)$ 之间的大小关系。

（1）当 $p_{net}(h_1) > p_{net}(h_2)$ 且函数值相差较大时，裂缝沿层理面方向产生剪切破坏所需临界水压较小，因此裂缝将主要向层理面发生偏转继续延伸。

（2）当 $p_{net}(h_1) < p_{net}(h_2)$ 且函数值相差较大时，裂缝穿过层理面不发生转向所需临界水压较小，因此裂缝将继续向最大水平主应力方向延伸。

（3）当 $p_{net}(h_1)$、$p_{net}(h_2)$ 函数值相差不大时，裂缝穿过层理面不发生转向与穿过层理面所需临界水压相近，因此裂缝将极可能出现继续向最大水平主应力方向延伸与向层理面发生偏转两种现象共存的情况，即出现交叉裂缝。

基于以上分析以及 $p_{net}(h_1)$、$p_{net}(h_2)$ 的表达式可以得出，当延伸中的水压裂缝延伸至与层间界面相交时，决定裂缝下一步走向的主要因素为水平主应力差 $(\sigma_H - \sigma_h)$、层理面的黏聚力（即层间抗剪强度）c 以及主裂缝与层理面之间的逼近角 θ。

2. 天然裂缝影响机制

影响岩层水压裂缝网络形成的因素有很多，其中岩层天然裂缝、微裂缝的存在是最主要的因素。天然裂缝对水压裂缝的延伸有不同程度的影响，而且当水压裂缝与天然裂缝相交时，主裂缝可能出现几种不同的破坏模式（如张开、穿过和剪切破坏），主裂缝与天然裂缝的沟通是压裂缝网形成的关键（Hubbert and Willis，1957；Hanson et al.，1982；Hossain et al.，2000；李玮等，2008）。

如图 5.27 所示，裂缝在远场沿着水平主应力方向与一条中等程度的闭合天然裂缝逼近直至相交，ϕ 为天然裂缝与最大水平主应力方向的逼近角。基于上述分析，裂缝可能分为沿着层理面延伸与天然裂缝相交及裂缝穿过层理面沿最大水平主应力方向延伸相交于天然裂缝，本书按照裂缝延伸至层理面之后的延伸规律统一进行分析，对研究没有影响。为便于分析，假设天然裂缝贯穿数个层理面，端部止于基质而非层理面。

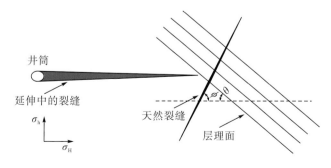

图 5.27　岩层水力压裂二维模型

当水压裂缝与天然裂缝相交时,若天然裂缝不张开,则水压裂缝直接穿过天然裂缝继续延伸。由式(5.49)可知,当天然裂缝面 $\sigma_n^\infty < \sigma_{\theta\theta}$ 时发生张性破裂,整理可得所需缝内流体净压力:

$$p_{net}(h_3) > \frac{(\sigma_H - \sigma_h)\sin^2\phi + 2\sigma_h}{2\sqrt{\dfrac{a}{2r}}\cos^3\dfrac{\phi}{2}} \tag{5.52}$$

当天然裂缝张开时,压裂流体充满裂缝使其膨胀;当天然裂缝为剪切破裂模式时,根据式(5.51)所需缝内流体净压力为

$$p_{net}(h_4) > \frac{2c_0 - (\sigma_H - \sigma_h)\sin 2\phi}{\sin\phi\cos\dfrac{\phi}{2}\sqrt{\dfrac{a}{2r}}} \tag{5.53}$$

式中, c_0 为岩层基质的黏聚力。

分析式(5.49)和式(5.50)可知,当 $\theta = \phi$ 时,剪切破坏先于层理面出现。

基于以上分析,当裂缝延伸至与天然裂缝相交时,裂缝的延伸情况根据 $p_{net}(h_1)$ 和 $p_{net}(h_4)$ 的大小关系而定。

(1)当 $p_{net}(h_1) > p_{net}(h_4)$ 时,裂缝沿天然裂缝端部产生剪切破坏所需缝内静水压力较小,因此裂缝将沿天然裂缝端部延伸。

(2)当 $p_{net}(h_1) < p_{net}(h_4)$ 时,裂缝穿过天然裂缝延伸所需临界水压较小,此时裂缝将穿过天然裂缝沿最大水平主应力方向延伸。

综上所述,目标岩层中裂缝延伸至天然裂缝的情况取决于裂缝在天然裂缝下产生剪切滑移所需临界水压,即取决于水平主应力差 $(\sigma_H - \sigma_h)$ 、天然裂缝与最大水平主应力方向的逼近角 ϕ 以及岩层基质的黏聚力 c_0 等。

5.2.2　层间物性差异影响机制

前文针对岩层基质力学性质一致的情况进行了分析,然而当基质力学性质存在差异时裂缝扩展路径可能会发生偏转。水压裂缝的遮挡效应是指在水压裂缝延伸过程中,当裂缝尖端延伸至一个遮挡层或者高地应力区时,该遮挡区对裂缝的延伸路径的一种约束作用(图5.28)。这种作用是将裂缝很好地约束在目标层内,还是裂缝直接穿过遮挡区主要取决于以下因素。

(1)目标层位岩性与该遮挡层岩性之间的差异。

(2)两个区域之间层理面的力学特性。

(3)构造应力场。

(4)该压裂层所处区域地质构造及目标层、遮挡层和层理的结构特征。

因此,针对岩层在各种因素影响下不同层理面之间的力学性质也可能有差异,本节在假设各层理面剪切强度一致且 $E_1 < E_2$ 、 $\nu_1 > \nu_2$ 的基础上,对岩层裂缝由高强度基质(E_2)扩展至低强度基质(E_1)以及低强度基质扩展至高强度基质两种情况进行分析。

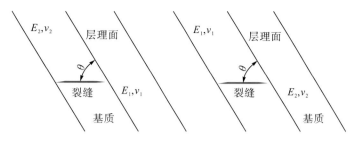

图 5.28　遮挡效应

1. 裂缝由低强度基质扩展至高强度基质

根据式(5.41)及裂缝延伸理论,在其他条件相同的情况下,线性裂缝延伸所需流体压力最小,则裂缝在低强度基质中延伸的临界水压为

$$p_{net}(e_1) = \sqrt{\frac{2E_1\gamma_1}{(1-v_1^2)\pi a}} + \sigma_h \tag{5.54}$$

同理,裂缝在高强度基质中延伸的临界水压为

$$p_{net}(e_2) = \sqrt{\frac{2E_2\gamma_2}{(1-v_2^2)\pi a}} + \sigma_h \tag{5.55}$$

式中,E_1、γ_1、v_1 分别为低强度岩层基质的弹性模量、单位面积表面能、泊松比;E_2、γ_2、v_2 分别为高强度岩层基质的弹性模量、单位面积表面能、泊松比;a 为裂缝的半长,m。

此外,由假设可知:

$$p_{net}(e_1) < p_{net}(e_2) \tag{5.56}$$

当水压裂缝尚未延伸至层理面时,根据二维线弹性理论,层理面的剪切应力 τ 和正应力 σ_n 可以表示为

$$\tau = \frac{\sigma_H - \sigma_h}{2}\sin 2\theta \tag{5.57}$$

$$\sigma_n = \frac{\sigma_H + \sigma_h}{2} - \frac{\sigma_H - \sigma_h}{2}\cos 2\theta \tag{5.58}$$

关于水压对层间界面的破坏机理,研究认为层间界面易发生滑移产生剪切破坏。采用莫尔-库仑强度准则,作用于层理面的临界应力方程为

$$\tau = c + K_f(\sigma_n - p_0) \tag{5.59}$$

式中,K_f 为层理面的摩擦系数;p_0 为层理面内的孔隙压力。

当水压裂缝缝端与层理界面连通时,水进入交界面,层理界面内的孔隙压力为

$$p_0 = \sigma_h + p_{net}(e_3) \tag{5.60}$$

式中,$p_{net}(e_3)$ 为层理面发生剪切破坏时缝内临界水压。

将式(5.57)、式(5.58)代入式(5.60),整理可得在水压作用下,层理面发生剪切破坏的临界水压:

$$p_{net}(e_3) = \frac{2c - (\sigma_H - \sigma_h)\left[\sin 2\theta - K_f(1-\cos 2\theta)\right]}{2K_f} \tag{5.61}$$

根据 $p_{net}(e_1)$、$p_{net}(e_2)$、$p_{net}(e_3)$ 三者函数大小关系可以判断裂缝延伸方向，由于假设 $p_{net}(e_1) < p_{net}(e_2)$，当裂缝延伸至层理面时：若 $p_{net}(e_3) < p_{net}(e_1)$，则裂缝将发生转向沿层理面产生剪切进而延伸，高强度基质在此起到很好的遮挡作用；若 $p_{net}(e_3) > p_{net}(e_1)$，裂缝将产生穿层延伸；若 $p_{net}(e_3) \approx p_{net}(e_1)$，裂缝将出现穿层及转向延伸共存的情况，即出现交叉裂缝。

2. 裂缝由高强度基质扩展至低强度基质

根据上述分析，水压裂缝在低强度基质和高强度基质中延伸的临界水压分别为

$$p_{net}(e_1) = \sqrt{\frac{2E_1\gamma_1}{(1-v_1^2)\pi a}} + \sigma_h \tag{5.62}$$

$$p_{net}(e_2) = \sqrt{\frac{2E_2\gamma_2}{(1-v_2^2)\pi a}} + \sigma_h \tag{5.63}$$

由于 $p_{net}(e_1) < p_{net}(e_2)$，当水压裂缝在高强度基质中延伸时，裂缝内水压力 $p_w > p_{net}(e_2)$，因此当水压裂缝逼近层理面直至到达层理面时，裂缝内水压力应大于低强度基质线性延伸的临界水压力，此时裂缝将产生穿层延伸；对于层理面而言，若 $p_{net}(e_2) > p_{net}(e_1) > p_{net}(e_3)$，则裂缝极可能出现穿层延伸和转向延伸共存的情况，同理 $p_{net}(e_2) > p_{net}(e_3) > p_{net}(e_1)$ 也是如此，因此当 $\max[p_{net}(e_1), p_{net}(e_2), p_{net}(e_3)] = p_{net}(e_2)$，且 $p_{net}(e_1)$、$p_{net}(e_3)$ 取值相差不是很大时，将出现交叉裂缝。

5.2.3 裂缝扩展规律及裂缝网络形成条件

根据前面的理论分析，裂缝在不同的影响因素下将会产生不同的延伸方向，也会出现不同的空间展布情况，在几种因素综合影响下又会出现不同的延伸情况。

(1) 当岩层间层理面两侧存在物性差异时，裂缝的延伸方向由两侧延伸水压 $p_{net}(e_1)$、$p_{net}(e_2)$ 的大小关系决定。

(2) 当 $\min[p_{net}(h_1), p_{net}(h_2), p_{net}(h_3), p_{net}(h_4)] = p_{net}(h_1)$ 且其值相差很大时，水压裂缝将穿透层理面及天然裂缝，形成单一裂缝。此延伸模式发生在层理面胶结性较强、水平主应力差较大、层理面逼近角 θ 及天然裂缝逼近角 ϕ 较大时。

(3) 当 $\min[p_{net}(h_1), p_{net}(h_2), p_{net}(h_3), p_{net}(h_4)] = p_{net}(h_2)$ 且其值相差很大时，水压裂缝沿层理面产生剪切滑移，形成单一裂缝。此延伸模式发生在水平主应力差相对较小、层理面胶结强度较低或天然裂缝发育及层理面逼近角 θ 不大时。

(4) 当 $\min[p_{net}(h_1), p_{net}(h_2), p_{net}(h_3), p_{net}(h_4)] = p_{net}(h_3)$ 时，天然裂缝在内水压力的作用下张开，此时裂缝沿裂缝延伸所需最小水压方向延伸；当 $\min[p_{net}(h_1), p_{net}(h_2), p_{net}(h_4)] = p_{net}(h_4)$ 且其值相差很大时，压裂流体充满天然裂缝，水压裂缝沿其端部开裂，形成交叉裂缝。此破裂模式发生在层理面胶结强度较高、水平主应力差相对较小、层理面逼近角 θ 较大及天然裂缝逼近角 ϕ 较小时。

(5) 当 $p_{net}(h_1)$、$p_{net}(h_2)$、$p_{net}(h_3)$ 和 $p_{net}(h_4)$ 函数值相差不大时，裂缝沿各个方向延伸均有可能。另外，由于裂缝延伸方向的随机性，当延伸至层理面时，方向可能不断发生转向，

因此较易形成网状裂缝。此延伸模式多存在于层间节理强度适中的岩层。

5.3　坚硬顶板中水压裂缝扩展数值分析

通过分析水压裂缝与层理面以及天然裂缝的相交作用，可以得出当地应力情况、层理面特征及天然裂缝几何力学特征是决定水力压裂施工形成裂缝网络而不再是一条双翼对称单一裂缝的决定性因素。具有超低渗透率的岩层在进行压裂施工改造时，由于裂缝延伸方向的随机性，当延伸至层理面时，方向可能不断发生转向，岩层压裂改造是以形成尽可能大的网络裂缝为目的。因此本节在前述理论分析模型的基础上，利用岩石真实破裂过程渗流-应力耦合分析系统 RFPA^{2D}-Flow 软件建立井眼条件下岩层水压裂缝延伸数值模型，同时对模型进行求解，设定控制步运算，最后进行计算分析。

5.3.1　均质岩层水压裂缝扩展规律数值分析

根据理论分析，针对岩层的特殊层理结构特征，当水压裂缝延伸至层理面时，裂缝延伸规律取决于水平主应力差、层理面强度特性以及层理面逼近角度等。为了明确裂缝在一定地质条件下的延伸规律，建立了岩层水力压裂裂缝扩展数值模型进行分析。

1. 数值分析模型及方案

本书利用东北大学开发的岩石真实破裂过程渗流-应力耦合分析系统RFPA^{2D}-Flow软件对岩层在高压水作用下的延伸规律进行数值模拟。模型采用长方形层状结构模拟地层状况。模型范围为 20m×20m，划分为 400×400=160000 个单元。将水平主应力简化为均布载荷施加于模型边界，即主应力大小按模拟需要进行赋值。模型中建立倾斜条块表示岩层基质，层理面按真实力学性质单独赋值添加，其力学参数按单轴及三轴试验所得参数给定，在模型中部开挖一长轴为 1.5m、短轴为 0.2m 的椭圆，表示延伸中的水压裂缝，缝内水压视边界条件施加，如图 5.29 所示。

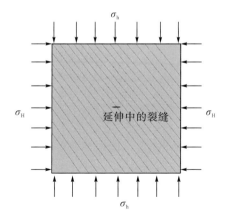

图 5.29　数值模拟分析

具体模拟方案如下。

(1)根据西南区典型岩层赋存条件，结合第 2 章的理论分析，分别分析模型在固定最大水平主应力为 20MPa，对应最小水平主应力为 18MPa、16MPa、14MPa 时裂缝的延伸规律，从而分析得出水平主应力差对岩层裂缝延伸的影响。

(2)根据岩层自身结构特点及强度特性，分别建立模型模拟岩层层理面逼近角(θ)为 30°、50°、70°的裂缝延伸规律(表 5.6)，从而总结出层理面逼近角对岩层裂缝延伸的影响。

(3)根据以上分析结果以及裂缝延伸情况，总结岩层在不同情况下的裂缝形态特征。

表 5.6　模拟参数

序号	水平主应力差$\Delta\sigma$/MPa	θ/(°)
1	2	30
2	2	50
3	2	70
4	4	30
5	4	50
6	4	70
7	6	30
8	6	50
9	6	70

2. 裂缝扩展规律数值分析

本节模拟计算了岩层内层理面逼近角为 30°、50°及 70°时层理模型(相关模拟参数见表 5.6)在地应力场及孔隙水压力作用下模型的起裂、临界延伸压力以及裂缝延伸模式，图 5.30 为通过数值分析得到的最大剪应力云图。

 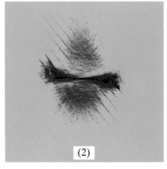 

(a) $\Delta\sigma$=2MPa

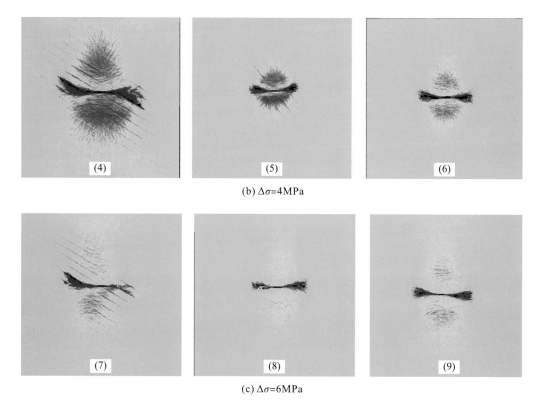

(b) $\Delta\sigma=4\text{MPa}$

(c) $\Delta\sigma=6\text{MPa}$

图 5.30　最大剪应力云图

3. 数值分析结果及结论

模拟结果如图 5.30 所示，在水平主应力差为 2MPa 的第 1～3 组模拟中，当延伸中的裂缝与层理面相交时，随着逼近角的增大，裂缝从沿着层理面延伸逐渐趋于穿过层理面，否则裂缝趋于沿层理面延伸；随着层理面逼近角的逐渐增大，模型的起裂压力及破裂压力值都逐渐增大且基本呈线性增长，其增长幅度基本相同；当 $\theta=30°$ 时，裂缝出现同时沿层理面延伸和穿层延伸的情况，即出现交叉裂缝，此时有利于形成裂缝网络，然而随着逼近角的递增，裂缝趋于形成穿层延伸的单一裂缝；当层理面逼近角一致时，如第 2、5、8组及第 3、4、9 组模拟中，随着水平主应力差的增大，当裂缝延伸至层理面时，裂缝从沿着层理面延伸逐渐趋于穿过层理面；从图 5.30 中可以看出，所有的模拟结果均偏向单一裂缝，裂缝端部呈现簇状是由于裂缝端部出现钝化现象，裂缝在层理面内产生分叉转向是岩层水压裂缝网络形成的重要因素，且层理面逼近角、水平主应力差须在一定临界组合条件下，偏离该条件的裂缝形成单一裂缝的可能性较大。

5.3.2　层间遮挡效应数值分析

根据 5.2 节的理论分析可知，由于裂缝延伸方向的随机性，当裂缝延伸至层理面时，在各种因素影响下不同层理面之间的力学性质也可能有差异，对于裂缝延伸过程中的遮挡效应,针对不同的强度差异性甚至可能出现完全不同的延伸情况,裂缝的延伸情况又决定着缝网的形成。基于此,建立针对性的模型分析层间基质岩层突变对裂缝延伸的影响规律。

1. 数值分析模型及方案

本节模拟方案拟采用 5.3.1 节所用模型,用长方形层状结构模拟地层状况。模型范围为 20m×20m,划分为 400×400=160000 个单元。将水平主应力简化为均布载荷施加于模型边界,即主应力大小按模拟需要进行赋值。模型中建立倾斜条块表示层理面,其力学参数按重庆某地区岩层露头情况给定。在模型中部开挖一长轴为 1.5m、短轴为 0.2m 的椭圆,表示延伸中的水压裂缝,缝内水压视边界条件施加,通过改变裂缝左右两侧的一层岩层弹性模量来实现遮挡。为了使模拟结果便于分析,此处对层间厚度加宽处理进行放大,如图 5.31、图 5.32 所示。

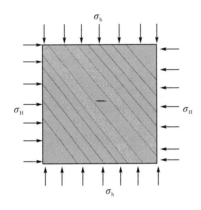

图 5.31　高强度遮挡层模型

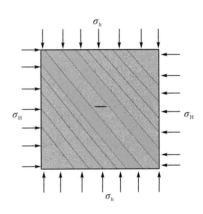

图 5.32　低强度遮挡层模型

具体方案如下。

(1)根据岩层赋存条件,选取第 2 组 Δσ=2MPa、θ=50°进行模拟,在此模拟结果的基础上,将左右两侧岩层强度增至 130MPa,弹性模量相应增至 25GPa(表 5.7),从而分析得出裂缝从低强度基质延伸至高强度基质时的空间展布情况。

(2)将左右两侧岩层强度减至 90MPa,弹性模量相应减至 15GPa,从而分析得出裂缝从高强度基质延伸至低强度基质时的空间展布情况。

(3)根据以上两组模拟结果以及裂缝延伸情况,总结岩层在不同情况下的裂缝形态特征。

表 5.7　模拟参数

序号	水平主应力差Δσ/MPa	θ/(°)	左右两侧岩层强度/MPa	左右两侧岩层弹性模量/GPa
1	2	50	130	25
2	2	50	90	15

2. 遮挡效应数值分析与结论

模拟结果如图 5.33~图 5.36 所示。图 5.34 为高强度遮挡层数值分析结果。可以看出,裂缝左右两侧基质强度突变增大，当裂缝起裂延伸至层间界面时，水压裂缝受强度较高的岩石基质的阻碍，裂缝出现短暂的钝化止裂，待缝内水压达到一定值时，裂缝沿界面层延伸。反之，在水压裂缝由强度较高的岩石基质经界面层向强度较低的岩石基质延伸的过程中，裂缝直接穿透层理面进入另一侧岩石基质，且裂缝的延伸范围增大。该模拟结果表明在裂缝穿过界面进入另一种岩石基质后，裂缝的延伸范围变大，该特征不同于裂缝在均质岩层中的延伸。同时，当水头从强度高的岩层基质进入强度相对较低的岩层基质后，裂缝的延伸范围出现更为明显的扩大，这是因为在强度高的岩层中满足裂缝延伸所需的初始水压较大，裂缝延伸至层理面并向另一侧强度相对较低的基质中延伸时岩石起裂所需的临界水压相应减小。

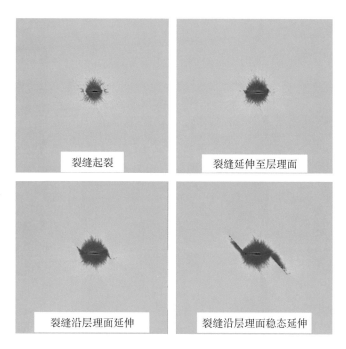

图 5.33　高强度遮挡层最大剪应力场云图

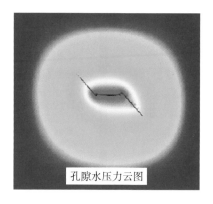

图 5.34　高强度遮挡层数值分析

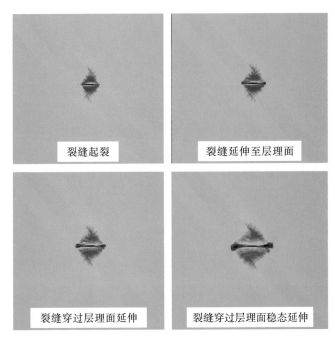

图 5.35   低强度遮挡层最大剪应力场云图

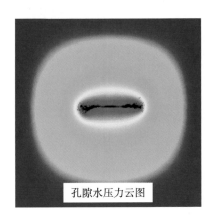

图 5.36   低强度遮挡层数值分析

基于理论及数值分析结果，当岩层间基质强度存在明显差异，岩层不再是均质时，在水压裂缝延伸的过程中遮挡效应的存在，会导致裂缝的偏转，进而影响裂缝网络的形成。

5.3.3   坚硬顶板水压裂缝网络形成机制数值分析

由前文分析可知，裂缝网络的形成不仅与压裂段地应力场和岩层构造有关，更与层间天然裂缝的发育程度密切相关，本节基于 5.3.1 节的数值模拟结果，在模型的基础上通过设定天然裂缝特性来研究不同因素对岩层水压裂缝网络形成的影响机制，并通过对比分析模拟结果得出天然裂缝对岩层水压裂缝网络形成的影响规律及关键作用。

1. 数值分析模型及方案

模型采用长方形层状结构模拟地层状况。模型范围为 20m×20m，划分为 400×400=160000 个单元。将水平主应力简化为均布载荷施加于模型边界，即主应力大小按模拟需要进行赋值。模型中建立倾斜条块表示层理面，其力学参数按重庆某地区岩层露头情况给定，在模型中部开挖一长轴为 1.5m、短轴为 0.2m 的椭圆，表示延伸中的水压裂缝，缝内水压视边界条件施加。另外，在水压裂缝延伸方向开挖一贯穿层理面的闭合裂缝，表示天然裂缝，如图 5.37 所示。

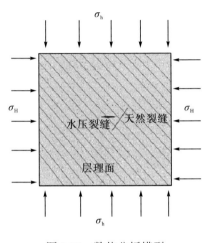

图 5.37　数值分析模型

根据理论分析结果，水平主应力差、最大水平主应力方向与层理面逼近角 θ 和天然裂缝逼近角 ϕ 均对裂缝延伸情况、形态特征有影响，此外最小水平主应力 σ_h 也有影响，因此引入地应力差异系数 $K_a = (\sigma_H - \sigma_h)/\sigma_h$ 进行分析。本节拟进行正交试验模拟分析，采用 $L_9(3^4)$ 正交表，共进行 9 组模拟，根据目前岩层压裂现场条件及文献，模拟相关力学参数见表 5.8～表 5.10。

表 5.8　地应力参数

最大水平主应力 σ_H /MPa	最小水平主应力 σ_h /MPa	地应力差异系数 K_a
20	18	0.11
20	16	0.25
20	14	0.43

表 5.9　正交试验模拟参数组合

序号	地应力差异系数 K_a	$\theta/(°)$	$\phi/(°)$
1	0.11	30	30
2	0.11	50	50

序号	地应力差异系数 K_a	$\theta/(°)$	$\phi/(°)$
3	0.11	70	70
4	0.25	30	50
5	0.25	50	70
6	0.25	70	30
7	0.43	30	70
8	0.43	50	30
9	0.43	70	50

表 5.10　岩层力学参数

位置	均值度	内摩擦角/(°)	抗压强度/MPa	压拉比	残余强度系数	孔隙水压系数	渗透系数/(m/d)	泊松比	孔隙度/%
岩层基质	3	30	110	10	0.1	0.6	0.01	0.3	2
层理面	3	33	9	10	0.1	0.6	0.05	0.35	3

2. 数值分析与结论

数值分析的最大剪应力场云图如图 5.38 所示。

(1) $K_a=0.11, \theta=30°, \phi=30°$

(2) $K_a=0.11, \theta=50°, \phi=50°$

(3) $K_a=0.11, \theta=70°, \phi=70°$

(4) $K_a=0.25, \theta=30°, \phi=50°$

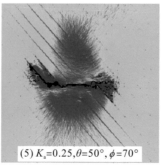

(5) $K_a=0.25, \theta=50°, \phi=70°$

(6) $K_a=0.25, \theta=70°, \phi=30°$

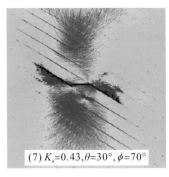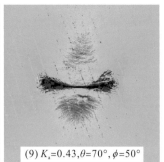

(7) $K_a=0.43,\theta=30°,\phi=70°$　　　(8) $K_a=0.43,\theta=50°,\phi=30°$　　　(9) $K_a=0.43,\theta=70°,\phi=50°$

图 5.38　最大剪应力场云图

1）模拟结果分析

模拟结果如图 5.38 所示。在地应力差异系数为 0.11 的第 1～3 组模拟中，$\theta=\phi$，当延伸中的裂缝先后与层理面及天然裂缝相交时，随着逼近角的增大，裂缝从沿着层理面及天然裂缝延伸逐渐趋于穿过层理面及天然裂缝，否则裂缝趋于沿层理面延伸进而沟通天然裂缝形成裂缝网络；在 $\theta=50°$ 的第 2、5、8 组模拟及 $\phi=50°$ 第 2、4、9 组模拟中，随着地应力差异系数的增加，当裂缝延伸至层理面及天然裂缝时，裂缝从沿着层理面及天然裂缝延伸逐渐趋于穿过层理面及天然裂缝，否则裂缝趋于沟通天然裂缝进而沿天然裂缝产生剪切破坏；分析可知，在形成裂缝网络的模拟组合中，裂缝一致沟通了天然裂缝且裂缝在层理面内产生了分叉转向，因此层理面逼近角、天然裂缝逼近角、地应力差异系数须在一定临界组合条件下，偏离该条件均形成单一裂缝。

2）层理面强度影响

根据第 5 组模拟结果可知，裂缝出现沿层理面延伸以及穿过层理面共存的情况，从而形成网状裂缝，因此为研究层理面强度对裂缝延伸及裂缝网络形成的影响，改变层理面黏聚力的大小，参数见表 5.11。

表 5.11　层理黏聚力参数

序号	黏聚力/MPa
5	9
10	7
11	11

由模拟结果可知，在图 5.39（左图）中，当裂缝延伸至左侧层理面时，裂缝沿层理面产生剪切破坏进而延伸，而右侧出现裂缝沿着层理面与穿过层理面双向延伸的情况，究其原因为裂缝延伸至天然裂缝与层理面交接处，由于应力集中而产生。对于图 5.39（右图），当层理面强度加大，裂缝直接穿过层理面进行延伸，当与天然裂缝相交时，由于天然裂缝的逼近角度大，裂缝仍然穿过而不改变方向。因此，层理面的强度对水力压裂裂缝网络的形成具有重要影响，层间强度过大或过小都不利于裂缝网络的形成，而天然裂缝的存在是裂缝网络形成的关键。

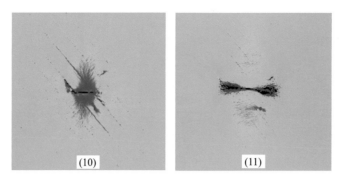

图 5.39　模拟结果

5.4　多裂缝发育和扩展路径演化数值模拟

5.4.1　数值模型与方案设计

数值模拟涉及在 FLCA3D 软件的基础上专门自主开发的水力压裂，设计方程组时考虑了固体的变形，也考虑了流体与岩石裂隙面之间的耦合效应。由于本数值模拟所需精度高，因此采用了有限体积法(finite volume method，FVM)二维平面模型，割缝已提前设置完成(深度设置为 10mm)，如图 5.40 所示。模型尺寸为 0.3m×0.3m(长×高)，其中 x 方向均分为 375 个网格，z 方向均分为 375 个网格，总计 140625 个单元。模型底面、左侧面均固定；应力边界条件设置如下：以最小水平主应力为均匀载荷施加于模型右侧，以最大垂直主应力为均匀载荷施加于模型顶部。

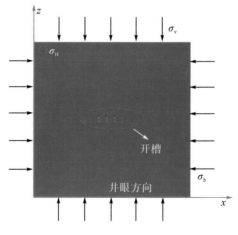

图 5.40　数值模拟平面图

在多裂缝数值模拟试验研究中，严格按照室内物理模拟试验要求来设置地应力、割缝、水力压裂参数。为了更加清楚地了解不同压裂参数对裂缝间应力干扰的影响，在物理试验组的基础上再加入多组对照试验，其压裂参数见表 5.12。

表 5.12 数值模拟水力压裂试验压裂参数

组数	σ_v、σ_H、σ_h /MPa	缝间距/mm	缝深/mm	压裂排量/(mL/min)
S-1	10、10、8	15	10	60
S-2	10、10、8	30	10	60
S-3	10、10、8	45	10	60
S-4	10、10、8	30	10	120
S-5	10、10、4	30	10	60
S-6	10、10、8	15	10	120
S-7	10、10、4	15	10	60
S-8	10、10、4	30	10	60
S-9	10、10、8	15	5	60

多裂缝扩展之间的应力干扰受裂缝间距和应力差的影响明显,通过数值模拟记录当裂缝间距为15mm、应力差值为2MPa时,裂缝从初始发育到最终扩展完成的过程,间隔时间为20min,多裂缝在应力干扰情况下的扩展路径如图 5.41 所示。不难看出受割缝的影响,在割缝处产生应力集中,裂缝在割缝处的尖端起裂。在水力压裂裂缝扩展的初期,缝内静水压力较小,导致裂缝之间的干扰较弱,裂缝沿着最大主应力方向上发育延伸。但随着缝内静水压力的不断增大,两侧裂缝受到邻近裂缝的干扰不断增大,中间裂缝受到两裂侧缝的抑制,致使两侧裂缝背离最大主应力方向转向新的叠加应力场。

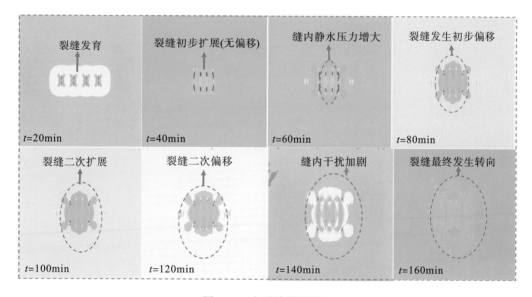

图 5.41 多裂缝扩展路径

通过对多裂缝应力干扰状态下裂缝扩展路径的分析可知,裂缝从初始发育到最终裂缝发生严重偏转经历了如下阶段:裂缝发育、初步主应力法则扩展、缝内静水压力增大、初步偏移、二次主应力法则扩展、二次偏移、缝内干扰剧烈到最终发生转向,且每一步基本都有一定时间效应的参考区间,即在应力干扰的情况下水平井多裂缝扩展会经历多个偏转阶段,每一个阶段的小偏转之后都会经历一个偏转停滞期。因此,在进行水平井多段压裂时,当出现裂缝间应力干扰时,可以通过改变某一个时间段的压裂参数来决定裂缝是否发生转向,为现场施工压裂避免裂缝间应力干扰提供选择。

5.4.2　裂缝扩展最大和尖端应力分析

在数值模拟计算过程中每间隔 20s 记录一次裂缝在 z 方向上的最大应力和尖端应力,其随时间的变化如图 5.42 和图 5.43 所示。结合 5.4.1 节对裂缝发育过程和裂缝扩展路径的分析可以得出以下结论。

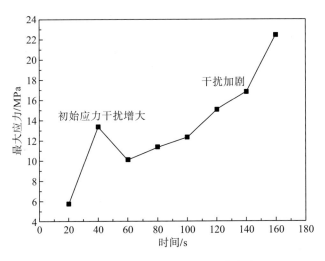

图 5.42　裂缝在 z 方向上的最大应力

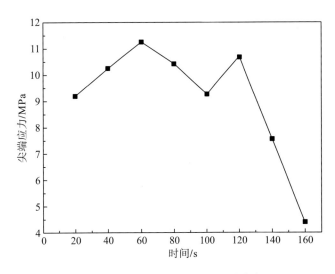

图 5.43　裂缝在 z 方向上的尖端应力

裂缝经过初始阶段内部水力压力不断增大到一定值，4 条裂缝之间产生初始的应力干扰。随着干扰的不断增加，裂缝在扩展过程中发生了初步偏移，偏移造成了阻力急剧升高，应力增加，出现了一个初步的峰值，如图 5.4.2 所示，并且增长的斜率较大。而随后裂缝沿着偏移的方向初步扩展，此时的延伸阻力和应力将会发生短暂的降低。随着后续裂缝间应力干扰的不断增强，裂缝进一步发生二次扩展和偏移，延伸阻力和水力压应力也随着时间推移渐渐增大，在最后一个阶段，裂缝间干扰加剧，偏移达到最大，裂缝发生转向，应力曲线相对于前面几个阶段来说增长斜率明显增大。

运用同样的方法记录裂缝尖端应力变化，裂缝尖端在一开始发生初步偏移，尖端应力小幅度地增大，随着裂缝延伸至偏移方向时，尖端应力小幅度地减小，裂缝发生偏移的时间点与图 5.45 中几个曲线凹凸转折点的时间点相对应，而随着裂缝再次发生偏转，裂缝尖端延伸阻力减小，应力进一步减小。通过对尖端应力和最大应力随时间变化的分析，再次说明了裂缝在发生多次偏移后最终发生转向，与多裂缝发育和扩展的路径演化规律基本一致。因此，可以通过最大应力和尖端应力判断裂缝扩展的阶段，裂缝扩展过程和应力变化可以为多裂缝相互干扰导致的裂缝偏转提供一些参考。

5.4.3　不同压裂参数对多裂缝扩展及应力干扰的影响分析

1. 裂缝间距

由图 5.44 可知，当应力差（2MPa）和压裂排量（60mL/min）一定时，裂缝间距对多裂缝扩展形态有显著的影响。随着裂缝间距的减小，裂缝偏转的角度增大，中间位置的裂缝受到的抑制作用增强，延伸不够充分，延伸距离小于两侧裂缝。当裂缝间距（D）为 15mm 时，中间两条裂缝受到两侧裂缝的抑制作用明显增强，而当裂缝间距增加为 45mm 时，中间裂缝基本不受抑制作用，与两侧裂缝同时沿着最大主应力方向延伸。此外，受裂缝间应力干扰的相互影响，新的最大应力带偏离原始最大主应力方向，随着裂缝间距减小偏离的角度增大，导致裂缝后续偏离原始最大主应力方向转向新的最大应力带。

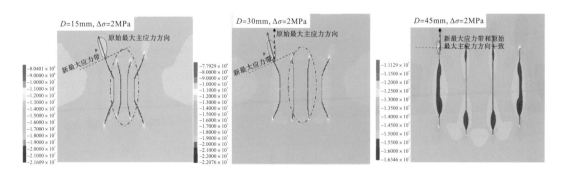

图 5.44　不同间距下裂缝扩展形态和应力云图

注：图例为应力，Pa。

另外，由图 5.44 可知，裂缝间距增大导致裂缝应力变化区间不断减小，这是由于裂缝没有发生偏移或转向，高压水力比较均匀地分布在裂缝内，并且对裂缝邻近岩层的原始应力影响不大。当裂缝间距较小时裂缝之间发生严重的应力干扰，使得裂缝附近区域受到的应力重新分配，尤其是中间裂缝区域受到严重的应力抑制作用，该区域的应力增大，而裂缝尖端只需要维持扩展应力。所以，小间距使得裂缝应力区间增大，波动范围更大，这与物理试验得到的结论一致。

2. 主应力差

由图 5.45 可知，主应力差对裂缝偏转和中间裂缝阴影效应的影响明显。当裂缝间距和压裂排量为定值时，主应力差越小，外侧裂缝偏转的程度增大，中间裂缝受到的抑制作用和阴影效应明显增强，裂缝延伸不够充分，延伸距离短。而当主应力差增大到 6MPa 时，中间裂缝受到的抑制效果减弱，延伸的距离增大甚至超过两侧裂缝的延伸距离。不难看出，虽然前述分析发现裂缝间距对裂缝偏转和中间裂缝抑制作用有着显著的影响，但较大的主应力差使得这一阴影效应减弱，甚至难以看到裂缝发生偏转或阴影效应。这是由于主应力差越大，因开张而含静水压力的裂缝在附近产生诱导应力场，难以改变原始地应力场的大小和方向，裂缝仍沿着最大主应力方向扩展。

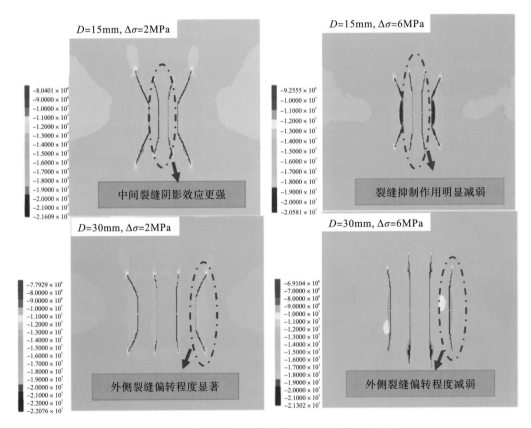

图 5.45　不同主应力差下裂缝扩展形态和应力云图

注：图例为应力，Pa。

3. 压裂排量

当裂缝间距（15mm）和主应力差（2MPa）一定时，不同压裂排量下裂缝的扩展形态和应力云图如图 5.46 所示。当压裂排量增大 1 倍时，应力干扰明显增强，在裂缝间出现了高应力集中区域，而裂缝尖端的最大应力带偏离了原始最大主应力方向，两侧裂缝偏转的角度以及延伸的长度大于小压裂排量下裂缝扩展情况；中间裂缝受到严重的抑制使得裂缝延伸发生大角度的偏转并最终趋于停止，与理论分析结果一致。裂缝在高主应力差的情况下难以发生偏转，当裂缝间距和压裂排量不变时，新最大应力带和原始最大主应力方向基本一致，这是由于诱导应力难以改变原始主应力场，因此裂缝沿着原始最大主应力扩展。

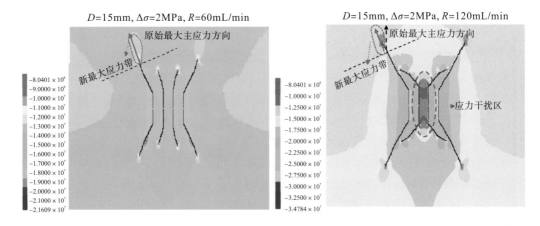

图 5.46　不同压裂排量下裂缝扩展形态和应力云图

注：图例为应力，Pa。

本书 5.2 节对割缝后井筒受力、单裂缝和多裂缝在内部静水压力的应力场和裂缝扩展相互影响规律的研究，以及 5.3 节、5.4 节通过物理试验和数值模拟多裂缝扩展中多因素对裂缝发育、扩展路径、延伸过程中发生的偏移和转向的研究表明，水平井多裂缝延伸是可以人为控制的，使得裂缝朝着预先设定的方向扩展，能够实现对水压裂缝的精准控制。下面根据前述研究内容给出水平井压裂段内压裂优化方案步骤。

(1) 收集压裂岩层基础力学参数，准确测得原始三向地应力大小，通过单轴、三轴测得压裂层弹性模量、抗拉抗压强度、滤失系数等参数；设置水平井井筒及割缝参数、井筒半径，预先设定割缝深度等参数。

(2) 将上述参数代入 5.2 节水平井割缝受力模型和多裂缝扩展及相互干扰应力场模型进行计算，根据确定的地应力大小（即主应力差）调整压裂排量大小和裂缝间距，使得裂缝按照施工现场预先设定的方向延伸。

(3) 参照本书设置的裂缝间距、压裂排量参数，通过和施工现场进行相似模拟比，得到现场压裂参数进行施工。

第6章 压裂参数对水平井多裂缝扩展影响的物理模型试验

6.1 地面压裂坚硬顶板大型真三轴相似物理模拟试验研究

高位坚硬顶板的有效控制对弱化采场强矿压显现、保证工作面安全和采场高强度开采具有重要意义(牛锡倬和谷铁耕，1983；刘传孝，2005；缪协兴等，2005；牟宗龙等，2006；刘长友等，2014，2015)。地面压裂技术是一项应用于高位坚硬顶板卸压的新技术。探明和掌握坚硬顶板水压裂缝延伸规律及其空间形态对地面压裂技术的应用具有重要的理论和实践意义(赵益忠等，2007；黄炳香，2010；侯振坤等，2016；李宁等，2017；Hou et al.，2019)。为此，研发了大尺寸真三轴水力压裂试验系统，试验装置最大加载模型尺寸可达1200mm×1200mm×2060mm。该试验装置可模拟水力压裂的全过程，可用于系统研究水力压裂的特征。为了揭示地面压裂弱化高位坚硬顶板控制大空间采场强矿压显现机理，本节采用笔者团队研制的大尺寸真三轴水力压裂试验系统，首次对坚硬顶板砂岩样品进行了地面压裂高位坚硬顶板模拟试验，分析压裂前后声发射和应力的分布和变化，探讨大范围水压裂缝的形成机制，研究结果可为坚硬顶板水压裂缝的形成机制及现场施工参数的选取提供技术支持。

6.1.1 大型真三轴水力压裂坚硬顶板物理模拟试验系统

1. 试验系统主要组成和技术优势

1) 系统主要组成

试验系统主要由主体加载系统、多通道高频数据采集系统、模型制样系统、模型就位系统和泵压伺服控制系统组成(图 6.1)。其中，主体加载系统主要用于放置试样并进行试验，同时，提供试验所需的应力环境和应力路径，是试验系统的主体结构；模型制样系统主要用于模型的制备；模型就位系统主要用于模型的转运和安装；多通道高频数据采集系统可实现对试验过程中应力、应变和声发射等参数的实时监测、采集和存储；泵压伺服控制系统可满足试验系统的水力压裂要求。系统主要技术参数见表 6.1。

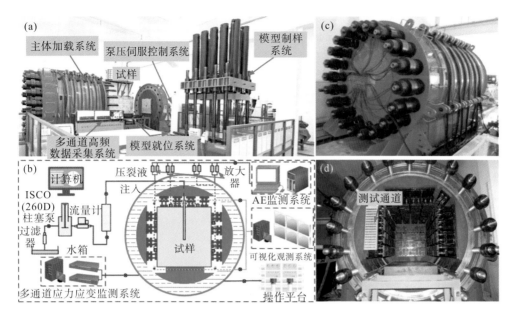

图 6.1　大型真三轴水力压裂模拟装置

(a)布置图；(b)主装载子系统示意图；(c)主装载子系统外部图；(d)主装载子系统内部图

注：AE 即 acoustic emission，声发射。

表 6.1　主要技术参数

技术参数	参数值	技术参数	参数值
最大加载模型尺寸	1200mm×1200mm×2060mm	位移测量	100mm（±5% F.S.）
最大二维加载应力	10MPa（±2% F.S.）	连续保持时间	＞48h
模型成型压力	5MPa	最大泵压	51.7MPa
测试通道	200	最大流量	107mL/min

注：括号内数值表示满量程（F.S.）误差。

2）技术优势

与同类设备（Ahmed et al.，1979；Medlin and Massé，1984；Ishida et al.，2012；Cha et al.，2014）相比，本系统具有如下优越性。

（1）主体加载系统可实现应力、位移全闭环控制，可对模型进行单向、双向、三向独立及分层阶梯加卸载。X（左右向）、Y（垂直向）、Z（前后向）三个方向所加最大载荷均可达 10MPa，可以模拟地下工程的真实高应力状态。

（2）最大加载模型尺寸可达 1200mm×1200mm×2060mm，且可根据模拟的实际情况，选择合适的试样尺寸。

（3）实现对模型应力场、应变场及声发射的全方位实时监测。

（4）实现对试验系统内部运行情况和试验现象的实时可视化观测。

（5）模型成型快捷，安装就位自动化程度高。

（6）主体加载系统采用"外圆内方"的设计结构，以及高强度拉杆、拉拔器和均布加载器的应用，有效保障了试验系统内腔的密封效果和模型的受力均匀，增大了试验系统的刚度和承载能力。

2. 系统结构组成

1）主体加载系统

主体加载系统主要包括主承载系统、前盖板、后盖板、基座支承系统和液压伺服加载控制系统等，如图 6.1(c)和图 6.1(d)所示。主体加载系统采用均布压力加载器。

（1）主承载系统。主承载装置主要由 5 榀承载环（厚度为 400mm）和 1 榀过渡环（厚度为 550mm）组成，各榀环之间的接合面上布置一条定位环和两条密封圈。承载环和过渡环均为"外圆内方"的钢结构整体环形框架。每榀环底部都安装一个独立的支座，支座与承载环用轴向长键定位，螺栓固定。支座坐落于承载环下方导轨上，导轨与底板固定。

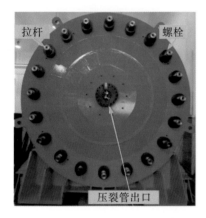

图 6.2　前盖板实物图

（2）前盖板。前盖板如图 6.2 所示，通过环向布置的 20 根水平高强拉杆与主承载装置连接，形成一个完整独立的承载系统。前盖板底座的两侧安装有伸缩油缸，通过连接座可以使前盖板打开。前盖板移开时，送样小车可以进入第一榀承载环与前盖板之间，使试验模型就位。

（3）后盖板。后盖板位于主承载系统外侧，是带有支座的圆形网格式钢结构，外部中间部位近似为圆台形，筋板呈环形和放射形布置，如图 6.3 所示。后盖板底部安装有独立的支座，支座与承载环用轴向长键定位，螺栓固定。

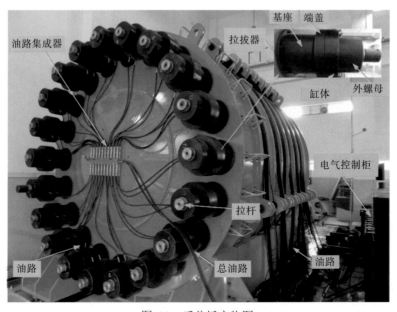

图 6.3　后盖板实物图

（4）基座支承系统。基座支承系统由承载环支座、前后盖板导轨、直线导轨的支座和底梁等组成。承载环支座坐落在底板的圆弧凹槽内，承载环与支座由定位键定位，通过螺栓固定；前、后盖板导轨均固定于基座和底板上。

（5）液压伺服加载控制系统。液压伺服加载控制系统由电液伺服控制器、72 个 6 头均布加载器、试样升降与输送装置、前盖驱动系统、电液伺服油源和电控柜 6 部分组成。控制器采用 POP-M 型工控 PC 多通道电液伺服控制器，可提供包括单通道静态试验、多通道异步加载、多通道同步加载等多种控制方式；为实现对模型试样的分层阶梯加卸载，均布加载器分层布置，目前加载控制系统共布置有可实现单独控制的 11 路油源控制通道，承载环和后承载系统由上至下依次为 1#～4#和 6#～9#油源控制通道，试验系统顶部的均布加载器由 5#油源控制通道进行控制，如图 6.4 所示。根据试验需要，可对 5#油源控制通道进行改造，从而实现垂直方向的分层独立加卸载。

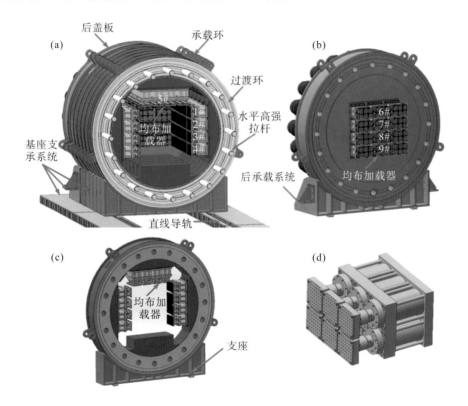

图 6.4　主承载系统示意图及均布加载器实际布置图

(a)主轴承系统；(b)后盖板；(c)承载环；(d)均布加载器

均布加载器采用单出杆双作用结构，可实现伺服控制，克服了普通千斤顶结构内部摩擦力对出力的影响和因此导致的载荷滞后现象，保证了控制系统的控制与测量精度。均布加载器均匀分布在加载框架的顶部、后部和左右两侧，实际布置如图 6.4(a)所示。传力板有沟槽的一面与加载器的加压板相对，用沉头螺钉固定。加压板的背面加工成 2mm 深的正方形沉坑，与活塞杆端头的正方形台阶配合，通过中心上的内六角螺钉与活塞杆固定在一起。活塞杆设计成正方形端头的目的是在每一个均布压力加载器 6 个活塞杆的端部套上一块有 6 个方孔的定位钢板,防止活塞往复运动时带动加压板转动,造成加压板排列不均甚至错位。

承载环内腔的左右两侧和顶部安装有均布加载器。承载环侧面的加载器自上而下分为 4 组[图 6.4(a)中的 1#、2#、3#、4#],可以对模型侧面施加 4 个阶梯形的载荷,占用 4 个控制通道;承载环顶面的加载器全部并联成一组,占用 1 个通道[图 6.4(a)中的 5#]。过渡环不安装均布加载器,主要是使设备形成一个完整的密闭内腔。加载器进出油路布置于过渡环上部两个 45°角的引出口上。在后盖板内侧对称中心位置安装 12 个 6 头均布加载器,横向 3 列,纵向 4 排。每排加载器的进出油路并连在一起形成一对进出油路,油管穿过过渡环引到外部与液压控制系统连接,占用 4 个通道,通道编号自下而上为 8#、9#、10#、11#。

2)模型制样系统

模型制样系统由试样成型压力机、模具、油缸、底座和导轨等组成(图 6.5),可制备最大尺寸为 1200mm×1200mm×2060mm 的模型试样。最大制样行程为 1600mm,最大制样载荷为 5MPa。压制模型时,导轨随油缸活塞下降,模具坐落在底座上,模具的滚轮不承受载荷。模具撤出时,导轨随油缸活塞升起,并与导轨高度一致,模具通过驱动装置移到试样成型机外部,以便添加相似材料和拆除模具的箱板;分层制作模型时,需要反复地进出和升降。

图 6.5　模型制样系统

(a)试样成型压力机;(b)试样制备模具

3)模型就位系统

模型就位系统由驱动小车、模型小车、横向导轨、纵向导轨、升降油缸及托盘等组成(图 6.6)。模型制作好后,通过驱动小车拉动模型小车沿横向导轨移动至纵向导轨上方。然后,利用垂直升降油缸和托盘托起模型小车和模型。之后将模型小车托盘顺时针旋转90°,通过驱动小车推动底板带动模型进入腔内。

图 6.6　模型就位系统

4) 泵压伺服控制系统

压伺服控制系统采用美国 ISCO 公司生产的 260D 型高精度双高压柱塞泵，该柱塞泵的容积为 266mL，最高输出压力为 51.7MPa，单泵的流速范围为 0～107mL/min，双泵同时工作时流速范围为 0～80mL/min。

5) 多通道高频数据采集系统

测试系统能测试煤岩模型的应力场、瓦斯压力场及温度场。测试通道为 240 个，其中应力场有 128 个通道，瓦斯压力场有 48 个通道，温度场有 24 个通道，声发射通道有 40 个。多通道高频数据采集系统由以下 3 部分组成。

(1) 多通道应力及应变监测系统。数据采集处理系统包括数据采集系统和传感器两大部分。数据采集系统采用 INV2366 型多功能静态应变测试系统，包含应变仪 4 台，每台应变仪有 60 个测点，可扩展至 6000 个测点，量程约为 $\pm15000\mu\varepsilon$[①]，分辨率为 $1\mu\varepsilon$，测量误差为 0.3%F.S.$\pm2\mu\varepsilon$，全部测点仅需 1s 即可完成采样。

(2) 可视化观测系统。由 3 个高清显示器、9 个远红外摄像机、5 个二氧化碳报警器等组成，能够实现内部受力状态数据采集图形显示、试验系统内腔的照明和监视，如图 6.7 所示。通过外部的录像设备可实时监控内腔在全封闭状态下关键部位的情况。

(3) 声发射实时监测系统。采用 16 通道 PCI-2 声发射系统监测模型试样中发出的波信号，从而实时地分析试样结构完整性或受损程度。满足压裂试验采用声发射三维空间定位功能的需要。

3. 试验系统的核心技术特色

1) 试验系统的密封设计

为了确保试验系统在 10MPa 三向加载应力和 3MPa 气压下的密封效果，在对试验系统整体结构进行优化设计的同时，也对模拟开挖口、管线引出口等细节方面的密封问题进行了优化完善。

---

① $1\mu\varepsilon=10^{-6}(\Delta L/L)$，$\Delta L/L$ 表示形变量与原始尺寸的比值。

图 6.7　可视化观测系统

(a)主轴承系统内部；(b)主轴承系统外部；(c)显示器

(1)试验系统的整体密封。考虑到试验系统应力加载和气压密封的需要，承载环、过渡环均设计为"外圆内方"的钢结构整体环形框架，具有很高的刚度。前反力装置、后承载系统、承载环和过渡环之间的任一接触面上均布置了一条定位环和两条密封圈(图 6.6)，通过环向布置的 20 根高强拉杆穿过预留的通孔连接，并用螺母紧固。

为避免拉杆在三向应力载荷和高气压作用下发生伸长变形，而使各接触面间产生间隙，在后承载系统外的每根拉杆端头，各配置 1 个拉拔器，在连接好螺母后，通过拉拔器对所有拉杆施加预紧力，并利用螺母来锁紧拉杆，试验期间拉杆始终保持一定预紧力，以此确保试验系统内腔的密封效果。

(2)油路和线路引出口的密封。试验系统内部有许多油路和线路需要引出，故油路和线路引出口处的密封也至关重要。试验系统的承载环和过渡环上均设计了油路和线路的专用出口，每个出口处设置有密封法兰，密封法兰由螺栓固定，液压系统的油路通过油路密封法兰(图 6.8)的油路引出孔引出，每一油路密封法兰有 12 个油路引出孔；而各种线路则通过固定在线路密封法兰(图 6.9)的密封玻璃烧结连接器引出，每一线路密封法兰有 2 个连接器出口，单个玻璃烧结连接器可连接 50 根引线，如图 6.10 所示，不需要的连接器出口可用实心密封法兰封堵。

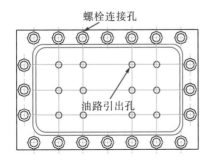

图 6.8　油路密封法兰示意图

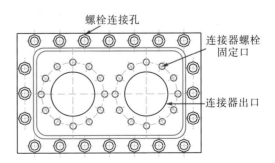

图 6.9　线路密封法兰示意图

图 6.10　玻璃烧结连接器实物图

2)均布加载器设计

均布加载器采用单出杆双作用结构，带有高精度位移传感器和油压传感器，每个均布加载器有 6 个活塞，每个活塞端头有 1 个加压板，为防止在活塞动作期间加压板发生转动而造成应力加载的不均衡，在 6 个活塞杆的端部与加压板之间布置有 1 块定位塑料板，同时可避免粉尘进入活塞。为确保对模型均布充气的效果，加载器的加压板上固定有 1 块传力板，传力板与模型试件接触一侧加工有纵横交错的沟槽，如图 6.11 所示，沟槽的宽度、深度均为 6mm，间隔 15mm，各沟槽交叉点上有直径为 5mm 的垂直通气孔。

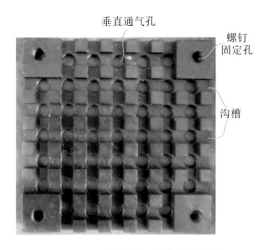

图 6.11　均布加载器传力板实物图

6.1.2　试验方案

1. 试样来源及制备

1)试样来源

经过现场调研勘查，确定坚硬顶板取样地点为山西大同塔山煤矿 8105 回风巷（图 6.12）。室内试验测得该页岩基本物理力学参数如下：抗压强度为 92.72MPa，弹性模量为 23.31GPa，泊松比为 0.17，抗拉强度为 7.34MPa；其石英含量为 67.3%，黏土矿物含量为 18.6%，脆性较强，其余组分主要为方解石、斜长石及铁白云石。

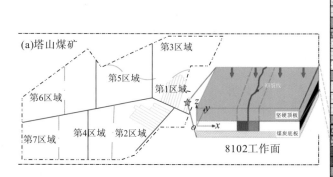

(b)柱状图

柱状	编号	岩性	埋深/m	厚度/m
	20	粉砂岩	355.85	7.7
	19	粗砂岩	363.51	5.7
	18	砾岩	369.21	3.3
	17	中砂岩	372.51	6.8
	16	粉砂岩	379.34	15.1
	15	细砂岩	394.46	5.6
	14	泥岩	400.06	5.8
	13	砾岩	405.86	3.8
	12	粉砂岩	405.86	9.1
	11	细砂岩	409.66	6.4
	10	细砂岩	414.91	3.2
	9	砾岩	430.41	4.1
	8	中砂岩	433.61	5.1
	7	中砂岩	437.61	9.5
	6	粉砂岩	442.66	5.7
	5	砂质泥岩	452.10	3.2
	4	砾岩	457.75	4.8
	3	泥岩	460.95	3.2
	2	3-5#煤层	465.72	16.8
	1	粗砂岩	485.22	3.1

图 6.12 取样地点及其上覆岩层岩性柱状图

2)试样制备

原岩试样的尺寸为 1420mm×530mm×420mm(图 6.13),用外径为 25mm 的金刚石钻头在试样中心钻 240mm 深的圆孔作井筒,井筒套管由不锈钢钢管制作,长为 630mm,外径为 20mm,内径为 8mm,用高强度 AB 树脂胶水粘牢套管和井筒壁,压裂方式为裸眼压裂,裸眼段为 30mm。压裂管顶端外刻螺纹,与压裂液高压胶管密封连接。然后,在试样中定点安放传感器。之后,在原岩试样周围浇筑相似材料,最终模型试样尺寸为 1200mm×1200mm×2060mm。相似材料选用标号为 P·Ⅰ62.5R 的#普通硅酸盐水泥以及河沙,通过测试 5 组相似材料配比试验,最终确定相似材料的理想配比为水泥:河沙:水= 1:3:0.5,物理力学参数见表 6.2。试样养护 28d,使相似材料与原岩试样的接触面充分胶凝、结合,待试样养护完成后开展水力压裂试验。

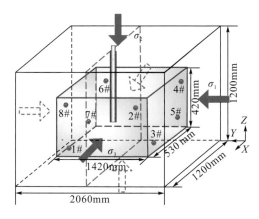

图 6.13 压裂试样及声发射探头布置示意图

表 6.2　试样物理力学参数

水泥：河沙：水(质量比)	密度/(kg/m³)	抗压强度/MPa	抗拉强度/MPa
1：3：0.5	1758	58.53	1.12

2. 试验方案及传感器布置

1)试验方案

为了研究地面压裂坚硬顶板水压裂缝起裂及扩展规律，按照定应力、变压裂液排量的试验条件，开展大尺寸真三轴坚硬顶板水力压裂模拟试验。试验运用不同的压裂液排量：30mL/min、60mL/min 及 100mL/min，压裂时间分别为 1612s、663s 和 73s，加载过程如图 6.14 和图 6.15 所示。具体加载过程如下。

(1)加载阶段(赵益忠等，2007；衡帅等，2014，2015；李芷等，2015)分 10 级，最大水平主应力每级 0.65MPa、最小水平主应力每级 0.57MPa、垂直应力每级 0.36MPa 同步将模型的三向应力分别加载至 6.5MPa、5.7MPa、3.6MPa，每级加载时间及加载后的稳压时间均设定为 4min。

(2)为减少噪声信号，待应力加载稳定 19min 后，通过压裂管向试样中泵注压裂液，直至压裂试样表面有压裂液流出，停止试验，整个压裂时间持续了 39min。

(3)水力压裂结束，稳压 4min 后再同步将模型试样的三向应力卸除，应力卸载时间设定为 7min。

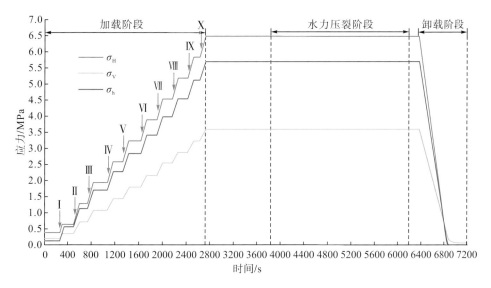

图 6.14　应力加卸载过程

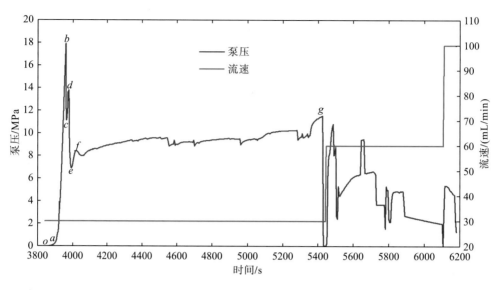

图 6.15 泵压-时间曲线

2) 传感器布置

(1) 声发射探头布置。压裂过程中裂缝的起裂和扩展大多发生在坚硬顶板砂岩内部，为了了解和认识裂缝扩展的动态过程，采用了声发射监测系统。图 6.13 为坚硬顶板砂岩声发射探头布置图，采用 8 个声发射探头，每 2 个一组分布在前、后、左、右 4 个面上。

(2) 土压力盒布置。原岩试样上按照图 6.16 布置土压力盒，共布置 32 个传感器(即布置 32 个应变测点)。

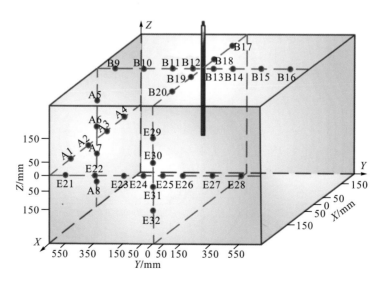

图 6.16 应变测点布置示意图

6.1.3　地面压裂坚硬顶板砂岩水压裂缝扩展规律

1. 声发射与泵压曲线特征

为了全面地了解坚硬顶板压裂时裂缝的扩展过程，将泵压数据与声发射数据结合。图 6.17 显示了坚硬顶板砂岩试样在压裂过程中的泵压变化和声发射能量变化。恒定围压下泵压曲线可以分为 4 个阶段。在图 6.17 中，第 I 阶段是缓慢增长阶段($o\sim a$ 阶段)，由于压裂管底部裸压裂距离(30mm)内的渗透，泵压缓慢增加，在此期间极少有声发射活动。第 II 阶段为急剧上升阶段($a\sim b$ 阶段)，泵压随着注入流体(淡水)的连续泵入样品而急速增加至 b 点为 17.93MPa，在此期间声发射活动频度不高，仅有少量低能级声发射事件出现。

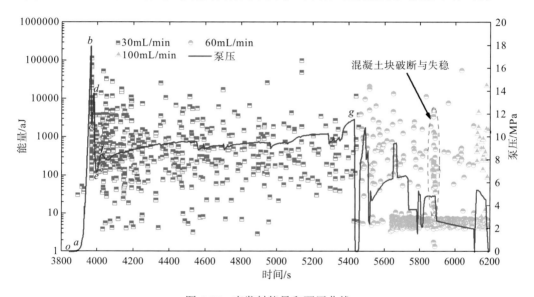

图 6.17　声发射能量和泵压曲线

第 III 阶段为起裂扩展段($b\sim e$ 阶段)，当泵压达到 b 点时，达到临界起裂压力，裂缝开始启动和扩展。在图 6.18 中，$b\sim d$ 阶段表示水力裂缝在原岩内持续扩展，d 点表示裂缝到达界面，$d\sim e$ 阶段表明裂缝沿界面扩展。在第 III 阶段有 2 个泵压峰降。$b\sim c$ 阶段压裂液充满新裂缝导致泵压急剧下降，从 17.93MPa 降至 11.83MPa。$c\sim d$ 阶段，裂隙继续扩展，泵压从 11.83MPa 升至 13.80MPa。$d\sim e$ 阶段，泵压从 13.80MPa 降至 6.92MPa。$e\sim f$ 阶段表明，当裂缝扩展到某个位置时，不再沿界面扩展，而是因界面摩擦和复合压力而形成一个封闭空间，导致泵压再次增加。第 III 阶段，声发射事件能级很高($1.4\times10^{2}\sim 1.18\times10^{5}$aJ)，且呈簇状分布，表明微裂隙聚集成核变成宏观裂缝，即将贯通试样。第 IV 阶段是锯齿状波动阶段($f\sim g$ 阶段)，注入压裂液与滤失压裂液动态平衡，泵压曲线呈锯齿状波动，维持在 $7.99\sim11.56$MPa。

为了验证渗漏通道是否完全形成，在 5387s 后又进行了二次压裂(泵压变化如图 6.15 所示)。第二次到第四次压裂的泵压主要在 $1.58\sim10.8$MPa 波动，最大泵压值明显小于变排量前的泵压峰值，这个过程是泵压撑开原水压裂缝的过程。6180s 时观测到已经漏水

（图 6.18），说明试验完成。第二次到第三次压裂，不仅频繁出现 $10^2 \sim 10^5 \text{aJ}$ 高数量级的声发射能量点，也会出现大量 $0 \sim 10^1 \text{aJ}$ 低数量级的声发射能量点（从 5635s 开始），这是由于贯穿裂隙破坏了试样内部的稳定性，加剧了摩擦，以致低能量的声发射能量点急剧增多且保持稳定的范围。5867s 时，混凝土块失稳破断，产生了大量的高能级声发射能量点，这是导致 6180s 时观测到漏水的原因。

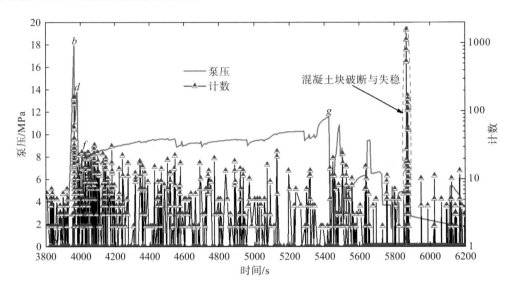

图 6.18　水力压裂过程中的声发射计数和泵压曲线

　　整个试验过程中声发射计数不仅在水压裂缝形成过程发生突变，在水压裂缝撑开过程中的突变现象也很明显，可知压裂液进入裂缝及渗流过程中也会出现声发射现象（图 6.18）。声发射计数以水压裂缝起裂时最多，泵压波动和声发射计数的突变相对应，泵压为 17.93MPa 对应着第一次水力压裂过程的声发射计数峰值。5867s 时，声发射计数远大于试样压开过程的声发射计数，但对应的声发射能量却并不高，这是由于混凝土块破断产生的低数量级声发射能量。

2. 应力与泵压曲线特征

　　根据设定的坐标原点和坐标轴 X、Y、Z 方向，对 A、B、E 面的土压力盒进行编号（A 面 A1～A8 号、B 面 B9～B20 号、E 面 E21～E32 号），如图 6.16 所示。在未施加载荷的情况下，应力变化很小，在应力加卸载过程中，应力与泵压呈近似线性关系，模型试样内部以弹性变形为主（以 A 面为例，如图 6.19 所示）。

　　图 6.20 为水力压裂阶段各有效测点应力演化规律。第 I 阶段到第 III 阶段，A、B 和 E 面测点应力曲线比较平缓，与泵压无对应关系。究其原因为高压水虽然具有一定的膨胀作用，对试样产生了挤压作用，但作用较小，故各测点应力突变程度较小。在第 IV 阶段，大部分测点的应力变化趋势与泵压曲线正相关或负相关。其中，A 面的测点（A1、A2、A4、A5、A6 及 A8）、B 面的测点（B11、B12、B14 及 B15）及 E 面的测点（E24、E25 及 E26）应力曲线与泵压曲线呈负相关关系，测点 B12、B14、E24 及 E25 增大尤为明显；E30、

E31 及 E32 应力曲线与泵压曲线呈正相关关系，尤其是在泵压曲线波动较大时各测点应力变化较为明显；B10、E21、E22、E27 及 E28 应力曲线比较平缓，与泵压曲线无对应关系，说明水压裂缝并未扩展到这些测点所在区域。各测点应力曲线间接反映了水压裂缝扩展范围（图 6.20）。在第Ⅳ阶段，泵压及应力曲线呈锯齿状波动。这表明或者形成了大的水压裂缝，或者由于天然弱面的存在，样品具有很强的不均匀性。试验结束后，主水压裂缝是泵压及应力曲线产生波动的主要原因。第Ⅳ阶段，高压水的挤压作用造成模型内部破断产生错动，改变了岩层间的应力分布，引起交界面压力变化不均，加速试样内部的破坏，导致不同测点应力曲线变化趋势不同。

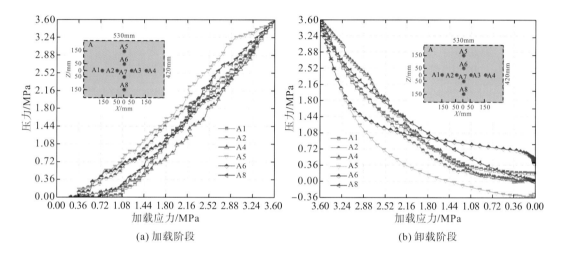

图 6.19　加卸载阶段 A 面测点应力曲线

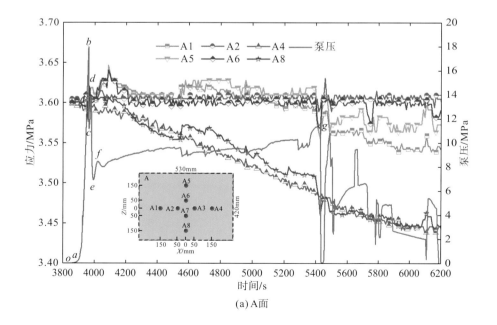

(a) A面

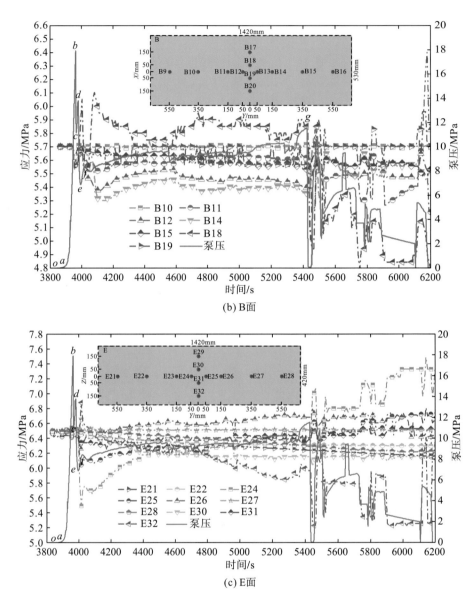

图 6.20　A、B、E 面各有效土压力盒测得应力及泵压曲线

3. 水压裂缝扩展及形态分析

与泵压曲线的 4 个阶段相对应，水力压裂扩缝过程分为 4 个阶段：第 I 阶段 [图 6.21(a)] 声发射事件零星分布，所产生声发射事件很少可以忽略不计。第 II 阶段 [图 6.21(b)] 声发射事件主要沿试样中部的井眼留孔位置呈团簇状分布，微破裂主要在井筒附近零散萌生。第 III 阶段声发射事件在井眼留孔位置变得密集，并向试样顶面和后面扩散，呈带状分布 [图 6.21(c)]，本阶段裂隙最终到达试样表面，宏观主裂缝形成。第 IV 阶段对应 5445s 的声发射三维图 [图 6.21(d)]，低泵压即可维持裂缝开启，声发射定位点稀疏分布。

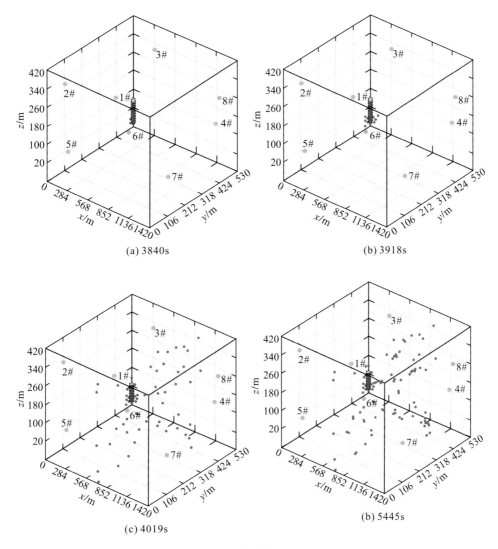

图 6.21 三维声发射监测动态演化图

声发射事件分布反映了材料渐进损伤演化的过程，可以揭示试样内部裂缝演化过程。声发射定位结果表明，声发射沿着主裂缝周围空间分布范围广泛，水压裂缝改造范围大。图 6.21 和图 6.22 表明裂缝几何形状与声发射监测结果相关性良好，试样在压裂后形成由垂向裂缝和水平分支裂缝组成的裂缝网络。膨胀方式与 Chen (2008) 总结的"主裂缝多分支膨胀方式"基本相同。试样的水压裂缝也从裸眼沿水平延伸一定距离，受构造应力机制和天然弱面的影响，在主水平裂缝两侧形成新的裂缝，一条向上偏右发展直至贯通试样顶面，另一条从注水孔直接向右发展贯通试样右面。

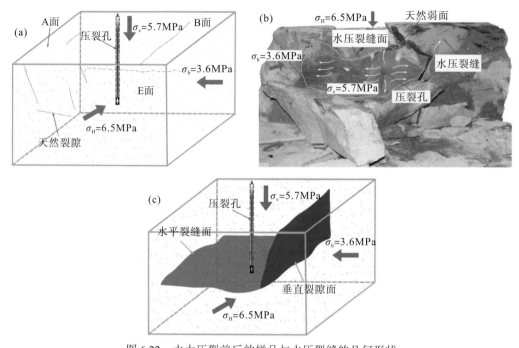

图 6.22　水力压裂前后的样品与水压裂缝的几何形状

(a)水力压裂前样品草图；(b)水力压裂后样品实物照片；(c)水压裂缝几何形状三维草图

对比泵压曲线、应力曲线、声发射监测信息和压裂后试样的裂缝形态可知，泵压峰值后陡然产生的较大落差显示了起裂瞬间较强的能量释放，声发射监测到的事件数也相对较多。而在裂缝延伸阶段(未穿透试样表面)，高能级声发射活动趋于稳定，大范围水压裂缝在此时产生。

对坚硬顶板砂岩样品进行了大型真三轴水力压裂模拟试验，得到了压裂前后声发射和应力的分布和变化，以及水压裂缝的扩展规律，体现了水力压裂坚硬顶板形成大范围水压裂缝的特点。试验验证了新研制的压裂模拟装置的性能和可靠性，其研究结果可为地面压裂弱化高位坚硬岩层等提供有力的技术支持。

6.2　坚硬顶板大型真三轴水力压裂试验研究

6.2.1　坚硬顶板岩石力学性质

1. 坚硬顶板单轴压缩及拉伸特征分析

在塔山煤矿 8216 工作面、同忻煤矿 8203 工作面，进行了地面全程取心钻孔，并在 8216 工作面所取岩心中采集试样(图 6.23)，加工成标准试件后(图 6.24)，开展了密度测试、单向拉伸、单轴压缩、三轴压缩和渗流等试验，得到了密度、抗拉强度、抗压强度、弹性模量、泊松比、渗透率等物理力学参数，为本书的相关研究提供了基础数据。试验结果见表 6.3～表 6.5。

图 6.23 岩心

(a)

(b)

图 6.24 试验标准试件

(a) 细粒砂岩；(b) 泥岩

表 6.3 密度测试结果

| 试件岩性 | 试件编号 | 尺寸/mm | | 质量/g | 密度/(kg/m³) | 平均密度/(kg/m³) |
		直径	高度			
细砂岩	1-1	50.88	101.18	552.59	2686.11	
	1-2	51.08	100.30	538.06	2617.81	2654.20
	1-3	50.16	93.74	492.49	2658.69	
粗砂岩	2-1	51.08	100.90	529.66	2561.62	
	2-2	51.36	99.12	539.08	2625.14	2587.32
	2-3	51.64	101.46	547.23	2575.21	
中砂岩	3-1	50.76	99.92	527.43	2608.43	
	3-2	51.28	20.12	109.35	2631.51	2610.58
	3-3	50.78	100.88	529.52	2591.80	
泥岩	4-1	51.00	54.70	285.73	2557.04	
	4-2	50.32	24.42	121.88	2509.66	2525.08
	4-3	50.80	21.10	107.28	2508.53	
砂质泥岩	5-1	49.96	19.92	97.18	2488.59	
	5-2	50.70	18.20	89.59	2438.27	2477.19
	5-3	51.08	82.10	421.4	2504.72	

表 6.4 单轴压缩试验测试结果

| 试件岩性 | 试件编号 | 尺寸/mm | | 破坏载荷/kN | 强度极限/MPa | 弹性模量/MPa | 泊松比 |
		直径	高度				
细砂岩	1-1L	96.24	51.16	167.96	81.71	12463.70	0.167
	1-2L	87.36	51.68	155.58	74.17	12314.50	0.188
	1-3L	100.38	51.88	160.84	76.08	12989.70	0.190
	平均值			161.46	77.32	12589.30	0.18
粗砂岩	2-1L	100.42	51.02	116.90	57.18	10671.90	0.208
	2-2L	100.60	50.84	111.68	55.01	12457.80	0.199
	2-3L	88.56	51.74	122.30	58.17	9580.40	0.206
	平均值			124.19	60.03	11428.37	0.18
中砂岩	3-1L	101.10	51.46	126.08	60.62	11705.60	0.204
	3-2L	91.20	51.30	152.60	73.83	12815.80	0.201
	3-3L	99.72	50.22	150.37	75.91	12443.70	0.184
	平均值			143.02	70.12	12321.70	0.20
泥岩	4-1L	85.86	46.60	61.79	36.23	7498.20	0.227
	4-2L	84.74	46.70	55.18	32.22	6912.80	0.239
	4-3L	93.00	47.86	74.67	41.51	7740.20	0.220
	平均值			63.88	36.65	7383.73	0.23
砂质泥岩	5-1L	87.56	51.98	128.69	60.64	9615.20	0.198
	5-2L	96.20	49.90	127.55	65.22	6854.90	0.225
	5-3L	98.58	51.96	143.99	67.91	11155.40	0.210
	平均值			133.41	64.59	9208.50	0.211

表 6.5 单向拉伸试验测试结果

| 试件岩性 | 试件编号 | 尺寸/mm | | 最大压力/kN | 抗拉强度/MPa |
		直径	高度		
细砂岩	1-a	51.96	20.24	16.91	10.24
	1-b	48.06	17.92	14.86	10.98
	1-c	51.68	20.08	21.15	12.98
	平均值			17.64	11.40
粗砂岩	2-a	51.24	18.02	7.56	5.21
	2-b	51.42	20.84	9.58	5.69
	2-c	51.22	21.32	10.03	5.85
	平均值			9.06	5.58
中砂岩	3-a	52.02	18.92	12.86	8.32
	3-b	51.58	20.88	11.34	6.70
	3-c	51.18	19.98	14.56	9.07
	平均值			12.92	8.03
泥岩	4-a	51.98	19.24	6.02	3.83
	4-b	51.91	20.84	4.22	2.48
	4-c	49.60	19.72	5.42	3.52
	平均值			5.22	3.28
砂质泥岩	5-a	51.00	25.20	9.87	4.89
	5-b	51.08	23.08	9.49	5.13
	5-c	52.04	19.20	7.56	4.82
	平均值			8.97	4.95

部分试验测试曲线如图 6.25 所示。

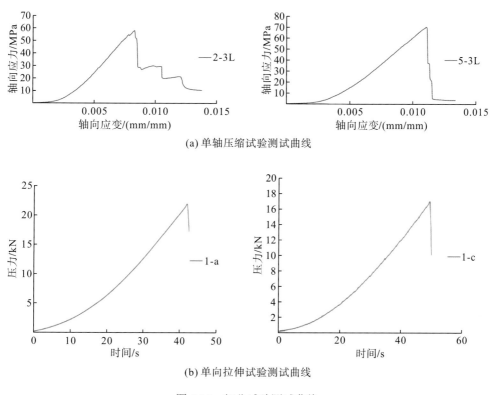

(a) 单轴压缩试验测试曲线

(b) 单向拉伸试验测试曲线

图 6.25　部分试验测试曲线

通过坚硬顶板的物理力学测试结果可以发现，坚硬顶板中砂岩层的密度大、强度高、渗透性差，属于典型的坚硬顶板岩层，易引发强矿压显现。

2. 坚硬顶板砂岩的渗透率

渗透率是反映岩石、土壤本身传导液体能力的参数，用来表达渗透性的大小，其大小与孔隙度、孔隙结构、颗粒大小以及排列方向等因素有关。岩石由孔隙和骨架组成，而其中的孔隙是流体通过的唯一渠道，所以岩石的孔隙特性是渗透特性的根本。达西定律是常规测试岩石渗透率的基本原理，常用的方法有变水头法、气测法和压汞法。针对低渗透性、水敏性材料则必须用气体渗透率仪器测试材料的渗透率。本次坚硬顶板砂岩渗透率测试采用美国 MTS 公司生产的 MTS815 岩石材料力学试验机。

1) MTS 岩石力学试验系统渗透试验原理

MTS 岩石力学试验系统渗透试验原理如图 6.26 所示。测试目的是研究在轴压、围压、孔隙压力作用下不同节理岩石的渗透性变化规律。在试件的上下端各有一块透水板，透水板是具有许多均匀分布的小孔的钢板，其作用是使水压均匀地作用于整个试件，在上渗透板的上部为上端水压，下渗透板的下部为下端水压，其中心各开有一竖向小孔，这是水流动的通道。本试验测定渗透率采用瞬态法,其基本原理是:先施加一定的轴压,围压和孔隙水压在试件两端形成渗透压差 ΔP,从而使水体通过试件产生渗流。

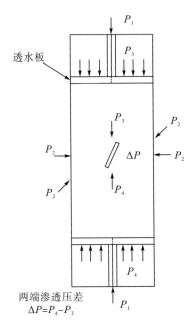

图 6.26 MTS 岩石力学试验系统渗透试验原理示意图

注:P_1 为轴向压力;P_2 为围压;P_3 为试件上端水压力;P_4 为试件下端水压力;ΔP 为两端渗透压差。

根据试验过程中计算机自动采集的数据,可按下式计算岩石渗透率:

$$k = \frac{\mu \beta V L}{2A} \times \frac{\lg\left(\dfrac{P_1}{P_f}\right)}{t_f - t_1} \tag{6.1}$$

式中,μ 为动力黏度系数,Pa·s;β 为体积压缩系数,Pa^{-1};V 为流经试件的流体体积,m^3;A、L 分别为试件截面积(cm^2)与高度(cm);t_1、t_f 分别为试验起始时间和终止时间;P_1、P_f 为试验起始、终止孔隙压力,Pa。

2)试验设备和岩样制备

试验设备采用美国 MTS 公司生产的 MTS815 岩石材料力学试验机(图 6.27),该试验机主要用于测试高强度高性能固体材料在复杂应力条件下的力学性质以及渗流性质。可以进行岩石的单轴压缩试验、抗拉试验、三轴压缩试验、循环压缩试验、蠕变试验、渗透性试验。围压最大为 80MPa,轴向最大加载载荷为 2800kN,孔隙压力最大为 80MPa,温度最高为 200℃。测试精度高、性能稳定,可以进行高低速数据采集,采用力、位移、轴向应变、横向应变等控制方式。

图 6.27　重庆大学 MTS815 岩石材料力学试验机

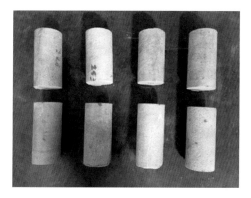

图 6.28　岩样照片

影响岩样渗透系数的因素很多，诸如岩样的种类、孔隙度、成分及温度等。因此为准确测得岩样的渗透系数，就应尽力保持岩样的原始状态，并尽量消除人为因素的影响。选取较完整的坚硬顶板砂岩试样共 8 个(图 6.28)，岩样物理参数及试验条件见表 6.6。根据 MTS815 岩石材料力学试验机渗透率测试过程及计算方法，可求得坚硬顶板砂岩的渗透率。

表 6.6　岩样物理参数及试验条件

岩样编号	直径/mm	高/mm	体积/mm³	围压/MPa	孔隙压力/MPa
G-1	50.07	100.03	196.85	5	2.31
G-2	50.54	98.76	197.24	5	2.63
G-3	49.53	98.99	190.63	5	2.85
G-4	49.74	99.28	192.81	5	2.22
G-5	51.32	100.46	207.69	5	2.52
G-6	50.25	101.27	200.73	5	2.25
G-7	50.36	102.57	204.20	5	2.12
G-8	49.88	101.49	198.22	5	3.42

3. 试验过程

(1)试件通过钻取岩样、切割、打磨而成，试样为圆柱形，直径 D=50mm，高度 H=100mm，在进行渗透试验前必须预先使试件充分饱和。试件不饱和或饱和程度不够，会造成渗流过程不畅。用药棉蘸取过氧化氢把岩样、压头和透水板擦拭干净。

(2)沿压头、透水板和透水板的圆柱面自下而上螺旋状缠绕一层塑料绝缘带。

(3)剪下一段热缩塑料套，套住岩样、透水板和上下压头，用功率为 750W 的电动吹风机均匀烘烤塑料套，使塑料套和绝缘带良好地贴合。注意排出空气，不要留下气泡。试验时密封良好，确保油不能从防护套和试件间隙渗漏，然后置于加载架上进行试验。

（4）设定孔隙水压和围压，轴向增加载荷直到破坏。注意使围压比孔隙水压高，防止塑料套被撑破。

（5）试验时，先加围压力，再加渗透压力，最后加轴向压力。试验过程中，通过进水装置给试样顶部施加渗透压力。在垂直加载过程中，岩石的微裂隙和孔隙不断发生变化，与此同时进入试样中的水量也不断改变，为模拟水力作用下岩体的实际受力情况，通过MTS 的孔隙水伺服装置给试样施加恒定的水压力。试验自动记录渗透压力和围压条件下试样在轴向压力下的轴向变形、横向变形及渗透水量。

（6）随时间的变化，依据测读出的每一级轴向压力差，可以计算出岩石的渗透率。

4. 试验数据处理

各个岩样压差随时间的变化如图 6.29 所示，由式（6.1）可以算出各个试件的渗透率，见表 6.7。

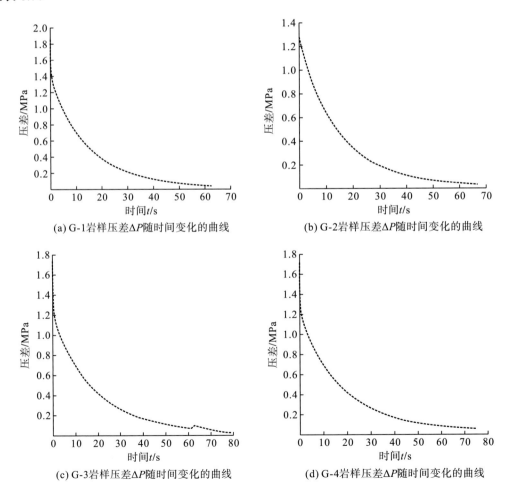

(a) G-1岩样压差ΔP随时间变化的曲线　　　　(b) G-2岩样压差ΔP随时间变化的曲线

(c) G-3岩样压差ΔP随时间变化的曲线　　　　(d) G-4岩样压差ΔP随时间变化的曲线

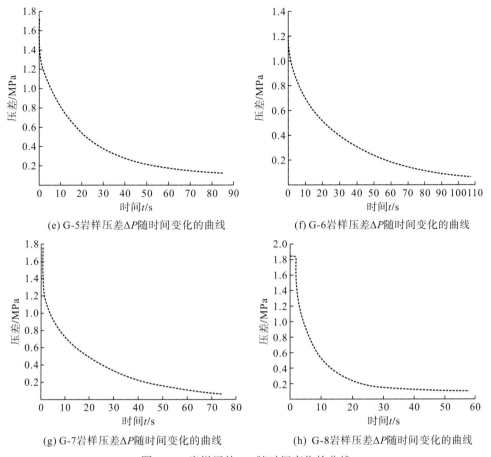

(e) G-5岩样压差ΔP随时间变化的曲线　　　　　(f) G-6岩样压差ΔP随时间变化的曲线

(g) G-7岩样压差ΔP随时间变化的曲线　　　　　(h) G-8岩样压差ΔP随时间变化的曲线

图 6.29　岩样压差 ΔP 随时间变化的曲线

表 6.7　岩样渗透率

岩样	测试时间/s	渗透率/D
G-1	63	0.000160
G-2	66	0.000158
G-3	107	0.000131
G-4	74	0.000136
G-5	85	0.000102
G-6	107	0.000075
G-7	74	0.000109
G-8	58	0.000122

注：$1D=0.986923\times10^{-12}m^2$。

　　由表 6.7 可知，坚硬顶板砂岩平均渗透率为 0.000124D；坚硬顶板砂岩试样的渗透率普遍较低，但孔隙度差异则不明显；取心坚硬顶板砂岩试样中 G-1 岩样与 G-2 岩样均有一微小竖向裂隙，其测得的渗透率也最高。

　　由以上分析可知，影响坚硬顶板砂岩渗透率的主要因素是其孔隙度、裂隙及微裂隙发育状况，其中裂隙和微裂隙的贯通与否对其渗透性影响最大。

6.2.2 大型真三轴水力压裂坚硬顶板试验研究

1. 室内水力压裂试验系统设计基本原理

1) 相似现象与相似定理

本试验中相似理论的应用属于连续介质力学的范围，而且属于同类现象的相似问题。现取 N 个性质相同的现象，其中每个现象都是由下列变量构成：

$$x_{1\beta}, x_{2\beta}, \cdots, x_{n\beta}, \quad \beta = 1, 2, \cdots, N \tag{6.2}$$

设前面 k 个量为自变量，后 $m = N - k$ 个量为因变量，假定这些量的变化满足完整方程组。

$$D_i\left(x_{1\beta}, x_{2\beta}, \cdots, x_{n\beta}\right) = 0, \quad i = 1, 2, \cdots, m \tag{6.3}$$

并设其中第 i 个方程由 z_i 项相加组成，其中每一项都是由变量 $x_1, x_2, \cdots, x_n$ 中的全部或一部分变量的幂积以及因变量 $x_{k+1}, x_{k+2}, \cdots, x_n$ 对自变量 $x_1, x_2, \cdots, x_n$ 的各阶导数的幂积组成的。

对应于下标 $\beta = 1$ 的现象称为起始现象或现象组中的原型。

现象相似至少应发生在线性几何相似的域中，而且各同名物理量相似。同名物理量相似可以表述为

$$x_{\alpha\beta} = c_{\alpha\beta} x_{\alpha 1}, \quad \alpha = 1, 2, \cdots, n, \quad \beta = 1, 2, \cdots, N \tag{6.4}$$

$$\frac{x_{\alpha\beta}}{x_{\alpha\beta_0}} = \frac{x_{\alpha 1}}{x_{\alpha 10}}, \quad \alpha = 1, 2, \cdots, n, \quad \beta = 1, 2, \cdots, N \tag{6.5}$$

式中，$c_{1\beta}, c_{2\beta}, \cdots, c_{n\beta}$ 为无量纲纯量，称为相似比例系数；$x_{1\beta_0}, x_{2\beta_0}, \cdots, x_{n\beta_0}$ 为第 β 个现象中与 $x_{1\beta}, x_{2\beta}, \cdots, x_{n\beta}$ 同性质的常量集。

当存在以上两个关系式时，所取的 N 个性质相同，被完整方程组所确定的现象，就成了相似现象。关于同类性质现象相似定义也可用文字描述为：如果同类现象的各物理量相似，并且这些物理量满足同样的完整方程组，则这些方程组所确定的性质相同的现象称为同类相似现象。综上所述，遵循同一物理方程的现象称为同类现象，两个同类现象对应的物理量成比例称为相似现象。

相似定理赖以存在的基础是：物理量的变化受制于主宰现象的各个客观规律，没有任意变化的自由；物理量的大小也是客观存在的，与所采用的测量单位的大小无关；更进一步，表征现象各物理量变化的客观规律的数学表达式，即方程，也不应因测量单位制的选择而变化。

相似模拟试验是在实验室利用相似材料，以现场为地质原型，按照相似理论和相似准则，制作与现场相似的模型，然后进行水力压裂。

模型试验的相似原理是指模型上重现的物理现象应与原型相似，即要求模型材料、模型形状和载荷等均遵循一定的规律。

相似模拟必须遵循三大基本定理。

第一定理：相似准数不变，相似指标为 1。

第二定理：现象的物理方程可变成相似准数组成的综合方程，现象相同，其综合方程必须相同。

第三定理：在几何相似系统中，具有相同文字关系方程式，单值条件相似，且有单值条件组成的相似准数相等，则两现象相似。

三定理具体地说就是满足单值条件的相似，以及几何条件、物理条件、边界条件、初始条件和时间相似。

相似模拟试验以相似理论为基础，要求模型与原型各物理量之间组成的相似准则不变，相似指标为 1。对于由岩层自重形成的原岩应力场，要求模型与原型的牛顿准则不变，即模型与原型必须满足几何相似、物理相似、时间相似和边界条件相似。模型要用和原型力学性质相似的材料，按照一定的几何比例模拟岩层、煤层，在满足边界条件相似的初始条件下进行开采，可在相应时间内造成相似的现象。

2) 水力压裂物理模拟试验方法

物理模型是用与原型(岩体或其他人工结构等)力学性质相似或相同的材料按几何相似常数缩制成的模型。在模型上模拟各类工程问题，以观察与研究工程围岩内的变形与破坏等现象。物理模型包括两种，一种是定性模型，主要用于定性判断原型中发生某种现象的本质和机理。在这种模型中，不要求严格遵循各种相似关系，只需要满足主要的相似常数。另一种是定量模型，在这种模型中，要求主要的物理量都尽量满足相似常数与相似指标。本书采用大型室内水力压裂模拟试验的主要目的是分析坚硬顶板水力压裂过程中水压裂缝的形成过程、水压裂缝分布及水压裂缝表面形态特征，探索坚硬顶板水力压裂弱化机理，试验过程中需要考虑现场原型和试验模型之间的相似性，否则会削弱模拟试验的价值和可信度。

本次水力压裂物理模拟试验的主要相似现象为岩体水力压裂现象、裂缝扩展现象。影响岩体水力压裂和裂缝扩展的主要因素有：①压裂地层岩体特征，主要包括岩石的基本性质、裂隙及层理面发育状况、压裂影响岩体区域等；②压裂地层应力，包括真实地层地应力分布、地应力差异系数等；③压裂液种类、性质及其泵注模式；④井筒模拟条件，包括井筒方向、位置等。可以将以上坚硬顶板水力压裂试验的主要影响因素归结如下。

(1) 几何尺度。本次坚硬顶板物理模拟试验综合考虑现场压裂坚硬顶板地质条件的复杂性和室内试验设备试验条件，选择 1420mm×530mm×420mm 的大尺寸坚硬顶板原岩试样作为物理模拟试验原岩试样，保证了室内水力压裂过程中裂缝有充足的萌生、扩展空间，试件中心模拟井眼套管尺寸为 20mm(直径)，目标压裂区块套管尺寸为 139mm，几何相似系数 $C_r=7$。

(2) 物理参数。为使得坚硬顶板的物理力学参数、地应力状况等与室内压裂岩样具有一致的性质，如密度、黏聚力、内摩擦角、弹性模量、泊松比、重力加速度、应力等，特采用与坚硬顶板同层位坚硬岩层的原岩试样，保证了与地层坚硬顶板物理性质的一致性，并通过真三轴三向加载系统，达到了模拟地层地应力的要求，因取回的原岩不规则且外形尺寸较大，故在处理之后，为使整个试样的外形尺寸达到 2060mm×1200mm×1200mm，方案采用混凝土浇筑的方法制作垫块，混凝土的强度等参数按照坚硬岩层上下层岩层物理参数进行配比。

(3)压裂参数。引入泵压系统，可以对压裂液泵注过程实行按排量或压力的伺服控制泵注压裂液(清水)，满足模拟实际水力压裂过程中压裂液泵注的要求。

以上各影响因素涉及压裂物理模型的几何条件、边界条件的问题：如果裂缝的起裂、扩展范围远远超过了模型几何空间尺寸，则压裂物理模型无法反映真实的地层压裂状况。所以本书选择可模拟真实地应力条件下含多组层理弱面、天然裂隙的坚硬顶板原岩作为压裂模型，解决了模拟压裂过程中与实际地层压裂在岩石材料、层理弱面、天然裂隙发育状况等方面难以进行相似模拟的难题。

此外，在水力压裂过程中，随着裂缝的起裂与扩展，压裂液(清水)与地层岩体之间形成一个二维的温度交换场；裂缝的张开和压裂液(清水)的滤失会造成压裂液(清水)的体积变化，即压裂液(清水)的体积滤失率变化，这些都会在一定程度上影响压裂效果，但由于对其影响的认知难以统一，因此本次物理模拟试验中并未考虑上述现象。

2. 模型构建

1)相似材料的组成

相似材料混合物包括两种原料：骨料和胶结物。本试验考虑模型的强度很高，故骨料选用砂子，胶结物选用水泥，进行大量不同配比的试块强度测试后，选定合适的配比制作原岩试件上下层位岩层的相似材料。模型各岩层参数选取时，以岩石单向抗压强度为主要相似物理量，同时要求其他各物理量近似相似。

2)相似模拟比例确定

根据模型与原型矿井地质柱状图上各岩层的物理力学性质及相似比换算出模拟材料的重力密度、抗压强度，逐层选取材料配比，在室内结合试验进行相似模拟材料的配比测试。

根据工程地质调查，考虑岩体类材料受节理、裂隙等影响造成材料宏观上的不连续性，对实验室测定的岩石力学特性参数取 0.8 的弱化系数，确定了模型材料的力学参数。岩层物理力学参数见表 6.8。

表 6.8　岩层物理力学参数

岩性	厚度 /m	密度 /(kg/m³)	抗压强度 /MPa	抗拉强度 /MPa	弹性模量 /GPa	内聚力 /MPa	内摩擦角 /(°)	泊松比
中粒砂岩	9.8	2534	59.3	10.5	21.5	10.2	31	0.17

本书选择混凝土结构的相似试件。在制作过程中，主要考虑混凝土试件的强度。影响混凝土强度的因素包括水泥强度等级和水灰比、集料、养护温度及湿度、龄期、施工方法等，其中，水灰比是影响混凝土强度的决定性因素之一。试验证明，在相同配合比情况下，所用水泥强度等级越高，混凝土的强度越高；在水泥品种、标号不变时，混凝土的强度随着水灰比的增大而有规律地降低。本书采用鲍罗米强度经验公式对水灰比进行估算，其基本公式如下：

$$f_{cu} = \alpha_a f_{ce} \left(\frac{c}{W} - \alpha_b \right) \tag{6.6}$$

式中，f_{cu} 为混凝土 28d 龄期的抗压强度，MPa；α_a、α_b 为回归系数，应按工程所使用的水泥和集料，通过建立的水灰比与混凝土强度的关系式来确定；f_{ce} 为水泥 28d 龄期的抗压强度实测值，MPa；c 为 1m³ 混凝土的水泥用量，kg；W 为 1m³ 混凝土的用水量，kg。

已知所需试件强度混凝土 28d 龄期的抗压强度 f_{cu}、水泥强度 f_{ce}，并查阅相关回归系数，通过公式可以推算出试验所需的水灰比。通过多次试验及参考文献中所用水灰比，最终确定水泥、细河沙及水的配比，具体配比见表 6.9。完成后对其物理力学参数进行测试。

表 6.9　相似模拟试验相似配比表

编号	厚度/m	水泥：细河沙	水灰比	水泥量/kg	沙量/kg	水量/kg	水泥标号
1	0.39	1：3	0.5	452.4	1357.2	226.2	P·Ⅰ 62.5R
2	0.42	1：3	0.5	487.2	1461.6	243.6	P·Ⅰ 62.5R
3	0.39	1：3	0.5	452.4	1357.2	226.2	P·Ⅰ 62.5R
合计	1.2			1392	4176	696	

3）模型制作工艺过程

（1）模型设计。模型设计包括根据矿井地质柱状图、岩石物理力学性质等有关地质采矿资料确定与研究对象和研究任务相适应的模型几何比和重度比，拟定模型铺设、观测和开采方案。

根据确定的材料比例，计算模型各分层材料质量：

$$Q = LBMK \tag{6.7}$$

式中，Q 为模型各分层材料质量，kg；L 为模型长度，m；B 为模型宽度，m；M 为模型分层厚度，m；K 为材料损失系数。

每一分层中各种材料的质量按确定的比例进行计算，加水量和缓凝剂与配比试验时一致。

（2）模型的边界条件。模型的四周和底板用槽钢约束，垂直应力 $\sigma_{v0} = 5.7$MPa，最大水平主应力 $\sigma_{H0} = 6.45$MPa，最小水平主应力 $\sigma_{h0} = 3.6$MPa。

3. 水力压裂试验系统设计

根据室内坚硬顶板水力压裂物理模拟试验分析的要求，室内大型水力压裂系统必须具备大尺寸真三轴加载试验功能、伺服控制泵压系统。此外，为准确评价室内大型水力压裂效果，须参考现场水力压裂实时监测与评价的微地震监测或测斜仪监测等手段，建立适用于室内水力压裂实时监测压裂过程的监测系统。

目前，声发射监测是一种用于监测材料损伤、破裂现象的先进技术，与邻井微地震监测地层压裂原理相同，可以实现对材料损伤、破裂区域的三维定位，能够达到室内物理模拟试验裂缝实时监测的要求。因此，本书所设计的室内大型水力压裂模拟监测系统除了包含微震监测系统，还引进了声发射三维定位实时监测系统，以便对压裂效果评价提供可靠依据。为准确获得压裂后裂缝的空间形态分布，还使用了大尺寸坚硬顶板试样三维激光扫描仪及 CT 扫描仪器，以便获得直观、真实的压裂缝空间形态。

综上所述，水力压裂物理模拟试验系统主要由 3 部分组成：大型真三轴伺服加载系统、泵压系统、水力压裂实时监测系统(声发射、微震三维定位实时监测系统)等。

1)声发射三维定位实时监测系统

材料中局域源快速释放能量产生瞬态弹性波的现象称为声发射(AE)。声发射是一种常见的物理现象，大多数材料变形和断裂时有声发射现象发生，但许多材料的声发射信号强度很弱，需要借助灵敏的电子仪器才能检测出来。用仪器探测、记录、分析声发射信号和利用声发射信号推断声发射源的技术称为声发射技术。声发射监测原理如图 6.30 所示，从声发射源发射的弹性波最终传播到达材料的表面，引起可以用声发射传感器探测的表面位移，这些探测器将材料的机械振动转化为电信号，然后将其放大、处理和记录，最后对采集到的声发射信号进行分析处理，了解材料产生声发射的机制。岩石、陶瓷等非金属微裂缝开裂和宏观开裂会产生大量声发射信号，因此其裂缝开裂和扩展是声发射源的一种。

声发射监测方法在许多方面不同于其他常规无损监测方法，其优点主要表现为以下方面。

(1)声发射是一种动态检验方法，声发射探测到的能量来自被测试物体本身，而不是像超声或射线探伤方法一样由无损监测仪器提供。

(2)在一次试验过程中，声发射检验能够探测整体和评价整个结构中活性缺陷的状态。

(3)可提供活性缺陷随载荷、时间、温度等外变量的变化而变化的实时或连续信息，因而适用于损伤破裂的实时监测、预报等。

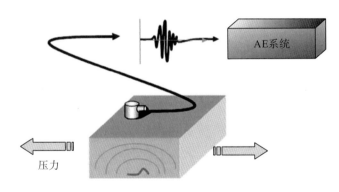

图 6.30　声发射监测原理图

如果声发射事件信号是断续的，且在时间上可以分开，那么这种信号就称为突发型声发射信号。裂缝扩展、断铅信号等都是突发型声发射信号。在声发射信号处理过程中，撞击(hit)是指超过门槛并使某一个通道获取数据的任何信号，它反映了声发射活动的总量和频度，常用于声发射活动性评价；事件是指同一个撞击被多个通道同时监测到并能进行定位。当用两个或多个传感器进行声发射检测时，能够用时差定位法定出声发射源的位置，这是声发射技术的基本功能之一。线性定位用于长的高压气瓶及管线；平面定位用于各种立式/卧式容器；球面定位用于球形压力容器；三维定位则用于混凝土结构、岩石等损伤破裂区域的实时监测。下面主要对声发射定位的基本原理进行解释。

定位计算的基础理论只涉及简单的声速和时差的相关计算，传感器到声源的距离的计算公式如下：

$$d = vt \tag{6.8}$$

式中，v 为声波的传播速度；t 为声源发射的声波脉冲到达传感器所用的时间。

大多数的定位模式是一个二维源定位于一个平面内的问题，平面上两点间的距离公式如下：

$$d = \sqrt{\left(x_2 - x_1\right)^2 + \left(y_2 - y_1\right)^2} \tag{6.9}$$

二维定位至少需要三个传感器和两组时差。传感器阵列可任意选择，为计算简便，常用的简单阵列形式有三角形、方形、菱形等。就原理而言，波源的位置均由两组或三组双曲线的交点所确定(图 6.31)。

由于事件(岩石微破裂)发生的确切时刻不易求得，为此，以声波脉冲到达第一个传感器的时间为基准，到达其余传感器的时间与其比较，以此对事件源进行定位。

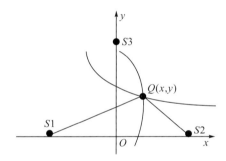

图 6.31　二维定位法基本原理图

同一声源发射的声波脉冲到达两个传感器的时间差有如下关系：

$$t_2 - t_1 = \frac{d_2 - d_1}{v} \tag{6.10}$$

式中，t_1 表示声波脉冲到达第一个传感器时的时间；t_2 表示声波脉冲到达第二个传感器时的时间；d_1 表示声源到第一个传感器的距离；d_2 表示声源到第二个传感器的距离；v 表示声波的传播速度。

联立等式可得

$$t_2 - t_1 = \frac{\sqrt{(x_2 - x_s)^2 + (y_2 - y_s)^2} - \sqrt{(x_1 - x_s)^2 + (y_1 - y_s)^2}}{v} \tag{6.11}$$

式中，(x_1, y_1) 表示第一个传感器的坐标；(x_2, y_2) 表示第二个传感器的坐标，(x_s, y_s) 表示声源的坐标。

同理，再利用第三个传感器的时间和坐标数据可得

$$t_3 - t_1 = \frac{\sqrt{(x_3 - x_s)^2 + (y_3 - y_s)^2} - \sqrt{(x_1 - x_s)^2 + (y_1 - y_s)^2}}{v} \tag{6.12}$$

联立以上等式可求得源坐标,当延伸到三维定位物体时,数学方法也会变得更加复杂,但原理一样。

DISP 声发射测试系统由美国物理声学公司研制,广泛应用于岩石及岩体声发射监测、金属材料检测、航空航天材料检测、压力容器检测、桥梁和管道检测等领域。DISP 声发射测试系统由声发射卡、声发射主机系统、声发射传感器、声发射前置放大器、声发射处理软件 5 部分组成(图 6.32)。声发射处理软件可在 Windows 操作系统下进行实时的声发射采集、外参量输入。采集及分析软件包主要包括前端数字滤波、图解滤波;声发射特征提取、报警输出;各种定位功能;二维、三维图形显示功能;多参数分析、相关分析、聚类分析;波形处理及相关分析(快速傅里叶变换分析等);hit 数据线形显示、统计及重放功能等。

图 6.32　DISP 声发射测试系统

2) 试件制作

以晋能控股煤业集团有限公司塔山煤矿为工程背景,现场获取坚硬顶板岩样,获取大尺寸原岩试件。

(1) 因取回的原岩不规则且外形尺寸较大,每个岩样有 6 个加工面,一般设备难以完成加工,故采用大型切割机协助加工,制备了尺寸为 1420mm×530mm×420mm 的试样。

对于尺寸为 1420mm×530mm×420mm 的原岩试件,采用外径为 25mm 的钻头沿垂直层理方向完成深 240mm 的预制井眼。采用特殊化学胶将外径为 20mm、内径为 8mm 的高强度压裂管固定到试件的中心孔作为模拟井筒,形成 30mm 的裸眼段,上端内置螺纹与水力压裂泵管线密封连接,采用特殊化学胶进行井眼封固,待固化 24h 胶体强度最高时准备试验。

(2) 由于真三轴试验架采用均布加载器向岩样面加载,而均布加载器的有效行程是有限的,因此需根据每个试样的具体参数用混凝土进行浇筑,试件位于整个模型中心位置,整个模型的外形尺寸达到 2060mm×1200mm×1200mm,如图 6.33 所示。按照《通用硅酸盐水泥》(GB 175—2023)的规定,水泥采用标号为 P·Ⅰ52.5R、P·Ⅰ62.5R 的快硬硅酸盐水泥。

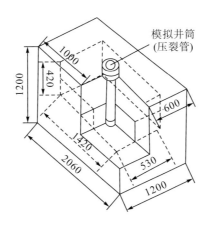

图 6.33 压裂模型示意图(单位: mm)

3) 压裂钻孔布置

深部煤岩工程多功能物理模拟试验系统内腔的左右两侧和顶部及后承载系统的内侧均安装有均布加载器,前反力装置内侧和承载环内腔下平面为被动加载,故模型试件存在4 个主动应力加载面和 2 个被动应力加载面,其中后承载系统一侧为主动加载面 C,前反力装置一侧为被动加载面 A,如图 6.34 和图 6.35 所示。

对于试件,压裂管布置在模型试件中间的原岩中,在试样中部沿着平行层理面的方向钻出直径为 25mm、长度为 240mm 的钻孔,模拟水平井眼;清洗井眼,将长度为 640mm、外径为 20mm、内径为 8mm 高强度压裂管粘接到试件的中心孔中,模拟井筒,在井筒下方预留 30mm 的裸眼井段。在模型试件中,垂直钻孔的长度为 630mm,压裂管位于加载面 B 的中心位置,通过加载面 B 在两排均布加载器的间隔位置引出。

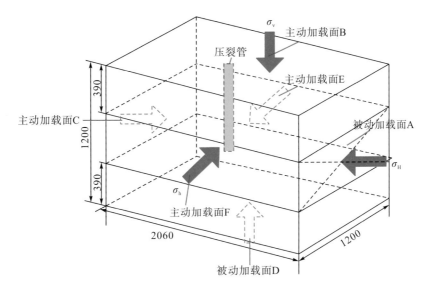

图 6.34 垂直压裂钻孔布置图(单位: mm)

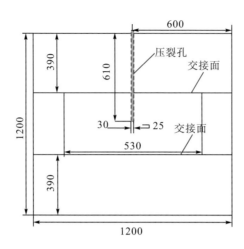

图6.35　沿垂直钻孔方向的剖面图(单位：mm)

4)围岩应力加载方案

结合塔山矿区实际地质条件,现场实测应力 σ_v=11.4MPa、σ_H=12.9MPa、σ_h=7.2MPa,而试验取垂直应力 σ_v=5.7MPa,具体围压加载方案见表6.10。在加载面A、C方向施加最大水平主应力,在加载面E、F方向施加最小水平主应力。另外,根据该矿区已有压裂资料统计结果分析可知,该地区压裂后形成的裂缝以水平缝为主,因此,试验主要研究水平裂缝的起裂及扩展规律。本试验选取的泵压排量为0.5mL/s。

表6.10　相似模型围压加载方案一

项目	垂直应力 σ_v /MPa	最大水平主应力 σ_H /MPa	最小水平主应力 σ_h /MPa
现场实测结果	11.4	12.9	7.2
试件围压加载方案	5.7	6.5	3.6

5)传感器选择与布置

相似模型试验的传感器采用XHZ-420型电阻式土压力盒(或应变砖)、声发射传感器。

(1)声发射传感器布置。在垂直压裂钻孔情况下,原岩试件的表面分别布置8个声发射探头,其中加载面B、D、E、F分别布置2个声发射探头,具体布置如图6.36所示。

声发射探头用来监测裂缝的几何形态。为了减少声发射信号传播时的能量损失,探头与试样表面必须接触良好。为此在试样与压力板之间放置一由钢板制作的探头托盘,在托盘安装探头的相应位置钻一沉孔,并在孔中放置弹簧,保证探头与试样表面紧密接触。在托盘上还开有引线槽,防止加压过程中对探头信号线造成损坏。

(2)土压力盒布置。土压力盒共布置30个传感器,具体布置如图6.37所示。

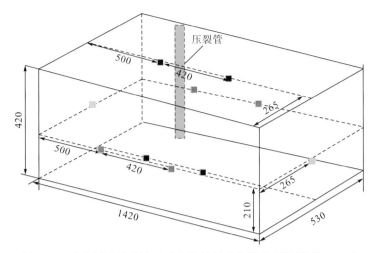

图 6.36　垂直压裂钻孔情况下声发射探头布置示意图(单位：mm)

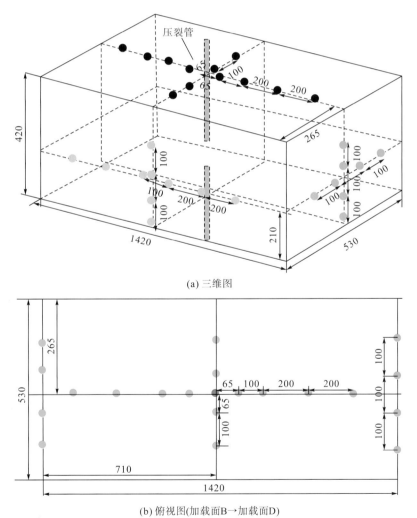

(a) 三维图

(b) 俯视图(加载面B→加载面D)

图 6.37　土压力盒布置示意图(单位：mm)

6.2.3　坚硬顶板砂岩大型室内水力压裂试验

本节在了解坚硬顶板砂岩基本物理力学性质的前提下，首先研究了砂岩的渗透特性；其次通过大型真三轴室内坚硬顶板水力压裂物理模型试验，分析了典型坚硬顶板砂岩压裂试样的裂缝扩展过程，分析了压裂过程中水压裂缝周围岩体的应力分布特征，研究了原生裂缝、层理及对水压裂缝扩展形态及扩展路径的影响；最后通过对压裂之后的水压裂缝面进行三维扫描试验，分析了坚硬顶板水压裂缝表面形态特征，并探讨了大范围水压裂缝形成的机理及坚硬顶板水力压裂弱化机理。

坚硬顶板砂岩水力压裂试验采用坚硬顶板砂岩经水力切割加工成尺寸为 1420mm×530mm×420mm 的原岩试件，通过真三轴物理模型试验机模拟施加三向地应力，水力压裂伺服泵压系统精确控制压裂液排量，12 通道 DISP 声发射定位监测系统实时监测水力压裂过程中裂缝起裂及扩展过程中产生的声发射信号及声源位置，并通过在压裂液中添加黄色水性示踪剂、试验前后试样的三维扫描和表面裂缝描绘等方法重构水力压裂缝的形态特征，对真三轴应力条件下坚硬顶板砂岩水力压裂裂缝扩展规律进行研究。

1. 试验方案与流程

从现场地面坚硬顶板水力压裂设计来看，在地面水力压裂设计时主要考虑的参数为岩层的脆塑性特征、水平地应力差异系数、天然裂缝与最大水平主应力方向的夹角、射孔方位角、压裂泵注液排量等。由于模拟实际状况下坚硬顶板砂岩水力压裂影响因素较多，试验分析过于复杂，故仅对部分影响因素进行研究，即取特定区块坚硬顶板砂岩，保证在其脆塑性特征、井筒与层理裂缝夹角和射孔方位角等不变的情况下，通过大型真三轴室内坚硬顶板水力压裂物理模型试验，分析典型坚硬顶板砂岩压裂试样裂缝扩展过程及压裂过程中水压裂缝周围岩体应力分布特征，研究原生裂缝、层理及对水压裂缝扩展形态及扩展路径的影响；通过对压裂之后的水压裂缝面进行三维扫描试验，分析坚硬顶板水压裂缝表面形态特征，并探讨大范围水压裂缝形成的机理及坚硬顶板水力压裂弱化机理。

1) 试件制备

本书结合塔山矿区实际地质条件及实验室设备条件，确定了本次真三轴水力压裂试验的垂直应力、最大水平主应力及最小水平主应力分别为 3.6MPa、6.5MPa 和 5.7MPa，围压加载方案见表 6.11。其中在加载面 A、C 方向施加最大水平主应力，在加载面 E、F 方向施加最小水平主应力。另外，根据该矿区已有压裂资料统计结果分析可知，该地区压裂后形成的裂缝以水平缝为主，因此，试验主要研究水平裂缝的起裂及扩展规律。

表 6.11　相似模型围压加载方案二

项目	垂直应力 σ_v /MPa	最大水平主应力 σ_H /MPa	最小水平主应力 σ_h /MPa
现场实测结果	7.2	12.9	11.4
试件围压加载方案	3.6	6.5	5.7

坚硬顶板砂岩水力压裂试验设定垂直应力垂直于层理面方向，对于试件，压裂管布置在模型试件中间的原岩中，在试样中部沿着平行层理面的方向钻出直径为 25mm、长度为 240mm 的钻孔，模拟水平井眼；清洗井眼，将长度为 640mm、外径为 20mm、内径为 8mm 的高强度压裂管粘接到试件的中心孔中，模拟井筒，在井筒下方预留 30mm 的裸眼井段。在模型试件中，垂直钻孔的长度为 630mm，压裂管位于加载面 B 的中心位置，通过加载面 B 在两排均布加载器的间隔位置引出。

2）传感器布设

为使整个试样的外形尺寸达到 2060mm×1200mm×1200mm，采用混凝土浇筑的方法制作垫块，人工夯实和压力机压实两种方法并用制作。首先在尺寸为 1420mm×530mm×420mm 的原岩试件（图 6.38、图 6.39）上按照图 6.37 布置土压力盒，在模型试件的左侧右下角定义坐标原点和坐标系。土压力盒共布置 32 个传感器，具体布置如图 6.40、图 6.41所示。

图 6.38　坚硬顶板原岩试件

图 6.39　试验模型实物图

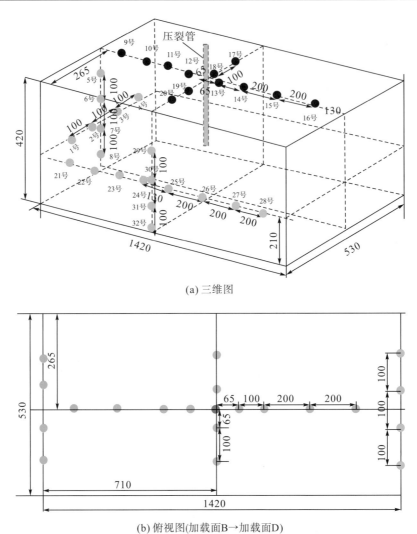

(a) 三维图

(b) 俯视图(加载面B→加载面D)

图 6.40　应变测点布置示意图(单位：mm)

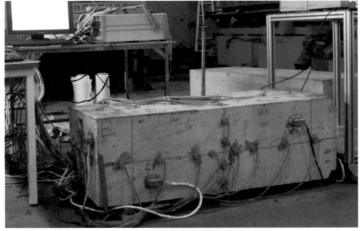

图 6.41　声发射探头布置实物图

模型试件的制作过程如下。

(1) 首先在模型平板拖车上组装模具侧板和加高板(拖车的平板也是模具的底板)，在反力架外面组装好模具，并在模具内侧涂抹黄油。

(2) 用吊车、吊篮上料，作业人员进入模型箱内，摊平材料，人工夯实。

(3) 人员出来后，将模型箱沿轨道送入反力架内，依靠工程缸和横梁进行机械液压压实，压实载荷为 5MPa。

(4) 每层模型材料压实后(如图 6.42 所示分层)，机械压头收回，模型箱退出反力架，人员进入模型箱内，先刮松已压实的模型材料上平面，再重复第(2)、(3)步的作业，直到模型制作完毕。

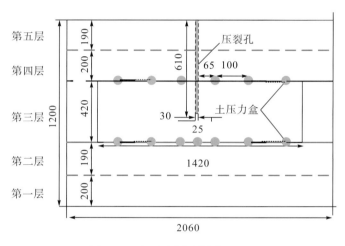

图 6.42　分层压实图(单位：mm)

(5) 模型制作过程中，在试验方案中确定的位置埋设应变、微震、声发射传感器等量测元件，信号线先水平再垂直引向模型的一个顶角，上层材料继续夯实和压实时，用套管保护好信号线。

(6) 试件由下至上分层捣实，原岩试件置于中间位置，Φ20mm×630mm 的高强度压裂管钢管垂直竖立于试件中央。

(7) 试件成型模具设计的加高侧板高 300mm，模型制作时先夯实到 1400mm 高左右，卸掉加高侧板，将高出模具侧板的模型材料用刮板刮掉，使模型材料上平面与侧板高度一致。模具侧板拆除后，就形成了一个完整的 2060mm×1200mm×1200mm 的模型试件，如图 6.43 所示。

(8) 将大试件表面磨平，确保其与加压系统钢板接触良好，避免出现应力集中，同时将监测系统安装到合适位置并调试完毕(用于远距离观察试验现象，避免危险发生)，为了保证压力板向试样表面均匀加载，在压力板与试样之间放置一橡胶垫片。

将整个模型养护 28d，养护好的模型试件如图 6.44 所示。

图 6.43　模型试件浇筑图

图 6.44　养护好的模型试件实物图

3）试验方案

试验方案中应力的加卸载过程如图 6.14 所示，具体过程如下。

（1）模型试件安装就位后，在未对模型试件施加应力的情况下，检查各监测系统是否就位。

（2）最大水平主应力每级分 0.4MPa、最小平主应力每级分 0.2MPa、垂直应力每级分 0.138MPa，稳压 4min 后，分 10 级，最大水平主应力每级分 0.65MPa、最小平主应力每级分 0.57MPa、垂直应力每级分 0.36MPa，并同步将模型试件的三向应力分别加载至 6.5MPa、5.7MPa、3.6MPa，每级加载时间及加载后的稳压时间均设定为 4min。

（3）稳压 28min 后，进行水力压裂，整个压裂时间持续 39min，水力压裂结束后稳压 4min，再同步将模型试件的三向应力卸除，应力卸载时间设定为 7min。

2. 试验过程

按照试验方案完成坚硬顶板砂岩的水力压裂试验，试验的主要步骤如下。

(1)坚硬顶板砂岩经水力切割后形成尺寸为 1420mm×530mm×420mm 的标准试样，切割时保证前端面与坚硬顶板砂岩层理面平行。

(2)在坚硬顶板砂岩试样前端面钻取直径为 25mm、长度为 240mm 的垂直孔模拟井眼，下入带对称割缝的钢套管，并采用高强改性丙烯酸酯胶将套管与岩样封固，待固化 24h 胶体强度最高时准备试验。

(3)将准备好的试样放入真三轴加载室内，在试样模拟水平地应力方向(最大、最小)4 个端面各非对称放置 2 个声发射探头，采用耦合剂将探头与岩样黏结，以便有效地监测试样内部裂缝开裂点。

(4)在压裂液中添加少量黄色水性示踪剂，方便试验后通过剖开试样观察水力压裂通道，由于添加量较小，示踪剂对压裂液黏度的影响可忽略不计。

(5)试样装载完成后，采用真三轴物理模型试验机完成模拟三向地应力条件下加载，三向应力加载完成后由伺服系统稳压。

(6)保持三向地应力稳定，启动水力压裂泵压系统和声发射监测系统，定排量加水压，水力压裂过程中实时采集泵注压力和活塞位移，同时采集声发射数据，定位声源位置点，直至水力压裂完成。

(7)压裂试验完成后，停止水力压裂泵压和声发射系统，真三轴物理模型试验机平稳卸载到零。

(8)拆卸试样，对水力压裂后试样的 6 个加载面进行拍照记录，用透纸对各加载面裂缝形态进行描绘，并在 CAD 软件中重构各加载面裂缝形态。

(9)选取代表性压裂岩样，进行压裂试验后三维扫描，与试验前三维结果进行对比分析，以便描述水力压裂裂缝扩展形态。

(10)对压裂试样进行剖切，通过观察压裂液中黄色水性示踪剂，描述试样内部压裂液运移通道，探索水力压裂裂缝扩展规律。

(11)分析水力压裂泵压曲线(图 6.45)、声发射监测数据、试验前后三维扫描，以及试样内部黄色水性示踪剂描述，完成坚硬顶板砂岩水压裂缝开裂形态的综合分析。

3. 试验结果及分析

1)应力加卸载阶段应变场的变化规律

根据设定的坐标原点和坐标轴 X、Y、Z 方向，对 A、B、E 面的土压力盒进行编号(A 面 1～8 号、B 面 9～20 号、E 面 21～32 号)。

在未对模型试件施加应力的情况下，模型试件的应变变化很小，仅有 1～10με，但当对模型试件施加应力时，各土压力盒应变随即发生明显变化。试验过程中对 A 面、B 面及 E 面各测点的应变均进行了测试，发现各测点应变的变化规律并不完全一致，故对 A 面、B 面及 E 面的应变均进行了分析；同时发现部分土压力盒应变一直为 0 或者值一直未变化，这样的土压力盒可被认为在模型浇筑过程中已经失效，不在考虑之列。在应力加卸载阶段，3 个测试面各测点的应力、应变的变化曲线分别如图 6.46～图 6.51 所示，每级应力加载的稳压阶段应变变化很小，未在图中体现(这里分析是以应变的绝对值为依据，认为试件体积压缩方向的应变值为负，反之为正)。

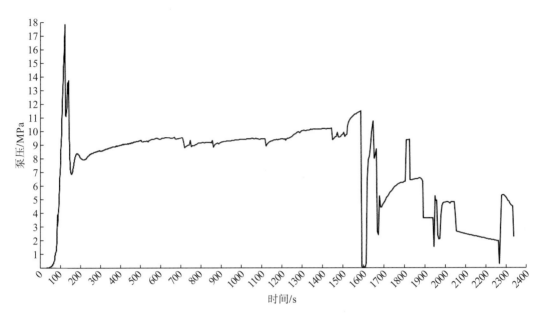

图 6.45　坚硬顶板砂岩试件泵压-时间关系曲线

图 6.46　A 面土压力盒布置实物图

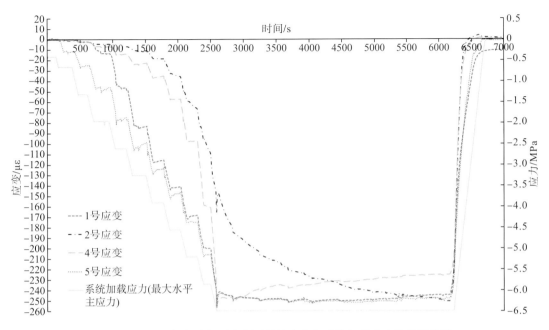

图 6.47　A 面各有效土压力盒测得的应变与系统加载应力的关系曲线

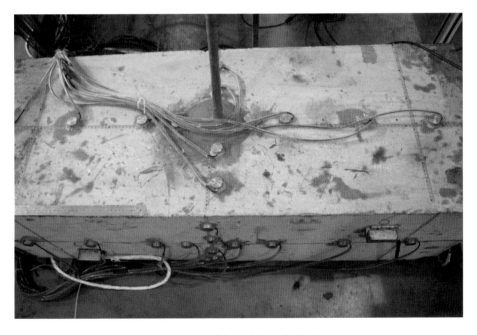

图 6.48　B 面土压力盒布置实物图

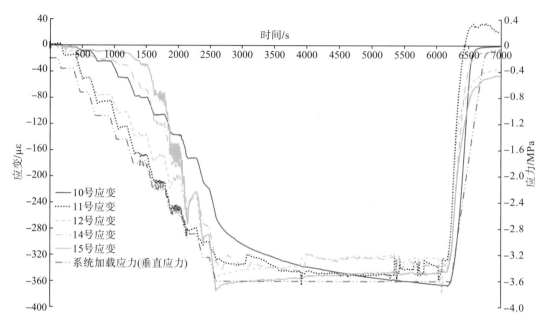

图 6.49 B 面各有效土压力盒测得的应变与系统加载应力的关系曲线

图 6.50 E 面土压力盒布置实物图

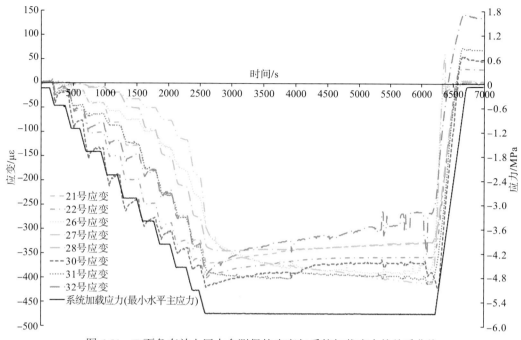

图 6.51　E 面各有效土压力盒测得的应变与系统加载应力的关系曲线

由图 6.47~图 6.51 可以发现，随着试件三向加载应力的变化，各测点应变值呈现出明显的响应关系。在应力加载阶段，A 面、B 面及 E 面的土压力盒应变逐渐增大到最大值，在水力压裂过程中应力与应变均有较大变化，而后随应力的卸载，各测点的应变值逐渐减小，最后基本恢复至加载前的应变状态。在应力加卸载过程中，应变与应力呈近似线性关系，模型试件内部以弹性变形为主。

2) 水力压裂裂缝标识与评价方法

坚硬顶板砂岩水力压裂模拟试验过程中主要依靠声发射定位监测系统实时监测压裂过程中裂缝萌生扩展产生的声发射信号，并通过不同传感器接收同一声发射信号的时间差实时定位声源位置。在水力压裂过程中，声发射事件集中处是新裂缝产生较集中的部位，某时间段内产生事件数较多则说明此时段内裂缝产生较多。由于坚硬顶板砂岩试样尺寸较小，声发射定位监测系统并不能精确确定裂缝起裂及扩展的形态，因此必须通过其他方法获得准确的水压裂缝扩展形态，三维扫描及添加示踪剂是可行的方法之一。下面简要介绍坚硬顶板砂岩水力压裂过程中采用三维扫描技术、添加示踪剂技术等获得水压裂缝形态的方法。

需要指出，坚硬顶板砂岩水力压裂试验后，将坚硬顶板砂岩试样拆卸，首先，对 6 个加载面进行观察，着重观察压裂液渗透部位；其次，用高清照相机记录各加载面裂缝形态，并通过半透明素描纸描绘试样表观裂缝，在 CAD 中重构各加载面表观裂缝形态；最后，将压裂后三维扫描裂缝图与剖开压裂试样中裂缝进行对照，获得真实水力压裂裂缝形态。由于压裂液中加入了黄色水性示踪剂，故在压裂后剖切坚硬顶板砂岩试样时，可通过压裂液残留颜色分辨压裂液走向，从而获取裂缝延展情况。此外，对于三维扫描中无压裂液通过痕迹的裂缝，予以剔除。

综合上述分析，采用声发射三维定位监测系统监测水力压裂过程中裂缝开裂与扩展，并通过三维扫描仪对压裂后坚硬顶板水力压裂裂缝进行扫描、示踪剂显示压裂缝等方式获得准确的水压裂缝形态的技术方案是可行的。综合声发射监测、三维扫描和添加示踪剂技术，可获得准确的裂缝形态及裂缝起裂和扩展状况。

3) 典型坚硬顶板砂岩压裂试验分析

坚硬顶板砂岩压裂试验分析主要包括以下几个方面的内容：①水力压裂泵压曲线分析；②声发射同步监测效果分析；③压裂缝形态分析，即利用压裂后直接观察试样端面、三维扫描分析和剖切后通过黄色示踪剂等方法对压裂缝延伸形态进行识别和分析。

岩样压裂试验三向应力分别设定为 σ_{v0} =5.7MPa、σ_{H0} =6.5MPa、σ_{h0} =3.6MPa，泵压排量为 0.5mL/s，压裂液采用清水替代。

(1) 水力压裂泵压曲线分析。坚硬顶板砂岩泵压曲线有如下特征。

①水力压裂泵初始施加水压后，泵压近似呈线性快速增加,迅速达到最高压力点 17.93MPa。

②继续注入压裂液，泵压略有降低，出现第二个高压力点。

③其后泵压曲线呈锯齿状发展，直到试样沿层理面完全开裂，压裂液漏失量快速增加，泵压随之快速降低，通过观察真三轴加载室，可见有少量压裂液漏出。

泵压曲线出现以上特征的原因可能有以下几个方面：坚硬顶板砂岩试件完整性较好，井眼密封性良好，压裂管出水处与坚硬顶板砂岩接触面积很小，加之坚硬顶板砂岩渗透性很低，故初始压裂时压裂液渗透流量几乎可忽略；压裂液在井眼内积聚导致泵注压力迅速上升；坚硬顶板砂岩初始起裂完成后，泵注压力有所下降，但并未形成有效的渗漏通道，故泵注压力仍维持在较高的水平；压裂缝的扩展和裂缝尖端压裂液的积聚导致泵压曲线呈锯齿状形态；当压裂缝扩展到试样边界时，渗漏通道基本形成，泵注压力迅速下降，如图 6.52 所示。为了验证渗漏通道是否完全形成，在 1600s 后再次进行压裂，发现压力还是会继续增加，但完全小于第一次的水压，这个过程是水压撑开原水压裂缝的过程。

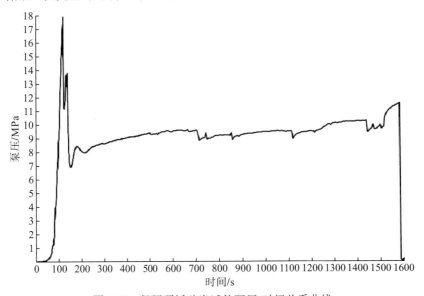

图 6.52　坚硬顶板砂岩试件泵压-时间关系曲线

(2)声发射同步监测效果分析。声发射定位监测过程(图 6.53、图 6.54)的主要特征如下。

①初始加压时声发射定位监测事件并不多,主要是由于泵压处于增长阶段,并未有裂缝产生。

②随着泵注压力达到最高点,在 80～180s 声发射事件数增长最快,事件数主要在试样中部的井眼留孔位置,且呈团簇状分布。

③随着压裂液的继续泵注,事件由试样中部逐渐向上下面扩展,事件数的增速较缓,直至 2150s 后,事件数不再增加。对比压裂后观察试样压裂情况可知,压裂在试样中心位置起裂,在井眼套管留孔位置事件数早发生;随水力压裂泵压升高,监测到的事件数逐渐增多,与前-后面大致平行的高 100～200mm 位置面上事件数分布较多,位置对应图 6.55～图 6.59 所示的开裂面。

综上所述,声发射能有效地监测到主要开裂区域及裂缝扩展情况。

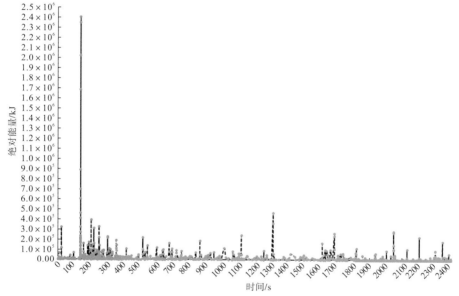

图 6.53　声发射绝对能量与时间关系曲线(压裂过程)

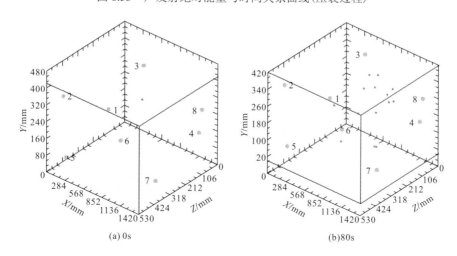

(a) 0s　　　　　　　　　　　　　(b) 80s

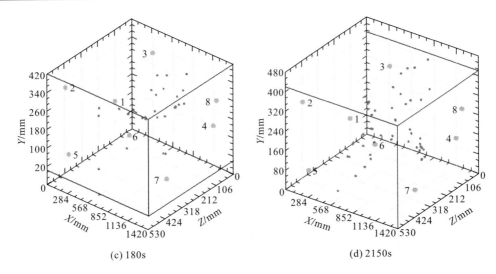

(c) 180s　　　　　　　　　　(d) 2150s

图 6.54　坚硬顶板砂岩声发射定位监测过程效果

图 6.55　水力压裂之后的坚硬顶板砂岩试件

图 6.56　水压裂缝扩展路径

图 6.57 水压裂缝扩展路径局部图

图 6.58 水压裂缝过层理局部图

图 6.59 水压裂缝过天然裂缝局部图

(3)裂缝形态分析。坚硬顶板砂岩试样水力压裂试验后主裂缝沿天然层理面整体开裂，其位置距"前面"265～270mm，位于套管割缝端部，在开裂天然层理面处剖开，在模拟井眼周围能看到明显的压裂液渗流通道，呈不规则分布，同时在试样后半部存在垂直层理弱面的水力压裂裂缝。

为了解主裂缝的起裂与扩展情况，特剖开试样，图 6.55～图 6.59 给出了主裂缝的起裂与扩展形态：首先，裂缝在井眼处沿最小主应力方向起裂，并沿水平向两侧有短距离扩展；随后，右侧裂缝在层内转向最大主应力方向扩展，裂缝转折处呈直角。左侧裂缝水平延伸扩展一段距离后即终止，终止处有较深的黄色水性示踪剂残留；最后，主裂缝在向后扩展过程中，遇到与其垂直的层理弱面，随即转入层理弱面扩展，弱面处可见由主裂缝渗出的大片黄色水性示踪剂残留。井眼处起裂与裂缝扩展产生的声发射信号被定位系统监测到：在 120s 时，试样中部有大量声发射定位事件点，与裂缝起裂和扩展区域重合，但事件集中区域内无法准确判断出裂缝转向情况。裂缝转入层理弱面处扩展后，并未沿层理弱面完全漏失，而是在层理面内出现一个滑移后冲破层理面，产生沿垂直层理面和最小主应力方向的裂缝，继续向试样后面扩展。此裂缝扩展的区域与声发射监测到后上部事件点集中处(210s 时)处于同一区域，验证了声发射定位监测效果的有效性。

综上所述，坚硬顶板砂岩水力压裂裂缝扩展为：裂缝在割缝处分别沿最小水平主应力方向起裂；扩展短暂距离后即转向沿最大水平主应力方向，并在遇到层理弱面时进入层理弱面扩展，裂缝在层理弱面处产生滑移后继续向"后面"扩展，并形成多个渗漏通道，泵注压力在此过程中呈锯齿状下降，声发射定位监测事件点与裂缝起裂及扩展过程相一致。

6.3　真三轴相似物理模拟试验系统和水射流平台

致密砂岩大尺寸真三轴割缝压裂相似物理模拟试验系统，是由大型的四维水射流割缝平台、高压柱塞泵模拟水压和多功能渗流压裂物理试验真三轴加载机设备进行原始地应力(三向地应力)的模拟加载。工程现场实际割缝压裂试验能够真实地模拟地层的应力环境，有效地减弱小尺寸试件常规压裂带来的边界效应对试验结果的影响。

6.3.1　真三轴相似物理模拟试验机

大尺寸真三轴压裂模拟试验机(图 6.60)是能够开展水力压裂、渗流导流等多功能真三轴流固耦合压裂试验的装置。真三轴压裂模拟试验机包括应力加载、试样模型、压力控制、数据检测和采集处理系统。真三轴压裂模拟试验机由轴向、侧向加载框架和支座组成，外形尺寸为 4150mm×3000mm×2100mm。其中伺服油路器和加载油缸相连，且安装在加载框架的液压缸基座外侧，通过在油缸内设油缸活塞杆上布置应力传感器和位移传感器 LVDT(linear variable displacement transducer，线性可变差动变压器)，实时监测加载应力大小。真三轴压裂设备技术参数见表 6.12。

图 6.60　真三轴压裂模拟试验机

表 6.12　真三轴压裂设备技术参数

设备参数	数据	备注
试件尺寸	300mm×300mm×300mm	单侧预埋 Φ16～22mm 压裂管
侧向加载	0～20MPa	分辨率为 0.01MPa
轴压加载	0～3000kN	分辨率为 0.1kN
应变通道数	12 个	精度±0.5%
力加载速率	0.01～1kN/s	可连续保载时间大于 72h
位移加载速率	0.001～10mm/s	可连续保载时间大于 72h
水力压裂系统承压	≥50MPa	压力/流量精度：0.01MPa，0.1mL/min
试件变形测量范围	−19999～19999με	精度±10με
液压缸行程范围	0～100mm	精度±0.5%
温度控制范围	20～150℃	精度±0.5℃
渗透压力	15MPa	精度±0.1%
应力分辨率	0.5kPa	—
试件变形测量范围	0～20mm	测量精度 0.1%

6.3.2　数据采集处理和伺服控制系统

　　真三轴压裂模拟试验机的数据采集控制系统采用接入外部主机，利用系统的 4U 标准机柜、采集控制箱和处理软件、应力应变采集仪等进行数据采集和自动整理，能够对试验机整体的工控机、测量处理箱、电液伺服系统、外围电路等整体处理系统参数进行整合。其操作控制界面如图 6.61 所示。数据采集控制系统通过连接电脑主机和位移应力传感器，一方面实时监测压力、三轴加载应力大小变化，通过连接线传达到主机端，再由电脑对数据进行分析和处理，显示在操作界面上，最终生成曲线和数据表格，人工通过 USB 接口获取数据。伺服控制系统和数据采集系统通过计算机连接控制，流程图如图 6.62 所示。

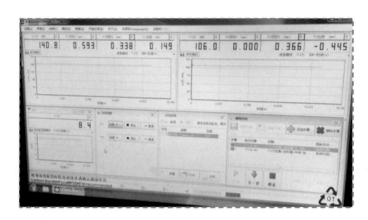

图 6.61　数据采集控制系统操作控制界面

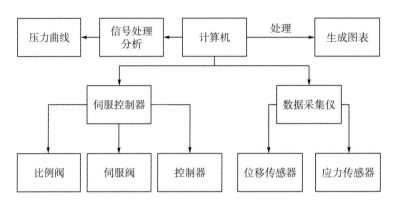

图 6.62　伺服控制和数据采集系统流程图

6.3.3　四维水射流割缝平台

　　如图 6.63 所示的四维水射流割缝平台是重庆大学自主研发的高压水射流和割缝装置，平台由总计算机控制房、操作平台、高压泵、磨料室、钻机组成。X、Y、Z 轴径向行程为 737mm×660mm×150mm，台面尺寸为 2000mm×1300mm，工作台承重 3000kg/m²，能够对较大的岩层体进行操作试验，动态精度为±0.9mm，用于水射流性能参数测试和水射流切割性能测试。该平台能够采用数字化精确控制轴向、径向的走向距离和轴向杆的转速，并且能够控制割缝宽度、深度、射孔直径等测试参数；还可以通过施加磨料、纯水或混合进行射流测试，能够实现对煤、砂岩、页岩、混凝土等多种材料进行切割和冲蚀，还可实现对其他材料表面的清洗和剥落；具有精度高、性能稳定、自动控制等优点。

　　水射流割缝采用喷嘴直径为 0.8mm 的割缝器，通过钻机夹持住割缝器，钻机在推进过程中利用高压水力割缝装置的高压转换器到前端的喷嘴形成高压水力，当钻机推进到预先人为设置的深度，调整钻机的转速，利用电动钻机带动割缝器转动对试样进行径向割缝。

图 6.63　四维水射流割缝平台

6.3.4　柱塞泵和压裂系统

本次试验采用的高压柱塞泵是专门用于物理模型压裂试验的设备，内部仪器结构精密，采用纯净水作为压裂液；柱塞泵采用 A、B 泵交替压裂，可通过人工精准设定压裂排量、压裂时间，通过 USB 端口连接外部专用计算机对压裂压力进行监测，压裂管道与真三轴压裂设备连接实施压裂，如图 6.64 所示。

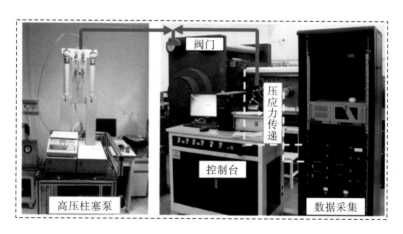

图 6.64　高压柱塞泵和压裂系统

6.3.5　试验过程系统路线

采用四维水射流设备对试件进行等距割缝，大型真三轴物理模型模拟地应力并施加三向应力，高压泵进行压裂，最后对压裂完成的试件进行切片观察分析，对其裂缝的扩展和裂缝之间的相互影响进行研究，试验系统路线示意图如图 6.65 所示。

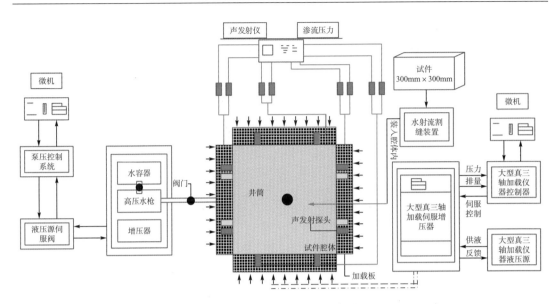

图 6.65　试验系统路线示意图

6.4　致密砂岩多裂缝扩展及相互干扰试验

6.4.1　试件制备

　　试验选用来自大同矿区 8212 工作面上方坚硬顶板层的致密砂岩,现场获得的砂岩通过采石场加工为 300mm×300mm×300mm 的试样,对表面进行平整度处理。在实验室加工成尺寸为 Φ50mm×h100mm 的标准圆柱体试件(图 6.66),并打磨试件横截表面,使其平整度达到国际岩石力学试验规程要求。通过 GCTS(即美国 GCTS 公司生产的液压伺服力学系统)单轴和三轴试验测得该坚硬顶板砂岩的基础力学参数,通过取多组参数的平均数得到表 6.13。

图 6.66　力学参数测试岩样

表 6.13　试样力学参数

砂岩试件尺寸	抗压强度/MPa	抗拉强度/MPa	弹性模量/GPa	泊松比
50mm×100mm	59.3	10.5	21.5	0.17

采用外径为 25mm 的钻头在 300mm×300mm 的试件中心位置钻孔。为尽可能减小边界效应对裂缝扩展的影响，需要保证 4 道割缝槽沿钻孔方向等间距地分布在试件中心，且根据试验方案需设置不同割缝间距的缝槽，这就决定了钻孔的深度不同，因为割缝是在钻孔（模拟井筒）内完成的。不同割缝间距下的钻孔深度见表 6.14。

表 6.14　不同割缝间距下的钻孔深度

割缝间距与钻孔深度	数值		
割缝间距/mm	15	30	45
钻孔深度/mm	172.5	210	230

6.4.2　水射流割缝

采用大型四维水射流平台和自制喷嘴对砂岩试件进行割缝，为了避免其他介质浓度给试验结果带来影响，本次试验的介质选用纯水；根据预先设置的参数，将试件固定在水射流测试平台上，通过钻机夹持住割缝器，钻机推进到预先设置的深度，调整钻机的转速（固定为75r/min），利用电动钻机带动割缝器转动并对试样进行径向割缝。割缝参数和深度见表 6.15，割缝后将试件切开利用量尺对割缝深度进行测试，其切开后割缝深度结果如图 6.67 所示。

表 6.15　割缝参数和深度

编号	介质	切割转速/(r/min)	切割压力/MPa	切割时间/s	深度/mm
1	水	75	10	15	1.4
				20	2.2
				25	2.3
				30	4.2
2	水	75	20	15	6.8
				20	无效
				25	9.8
				30	10

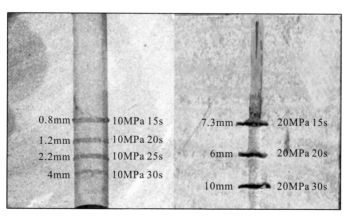

图 6.67　割缝深度测试

从割缝深度的测量结果来看，割缝深度主要受泵压和割缝作用时间的影响，泵压和割缝作用时间增加，割缝深度增大。表 6.15 中的数据表明，泵压对水射流割缝深度起着决定性作用。为了更好地让割缝起到导向作用，本次压裂试验设定割缝泵压为 20MPa，切割时间为 30s，割缝深度约为 10mm，其误差为 0.8~1.4mm。

采用自制压裂管，使用环氧树脂将试件密封自然阴干 48h，制作好的试件样品如图 6.68 所示。

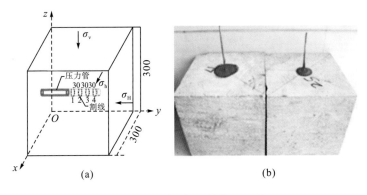

图 6.68　试件样品(单位：mm)

6.5　水力压裂试验设计

为了研究不同间距、压裂排量、主应力差对水平井多裂缝扩展、应力干扰和裂缝偏转的影响(Melenk and Babuška，1996；Soliman et al.，2008；Zhou et al.，2008，2010；赵金洲等，2015；李勇明等，2016；许文俊等，2017；杨录胜，2017)，利用本书前述的压裂设备和制备好的试件，开展大尺寸真三轴水力压裂室内物理试验，压裂参数设计见表 6.16。

表 6.16　压裂参数设计

组数	σ_v、σ_H、σ_h /MPa	割缝间距/mm	割缝深度/mm	压裂排量/(mL/min)
S-1	10、10、8	15	10	60
S-2	10、10、8	30	10	60
S-3	10、10、8	45	10	60
S-4	10、10、8	30	10	120
S-5	10、10、4	30	10	60

6.6   试验结果曲线特征

6.6.1   割缝间距曲线分析

　　本次试验压裂泵采用的是 A、B 泵交替注压，由于 A、B 泵容量有限，导致压力曲线起初有一段停留时间。不同割缝间距水力压裂压力随时间变化的曲线如图 6.69 所示。当最大主应力差值(2MPa)和压裂排量(60mL/min)较小且为固定值时，割缝间距对裂缝的起裂压力和扩展形态具有显著的影响。随着割缝间距的增大，裂缝的起裂压力减小。在后续裂缝扩展中，小间距扩展时压裂曲线波动较大，当割缝间距为 30mm 时，其裂缝扩展波动最高压裂压力为 4.16MPa，而割缝间距为 15mm 时，裂缝后续延伸的最高波动压力为6.56MPa，当割缝间距为 45mm 时，后续扩展趋于平稳，无大的波动。这是由于割缝间距较大时，裂缝之间应力干扰较小，裂缝延伸相对平稳，而当割缝间距较小时，应力干扰增大，与原始地应力场发生叠加，裂缝的扩展方向不再原始地垂直于主应力方向，导致裂缝在后续扩展中发生偏转，压裂液流动的阻力因为裂缝偏转增大而产生相对剧烈的波动，导致后续扩展时最高波动压力和延伸压力较高。因此，水平井压裂的施工现场可以根据后续起裂压力的大小判断裂缝间应力干扰的大小和裂缝的偏转。

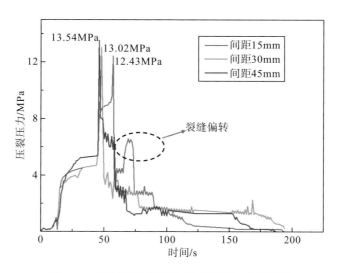

图 6.69　不同割缝间距水力压裂压力-时间曲线

6.6.2   高应力差和大排量曲线分析

　　通过图 6.70 所示的高应力差和大排量水力压裂压力-时间曲线,结合图 6.69 可以发现,压裂排量对裂缝起裂压力和偏转影响显著。当割缝间距为 15mm 时,压裂排量增大 1 倍达到 120mL/min,裂缝的起裂压力减小了 3.52MPa,裂缝在后续扩展中最高波动压力为5.43MPa。这是由于大排量会使得压开裂缝里的压裂液增多,压力增大,在附近周围产生的诱导应力场增大，对附近裂缝的排斥作用增强，导致裂缝偏转程度更大。当割缝间距（30mm）和压裂排量一定时，高应力差压裂曲线基本比较平稳，甚至没有出现锯齿状的波动，说明裂缝延伸受到的阻力和干扰较小，高应力不容易使裂缝发生相互干扰。

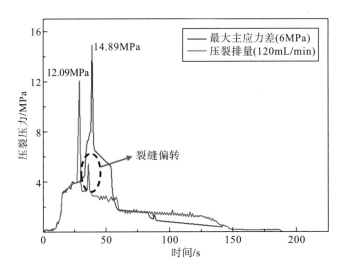

图 6.70　高应力差和大排量水力压裂压力-时间曲线

因此，小的间距、大排量和低应力差都容易使得压裂曲线在后续有比较大的波动，能够成为裂缝相互干扰的一个重要的压裂曲线特征，可以作为缝间应力干扰和裂缝偏转的重要判断依据。

6.7　试验结果形态分析

6.7.1　裂缝起裂特征

由压裂开的试件（图 6.71）可以发现，所有的裂缝都是在割缝处的尖端起裂和延伸的，没有在井筒的其他地方起裂。由此可知，割缝对裂缝起裂的导向作用较强，能够很好地引导裂缝起裂，预先割缝对裂缝起裂后的延伸能够起到控制作用。一开始裂缝在割缝的周围沿着垂直应力和最大水平主应力平面扩展（曾凡辉等，2013；康向涛，2014），但受裂缝间应力干扰的作用，在离割缝深度约 1.5 倍距离处裂缝会偏转，在最小水平主应力方向和最大水平主应力呈一定角度的方向延伸。当应力干扰较小甚至可以忽略时，裂缝沿着最大应力面扩展能够形成稳定的主裂缝，而当诱导应力较强时，裂缝发生偏转的角度就越大甚至转向最小水平主应力方向扩展，流动阻力增大，致使主裂缝形成的效果不好，甚至部分主裂缝失效。因此，当在水平井多段压裂主裂缝形成效果不好时，应该综合考虑采用割缝引导裂缝起裂的方法，避免大的裂缝之间产生应力干扰（形成小的间距、产生低应力差等），从而更好地促使主裂缝形成。

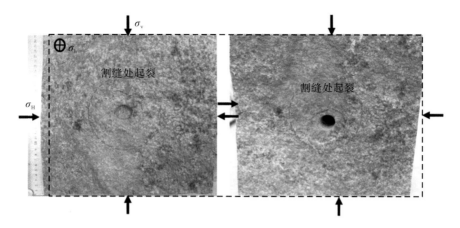

图 6.71　裂缝起裂特征

6.7.2　复杂裂缝网络形成机理

通过对割缝压裂后试件的观察发现,水平井多裂缝延伸过程中能够沟通致密砂岩中的微裂隙,如图 6.72 所示。裂缝之间的沟通不仅在外侧裂缝和邻近裂缝之间,而且在主裂缝与主裂缝之间也能够形成多条相互沟通的裂缝,整个试件上形成了多条沟通裂缝。水平井多裂缝延伸能够形成沟通微裂缝及岩样层理的复杂裂缝网络。但在该试样中不难发现,试样割缝间距较大(45mm),裂缝间的应力干扰很小,而一条主裂缝在延伸时明显不够充分,延伸距离短。原因是:一方面是压裂试验受到了边界效应的影响,另一方面是在沟通天然裂隙时,部分水力压裂液进入次生裂缝和相互沟通的微裂缝,而在主裂缝上的流量分配更少甚至没有,由此导致主裂缝在延伸途中停止。所以,天然裂隙和层理的存在是形成复杂的裂缝网络体系的重要基础,而致密砂岩等均质性良好的岩层更容易形成垂直于井筒方向的主裂缝。因此,当在水平井多段压裂需要形成复杂缝网时,应该综合考虑利用岩层本身所含的天然裂隙和应力干扰的手段来促使更多裂隙的发育和扩张。

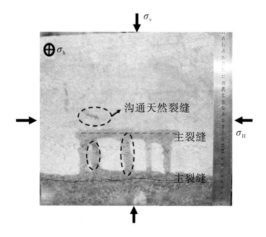

图 6.72　沟通天然裂缝

6.7.3　不同压裂参数对多裂缝扩展影响分析

为了更加清楚地观察到内部裂缝扩展的相互影响和扩展形态，利用大型且转速稳定的切割机沿着最小水平主应力方向（即井筒方向）将试件切开，观察裂缝扩展路径，结果如图 6.73 所示。

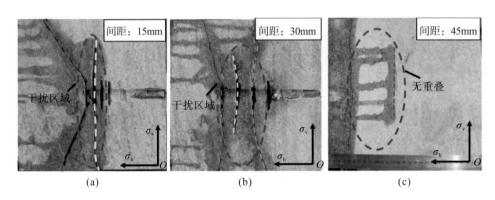

图 6.73　割缝间距对裂缝扩展形态的影响

注：图 (a)、(b) 中，从右到左的裂缝依次命名为 $HF_1 \sim HF_4$（图中未标示）。

结合室内物理压裂试验可以发现，当多段割缝压裂时，部分割缝处不会起裂，这是由于当部分裂缝在某条或几条割缝处起裂时，压裂液就会沿着起裂处一直延伸，一旦某一条裂缝到达了试件边界，压裂即结束。综合分析图 6.73，当割缝间距为 15mm 时 [图 6.73(a)]，只有裂缝 HF_3、HF_4 沿着割缝处起裂，HF_4 受到邻近裂缝 HF_3 的应力干扰而发生严重的转向偏移，沿最大主应力方向扩展延伸；而随着 HF_4 距离邻近缝越来越远，HF_3 受到应力干扰的作用减小，偏转不明显，延伸距离较短且不充分，并且裂缝在井筒对称的方向延伸的长度不一样。当割缝间距增加 1 倍为 30mm 时 [图 6.73(b)]，4 条割缝只有裂缝 $HF_2 \sim HF_4$ 在割缝处起裂延伸，处于中间位置的 HF_3 延伸的距离较短，中间裂缝受到两侧裂缝产生的诱导应力场，阴影效应明显，抑制作用较强，延伸距离远小于两侧裂缝。两侧的裂缝发生了偏转，但偏转程度没有间距为 15mm 的大，可以推断出应力干扰减小。当割缝间距较大（45mm）时 [图 6.73(c)]，裂缝之间应力干扰基本不明显，裂缝沿着垂直于最小主应力方向扩展。可以推断出，割缝间距对裂缝应力干扰敏感，当为 15～30mm 时，缝间应力干扰比较明显；当为 30～45mm 时，缝间应力干扰渐渐减弱；当大于 45mm 时，缝间应力阴影效应基本消失。该试验数据可以通过相似比例到施工现场优化布置裂缝间距。这与本书建立的多裂缝扩展的应力模型基本一致。

对比图 6.73 和图 6.74 可知，当割缝间距为 30mm，压力由 2MPa 增加到 6MPa 时，裂缝后续波动明显减小。这是由于应力差增大，裂缝周围诱导应力场难以改变原始主应力的大小，裂缝偏转程度变小，基本垂直于原始最小主应力方向扩展，并且 3 条裂缝延伸较为均匀，中间裂缝受到的抑制作用基本消失。在本次物理压裂试验中，大排量压裂使得裂缝快速起裂延伸，在井筒的一侧裂缝发生了偏转。试验表明，大排量压裂更容易使得裂缝起裂和延伸，验证了压裂曲线中大排量压裂的起裂压力小于小排量压裂的起裂压力。

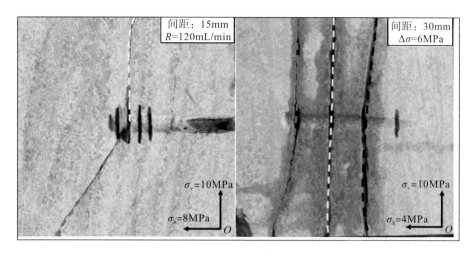

图 6.74　大排量和高应力差对裂缝扩展形态的影响

第7章 地面水力压裂目标层判定

7.1 基于采场覆岩压力分析的地面水力压裂目标层判定

7.1.1 赋存坚硬顶板煤矿的强矿压显现

坚硬顶板在煤矿赋存广泛。在中国，赋存坚硬顶板的煤矿约占 33%，并散布在 50% 以上的矿区，如大同矿区、晋城矿区、阳方口矿区(于斌，2014)等。坚硬顶板岩性坚硬难垮，垮落步距大，是造成冒顶、冲击地压和强矿压显现等煤矿灾害的重要原因。其中，仅坚硬顶板导致的冒顶灾害就达煤矿灾害的 70%~80%。当开采特厚煤层时，采场空间大，覆岩运动范围广，坚硬顶板对工作面的影响更大且更复杂。俄罗斯及西欧等国家和地区也同样存在坚硬顶板问题，坚硬顶板导致的灾害仍主要表现在冒顶事故多、矿压显现强烈等方面。长期以来，坚硬顶板问题一直是科技工作者致力于解决却又悬而未决的问题(闫少宏和富强，2003；许家林和鞠金峰，2011；Kaiser and Cai，2012；杨培举等，2013；杨敬轩等，2014；姚顺利，2015)。

以极具代表性的赋存坚硬顶板的大同矿区为例。随着浅部的侏罗系煤层开采殆尽，采煤工作面逐渐转入深部的石炭系煤层中。该矿区内侏罗系和石炭系煤层上方均赋存坚硬顶板，且煤层顶板主要为粉砂岩、细砂岩和中粗砂岩，抗压强度达 55~120MPa(高瑞，2018)。目前，大同矿区同忻煤矿和塔山煤矿均采用放顶煤开采技术开采 3-5#特厚煤层，导致煤层采出后覆岩运动空间大，顶板垮落高度高，坚硬顶板弯曲变形向采煤工作面施加的压力大，工作面矿压显现异常强烈(张培鹏等，2017)。虽然应用了 15000kN 额定工作阻力的液压支架，工作面仍然频繁发生强矿压显现，支架液压柱收缩量广泛达到 0.8~1.1m，严重时折损支架。自从大同矿区石炭系 3-5#特厚煤层开采以来，截至 2017 年 7 月，仅在塔山煤矿与同忻煤矿开采 3-5#特厚煤层过程中发生的支架液压柱下缩量超过 600mm 的强矿压显现(图 7.1)便达 132 次，压架事故 21 次(于斌等，2018a，2018b，2018c；赵通，2018)。工作面支架阻力超限，安全阀开启频繁(Yu，2016)。在强矿压显现区域，煤壁片帮，超前工作面巷道的围岩变形严重，超前工作面 10~20m 范围内巷道高度从 3.6m 减小到 2.0m，巷道最大底鼓达到 0.8m，巷道两帮混凝土喷层破裂严重，严重地威胁着相关作业人员的安全。

图 7.1 大同矿区的强矿压显现

7.1.2　大同矿区塔山煤矿的地质条件

塔山煤矿地处山西省大同市，是世界上最大的地下开采煤矿之一，矿井长 24.3km，宽 11.7km，设计生产能力为 1500 万 t/a。该煤矿的顶板主要由细砂岩、中砂岩、粗砂岩、砂质泥岩等组成，砂质岩性占比达 90%～95%，且赋存多层坚硬顶板，是我国具有典型性和代表性的坚硬顶板煤矿，矿压显现强烈。

本书以塔山煤矿 8101 工作面为例开展研究。该工作面位于一盘区东部，北靠七峰山煤矿；南至 1070 回风巷；西侧为约在 10 年前已采完的 8102 工作面，现已充分垮落并稳定，对 8101 工作面的影响很小；东部为未开采煤层，如图 7.2 所示。

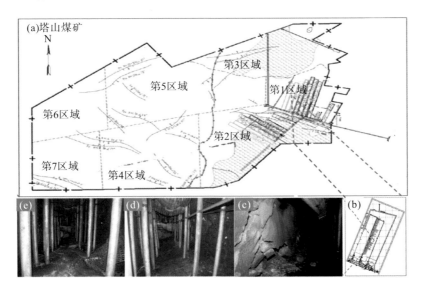

图 7.2　塔山煤矿 8101 工作面

8101 工作面长 1445m，宽 231.4m，采用综放开采技术开采 3-5#特厚煤层，煤层厚度为 15.77～34.61m，平均为 20.08m，平均倾角为 2°。工作面上方赋存 5 层坚硬顶板，工作面地层岩性与物理力学参数见表 7.1。工作面的初始地应力状态如下：垂直应力为 11.4MPa，最大水平主应力为 12.0MPa(方向与工作面推进方向基本一致)，最小水平主应力为 6.4MPa。

表 7.1　8101 工作面地层及其物理力学参数

岩层编号	岩性	埋深/m	厚度/m	密度/(kg/m³)	弹性模量/GPa	泊松比	内摩擦角/(°)	抗拉强度/MPa	坚硬顶板
60	中砂岩	−176.35	28.25	2526	14.27	0.17	31	7.00	是，5#
59	砂质泥岩	−204.60	1.55	2595	23.41	0.22	33	5.20	否
58	中砂岩	−206.15	1.35	2526	14.27	0.17	31	7.00	否
57	砂质泥岩	−207.50	3.85	2595	23.41	0.22	33	5.20	否
56	粗砂岩	−211.35	13.30	2519	12.01	0.20	31	5.50	否

岩层编号	岩性	埋深/m	厚度/m	密度/(kg/m³)	弹性模量/GPa	泊松比	内摩擦角/(°)	抗拉强度/MPa	坚硬顶板
55	砂质泥岩	−224.65	2.60	2595	23.41	0.22	33	5.20	否
54	中砂岩	−227.25	11.90	2526	14.27	0.17	31	7.00	是，4#
53	砂质泥岩	−239.15	3.35	2595	23.41	0.22	33	5.20	否
52	粗砂岩	−242.50	4.55	2519	12.01	0.20	31	5.50	否
51	砂质泥岩	−247.05	1.40	2595	23.41	0.22	33	5.20	否
50	粗砂岩	−248.45	3.90	2519	12.01	0.20	31	5.50	否
49	砂质泥岩	−252.35	2.05	2595	23.41	0.22	33	5.20	否
48	粗砂岩	−254.40	2.05	2519	12.01	0.20	31	5.50	否
47	砂质泥岩	−256.45	1.95	2595	23.41	0.22	33	5.20	否
46	中砂岩	−258.40	17.65	2526	14.27	0.17	31	7.00	是，3#
45	砂质泥岩	−276.05	4.50	2595	23.41	0.22	33	5.20	否
44	粗砂岩	−280.55	5.30	2519	12.01	0.20	31	5.50	否
43	砂质泥岩	−285.85	8.20	2595	23.41	0.22	33	5.20	否
42	粗砂岩	−294.05	6.00	2519	12.01	0.20	31	5.50	否
41	泥岩	−300.05	1.60	2654	21.49	0.25	34	4.80	否
40	中砂岩	−301.65	14.40	2526	14.27	0.17	31	7.00	是，2#
39	砂质泥岩	−316.05	7.95	2595	23.41	0.22	33	5.20	否
38	中砂岩	−324.00	3.75	2526	14.27	0.17	31	7.00	否
37	砂质泥岩	−327.75	4.70	2595	23.41	0.22	33	5.20	否
36	中砂岩	−332.45	1.80	2526	14.27	0.17	31	7.00	否
35	砂质泥岩	−334.25	7.00	2595	23.41	0.22	33	5.20	否
34	中砂岩	−341.25	13.75	2526	14.27	0.17	31	7.00	是，1#
33	砂质泥岩	−355.00	6.45	2595	23.41	0.22	33	5.20	否
32	细砂岩	−361.45	2.90	2535	25.34	0.10	47	7.80	否
31	砂质泥岩	−364.35	2.05	2595	23.41	0.22	33	5.20	否
30	细砂岩	−366.40	5.75	2535	25.34	0.10	47	7.80	否
29	泥岩	−372.15	5.75	2654	21.49	0.25	34	4.80	否
28	中砂岩	−377.90	6.80	2526	14.27	0.17	31	7.00	否
27	砂质泥岩	−384.70	4.55	2595	23.41	0.22	33	5.20	否
26	中砂岩	−389.25	1.20	2526	14.27	0.17	31	7.00	否
25	泥岩	−390.45	1.90	2654	21.49	0.25	34	4.80	否
24	中砂岩	−392.35	2.25	2526	14.27	0.17	31	7.00	否
23	砂质泥岩	−394.60	4.15	2595	23.41	0.22	33	5.20	否
22	细砂岩	−398.75	1.30	2526	14.27	0.17	31	7.00	否
21	泥岩	−400.05	3.60	2654	21.49	0.25	34	4.80	否
20	细砂岩	−403.65	3.55	2535	25.34	0.10	47	7.80	否
19	泥岩	−407.20	1.15	2654	21.49	0.25	34	4.80	否
18	细砂岩	−408.35	2.35	2535	25.34	0.10	47	7.80	否

续表

岩层编号	岩性	埋深/m	厚度/m	密度/(kg/m³)	弹性模量/GPa	泊松比	内摩擦角/(°)	抗拉强度/MPa	坚硬顶板
17	砂质泥岩	−410.70	5.30	2595	23.41	0.22	33	5.20	否
16	细砂岩	−416.00	1.60	2535	25.34	0.10	47	7.80	否
15	砂质泥岩	−417.60	5.05	2595	23.41	0.22	33	5.20	否
14	细砂岩	−422.65	3.35	2535	25.34	0.10	47	7.80	否
13	砂质泥岩	−426.00	5.75	2595	23.41	0.22	33	5.20	否
12	细砂岩	−431.75	1.10	2535	25.34	0.10	47	7.80	否
11	泥岩	−432.85	1.85	2654	21.49	0.25	34	4.80	否
10	细砂岩	−434.70	3.00	2535	25.34	0.10	47	7.80	否
9	泥岩	−437.70	2.30	2654	21.49	0.25	34	4.80	否
8	中砂岩	−440.00	2.90	2526	14.27	0.17	31	7.00	否
7	砂质泥岩	−442.90	1.45	2595	23.41	0.22	33	5.20	否
6	中砂岩	−444.35	2.00	2526	14.27	0.17	31	7.00	否
5	砂质泥岩	−446.35	3.65	2595	23.41	0.22	33	5.20	否
4	砂砾岩	−450.00	2.05	2700	18.26	0.20	37	4.20	否
3	泥岩	−452.05	2.20	2654	21.49	0.25	34	4.80	否
2	3-5#煤层	−454.25	20.08	1426	2.89	0.31	30	2.6	否
1	底板	−474.33	—	2590	23.60	0.18	31	5.2	否

7.1.3　采场覆岩压力分析

EH-4 电磁成像系统测量的结果表明，大同矿区垮落带与裂隙带的高度分别为 100m 和 170m（从底板算起）。覆岩垮落角约为 65°，砌体岩块转动角取值为 10°，并结合表 7.1 中的参数，得到各层顶板作用在该工作面开采煤层的支承压力峰值，如图 7.3 所示。

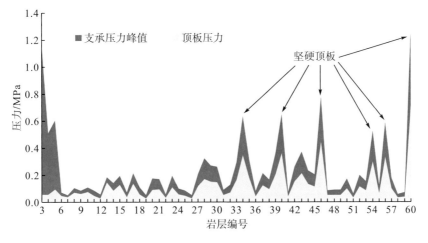

图 7.3　8101 工作面各层顶板作用在煤层的支承压力峰值与顶板压力

注：顶板压力指上覆岩层各顶板因重力而产生的压力。

图 7.3 中红色区域为该工作面各层顶板作用在开采煤层上的支承压力峰值所围成的面积(部分被黄色遮挡)。黄色区域为 8101 工作面各层顶板作用在开采煤层的重力值所围成的面积。从图 7.3 中清晰可见,在塔山煤矿 8101 工作面上覆岩层中,60#顶板,即 5#坚硬顶板,对工作面的压力最大,即为最大致压层。其次对工作面压力较大的岩层分别是 3#、46#、40#、34#、5#、56#、54#和 4#顶板。其中 3#、4#和 5#顶板为临近开采煤层的顶板。它们对开采煤层的压力很大是垮落带悬臂梁结构形成"杠杆效应"造成的。这也表明了现场生产实践中为降低工作面的强矿压显现而处理临近开采煤层的近场顶板的正确性和必要性。正如黄炳香等在同忻煤矿开展井下水力压裂工作面近场顶板的现场试验后,工作面的强矿压显现得到了控制(于斌等,2018a,2018b,2018c)。

此处的 60#、46#、40#、34#、56#和 54#顶板为坚硬顶板,从图 7.3 中可见其对开采煤层具有显著的压力作用。这是由于十二参数采场覆岩压力计算模型中包含了岩层的重力密度、厚度、弹性模量、抗拉强度参数,而坚硬顶板的这些参数值往往较非坚硬顶板的大,因而在进行采场覆岩压力计算时能够发现坚硬顶板对工作面的压力作用突出。这是岩石力学参数作为采场覆岩压力计算模型和坚硬顶板之间的内在联系所决定的。如此也从侧面印证了十二参数采场覆岩压力计算模型的合理性。图 7.3 也表明了为降低工作面的强矿压而水力压裂坚硬顶板具有一定的合理性。同时,图 7.3 也揭示了仅压裂近场顶板不能从根本上解决强矿压显现问题的原因。所以为降低工作面强矿压显现,临近开采煤层的近场顶板和远场坚硬顶板均有必要采取技术措施(如水力压裂等)。也正因如此,远、近场协同弱化的顶板控制技术才应运而生。

此外,图 7.3 中红色区域与黄色区域的面积之差,即可见的红色部分,是采场覆岩结构导致的压力。可见采场覆岩结构对工作面的支承压力有着非常重大的影响,尤其临近工作面的顶板与坚硬顶板在采场覆岩结构中起着显著的致压作用,甚至远远超出了其自身重力对工作面的压力作用。在工程现场为降低工作面强矿压显现也往往是对这些岩层采取技术措施(水力压裂、水力割缝、爆破等)。

由上述分析可知,本书提出的十二参数采场覆岩压力计算模型对覆岩在工作面形成的压力的分析结果与在工程实践中所认识的是一致的,且可有效地应用于工程现场,为工作面的措施层选取与灾害防治提供理论依据。

7.1.4 地面水力压裂目标层判定

根据上述分析,塔山煤矿 8101 工作面 60#顶板(即 5#坚硬顶板)为最大致压层,对工作面煤层的压力最大,因此可以考虑对该层岩层进行水力压裂。然而,水力压裂目标层的选择是安全、经济、技术等多因素综合考量的结果。以往的压裂几乎均是井下压裂,只能对临近工作面的近场顶板进行压裂,且井下压裂成本低、技术成熟,所以,如有必要可以对压裂范围内的全部顶板均进行压裂。因此对于井下压裂,讨论压裂目标层的选择意义不大。然而,对于远场顶板则不然,此时井下压裂已不能触及远场顶板,需采用地面压裂的方式,但地面压裂成本高昂。因此,此时压裂目标层的选择非常重要,不仅直接关系到地面压裂钻孔的深度(直接关系到经济成本),而且关系到能否取得降低工作面强矿压显现的技术效果。因此，本书更关注的是井下水力压裂所不能及的远场顶板的压裂目标层选择。

对于塔山煤矿 8101 工作面，井下水力压裂所不能及的远场顶板即为 29#顶板及其以上的顶板。结合采场覆岩压力的分析，只有 60#、46#、40#、34#、56#和 54#顶板作为地面水力压裂远场顶板的备选岩层。当不考虑其他因素时，这几层顶板全部压裂似乎是最好的选择。但现场不可能不考虑其他因素，如安全、经济、效益等。当只压裂一层顶板时，60#顶板作为最大致压层可被压裂，但是在该工作面 60#顶板是主关键层，控制其上直到地表之间的岩层，贸然对其进行水力压裂很可能产生地表沉陷加剧、地下水流失等问题。如果要避免产生此类问题，就要避免压裂这样的顶板。同时 60#和 46#顶板均处于弯曲下沉带内，覆岩的垮落扩展不到这里，所以对它们进行压裂并不能使它们易于垮落。另外，46#顶板对开采煤层产生的压力只比 40#和 34#顶板产生的压力大一点，且高位岩层受到低位岩层的保护，只压裂高位岩层而低位岩层依然完好，则高位岩层仍然难以破断垮落，达到降低工作面强矿压显现的效果。综合考虑之下，只压裂一层顶板时，应优先选择压裂 34#顶板（1#坚硬顶板）。当压裂两层顶板时，应选择压裂 34#和 40#顶板（2#坚硬顶板）。这是鉴于采场覆岩压力分析所得，有必要进行压裂且不在弯曲下沉带内的两层远场坚硬顶板。此外，无第三层顶板应该或值得被压裂。

7.2　地面水力压裂目标层判定结果的验证

为了验证上述地面水力压裂目标层判定结果的正确性，下面采用数值模拟方法，模拟研究长壁开采过程中顶板的能量释放事件和压裂弱化顶板后工作面的超前支承应力，分析地面水力压裂的目标层，然后与上述地面水力压裂的目标层判定结果进行对比、验证。

7.2.1　长壁开采过程数值模拟方法

在采用长壁采煤法采煤时，煤炭采出后形成采空区，打破了原始的地应力平衡状态，地应力场被扰动，并且随着煤层的不断向前开采扰动加剧，围岩开始变形，顶板开始离层、破坏，最终垮落，与此同时伴随着能量的释放。为模拟这些过程，以及分析赋存坚硬顶板的煤矿开采过程中工作面的矿压显现和确定地面水力压裂的目标层，开展了长壁开采过程数值模拟研究。

长壁开采过程是一个系统、复杂的时空演化过程。尽管如此，仍能梳理出开采过程中岩层移动、变形、破坏的主要物理现象：开采扰动造成煤岩体损伤软化，顶板垮落、堆积、充填采空区，接触顶板后再次支撑上覆岩层，并且整个开采过程始终伴随能量的释放。在矿山压力作用下，岩层可能发生屈服和破坏，直接影响矿山压力的重分布。故采用合适的本构模型以确保岩层在矿山压力作用下发生屈服、破坏和应力重分布，这对开采过程中矿压显现的分析至关重要。根据不同脆性岩样的三轴压缩试验结果，脆性岩石的应力-应变曲线通常可以划分为线弹性变形、损伤软化和应变软化 3 个阶段。线弹性变形阶段煤岩体本构方程可表示为

$$\sigma = E_0 \varepsilon \tag{7.1}$$

式中，E_0 为初始的弹性模量，Pa；ε 为应变。

随后，当应力超过屈服点后，岩石内部结构受损而发生损伤，为损伤软化阶段。根据损伤力学理论，该阶段煤岩体的本构方程可表示为

$$\sigma = (1-D)E_0\varepsilon \tag{7.2}$$

式中，D 为损伤变量，其一般定义为

$$D = 1 - \frac{\tilde{s}}{s} \tag{7.3}$$

式中，$\tilde{s}$ 为有损状态下的单元单位承载面积；s 为单元单位承载面积。

依据塑性理论，材料的塑性应变是屈服导致的。塑性体积应变是塑性应变的组成之一，表示岩石发生损伤引起的体积膨胀。单元发生损伤时，塑性体积应变 ε_v^p 增大，导致单元承载面积增大，此时单元单位承载面积为 $s = \tilde{s}(1+\varepsilon_v^p)$，因此此时损伤可进一步表示为

$$D = \frac{\varepsilon_v^p}{1+\varepsilon_v^p} \tag{7.4}$$

最终，将式(7.4)代入式(7.2)中得到损伤软化阶段煤岩体的本构方程为

$$\sigma = \frac{E_0\varepsilon}{1+\varepsilon_v^p} \tag{7.5}$$

煤岩体破坏后，其继续产生变形所需的应力降低，表现为应变软化。大量煤岩体力学测试表明(杨胜利等，2016)，内摩擦角受塑性应变影响很小，可忽略不计，内聚力随塑性应变的演化可由式(7.6)描述，抗拉强度的弱化设定按式(7.7)演化。

$$c = \frac{(1-\sin\varphi)\sigma_c}{2d\cos\varphi}\left[\frac{3\varepsilon^p(1-\sin\varphi)}{2\sqrt{3+\sin^2\varphi}}+d\right]\exp\left(-\frac{3\varepsilon^p(1-\sin\varphi)}{2d\sqrt{3+\sin^2\varphi}}\right) \tag{7.6}$$

$$\sigma = \begin{cases} \sigma_t\left(1-\dfrac{\varepsilon_t^p}{\varepsilon_{tm}^p}\right), & \varepsilon_t^p < \varepsilon_{tm}^p \\ 0, & \varepsilon_t^p \geqslant \varepsilon_{tm}^p \end{cases} \tag{7.7}$$

式中，c 为内聚力，Pa；φ 为内摩擦角，(°)；σ_c 为单轴抗压强度，Pa；d 为常数；ε^p 为塑性应变；σ_t 为抗拉强度，Pa；ε_t^p 为塑性拉应变；ε_{tm}^p 为最大塑性拉应变。

随着工作面的推进，顶板破坏加剧，当达到一定阈值且无采空区垮落岩块支撑时，顶板将发生垮落。顶板的垮落受多因素影响，本书采用多项指标综合判断顶板的垮落(Lu et al.，2019)：①拉伸破坏导致顶板垮落，顶板单元的抗拉强度降为零；②剪切破坏导致顶板垮落，顶板单元的内聚力降为零；③损伤破坏导致顶板垮落，顶板单元的损伤达到损伤阈值，损伤阈值可通过反演求得；④顶板岩层垂向位移达到该岩层极限下沉量。极限下沉量可由下式得出：

$$S_1 = t - \frac{ql^2}{mt[\sigma_c]} \tag{7.8}$$

式中，t 为岩层厚度，m；q 为载荷，Pa；l 为顶板破断步距，m；m 为无量纲系数，$m=0.1t$；$[\sigma_c]$ 值为 $0.30\sim0.35$ 倍岩石单轴抗压强度，Pa。

当顶板下部为临空面时，只要满足上述垮落判据中的一项，岩层便发生垮落，并堆积

在采空区。根据矿压理论，顶板理论垮落高度为

$$H = \frac{M}{k-1} \tag{7.9}$$

式中，M 为煤层采高。

故顶板垮落后堆积在采空区的岩块的碎胀系数为

$$k = \frac{M}{H} + 1 \tag{7.10}$$

因此，测得顶板的垮落高度后就能反解得堆积在采空区的岩块的碎胀系数。顶板垮落高度的测量可以通过现场实测的方法进行。然而现场实测成本高，尤其是煤层埋深较大的煤矿。因而许多学者采用式(7.11)所示经验公式估算顶板垮落高度。

$$H = \frac{100M}{c_1 M + c_2} \tag{7.11}$$

式中，C_1、C_2 均为经验系数。

得到采空区堆积岩块碎胀系数后便可根据岩石碎胀特性在采空区进行碎胀充填。当充填的岩块接触覆岩后，在覆岩压力作用下将被压实并再次支撑覆岩。根据 Salamon 建立的破碎岩体压实理论，采空区岩体的应力-应变关系可用式(7.12)描述：

$$\sigma_{\mathrm{v}} = \frac{E_{\mathrm{c0}} \varepsilon_{\mathrm{v}}}{1 - \dfrac{\varepsilon_{\mathrm{v}}}{\varepsilon_{\mathrm{v}}^{\mathrm{m}}}} \tag{7.12}$$

式中，E_{c0} 为采空区岩体的初始切线模量，可由试验测取，也可由式(7.13)得出；$\varepsilon_{\mathrm{v}}^{\mathrm{m}}$ 为可能达到的最大垂向应变，可由下式计算：

$$E_{\mathrm{c0}} = \frac{10.39 \sigma_{\mathrm{c}}^{1.042}}{k^{7.7}} \tag{7.13}$$

$$\varepsilon_{\mathrm{v}}^{\mathrm{m}} = \frac{k-1}{k} \tag{7.14}$$

此外，煤层开采过程中始终伴随着能量的释放。释放的能量是储存在岩层内的变形能的一部分，岩层破坏时，该部分能量被转化为能被声发射仪或微震仪监测到的能量而释放出来。本书基于弹塑性理论，采用塑性应变能计算煤层开采过程中顶板破坏释放的能量。塑性应变能计算式为

$$E_{\mathrm{p}} = \left| \frac{\sigma_1 + \sigma_2 + \sigma_3}{3} \varepsilon_{\mathrm{v}}^{\mathrm{p}} \right| + \left| \frac{\sqrt{(\sigma_1 - \sigma_2)^2 + (\sigma_2 - \sigma_3)^2 + (\sigma_3 - \sigma_1)^2}}{3} \varepsilon_{\mathrm{s}}^{\mathrm{p}} \right| \tag{7.15}$$

式中，σ_1、σ_2、σ_3 分别为最大、中间、最小主应力，Pa；$\varepsilon_{\mathrm{s}}^{\mathrm{p}}$ 为岩石塑性切应变。

7.2.2　长壁开采过程数值模拟

基于 FLAC3D 软件，根据上述长壁开采过程数值模拟方法进行了软件的二次开发，以塔山煤矿 8101 工作面为数值模拟的物理原型开展了研究。由于开展数值模拟研究时未认识到 2#坚硬顶板中的夹层并非单独的岩层，因而结合表 7.1 和表 7.2 所示的地层信息建立了如图 7.4 所示的包含 5 层坚硬顶板的数值模型。模型尺寸为 1200m×580m（长×高），

单元数为 36611 个。为避免 interface 命令处理层间交界面后程序遍历受阻的问题，采用了极薄的软弱夹层来模拟岩层间的交界面。同时为避免构建矿井尺度的三维模型而使计算精度与速率降低，采用了二维模型。模型的顶部边界采用自由边界，底部边界采用固定边界，并限制左侧和右侧的水平位移。

表 7.2　2#坚硬顶板中的夹层

岩层编号	岩性	埋深/m	厚度/m	备注
⋮	⋮	⋮	⋮	
42	中砂岩	−301.65	3.50	
41	泥岩	−305.15	1.15	2#坚硬顶板
40	中砂岩	−306.30	9.75	
⋮	⋮	⋮	⋮	

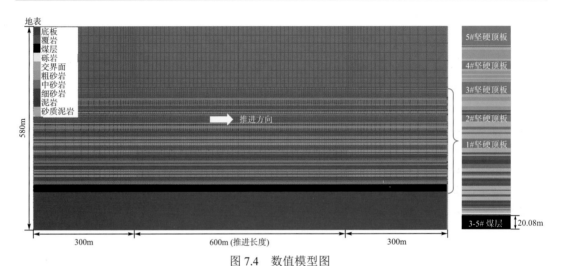

图 7.4　数值模型图

图 7.5 所示为模拟开采完成时的岩层运移图。图中可见垮落带高度达 96.43m，与 EH-4 电磁成像系统测量的大同矿区 100m 的垮落带高度的误差为 3.57%。此外，从图 7.5 中还可以看到该工作面两端煤壁处顶板岩层的垮落角分别为 64°和 66°，与大同矿区生产实践中观测到的垮落角具有相当的一致性(于斌，2014)。

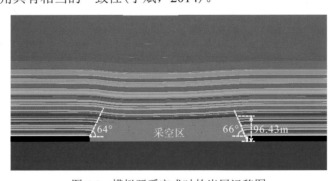

图 7.5　模拟开采完成时的岩层运移图

图 7.6 为模拟开采完成时的岩层塑性区分布图。从图中可以看到，该工作面两端顶板岩层的超前破坏区域的边界与水平方向的夹角分别为 65° 和 70°，均在生产实践中观察到的 65°～85°（Wang et al.，2012）的范围内，说明了计算结果的合理性。

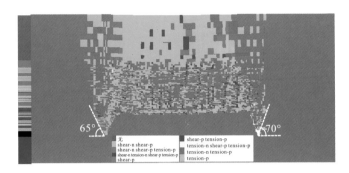

图 7.6　模拟开采完成时的岩层塑性区分布图

注：shear 表示剪切力，tension 表示张力。

图 7.7(a) 为模拟开采完成时的垂直应力场分布图。从图中可观察到，该工作面两端煤壁附近为超前支承应力增高区，此时最大动压系数达 2.62。在采空区中后部，由于顶板已充分垮落并充满采空区，所以采空区破碎岩体在上覆岩层的压力作用下被重新压实并再次承受覆岩的压力。此外，由于岩体垮落、堆积的时空效应，在采空区内呈现出如图 7.7(a) 所示的垂直应力向前向上规律增大分布的云图。在相似模拟试验中也能观察到由于顶板的周期性破断垮落，在采空区岩体中形成了如图 7.7(b) 所示的不断向前向上发展的破断迹线。正是破断迹线形成过程中的时空效应，造成了图 7.7(a) 所示的应力分布，同时印证了数值模拟结果的合理性。

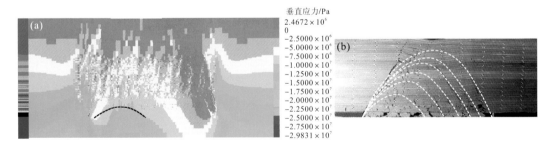

图 7.7　模拟开采完成时的垂直应力场分布与相似模型开挖后的垮落形态

以上数值计算结果表明，本书针对塔山煤矿 8101 工作面建立的数值模型能够反映出实际的物理现象与特征，是合理有效的。因此，可以在此基础上开展后续研究。

7.2.3　顶板的能量释放事件

为在众多顶板中快速圈定潜在的水力压裂目标层，本书首先对长壁开采过程中各顶板破坏释放的能量进行了分析。如图 7.8 所示（图中"3#"表示第 3 层顶板释放的能量，其他以此类推），各层顶板破坏释放的能量的峰值均处于 10^4J 量级，这与张培鹏等(2014)在高位硬厚岩层破坏研究中现场监测到的微震能量量级是一致的。在各层顶板中，直接顶因距开采煤层最近，受开采扰动影响最大，其能量释放事件贯穿整个开采过程，且在开采初期剧烈释放能量。几乎由于同样的原因，近场顶板释放的能量均较大，如图 7.8 所示。这也说明了在近场进行井下水力压裂的必要性。

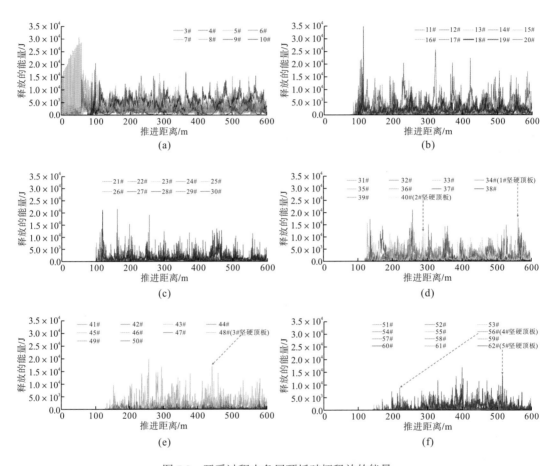

图 7.8　开采过程中各层顶板破坏释放的能量

　　图 7.9 所示的各层顶板破坏释放的总能量还揭示了随着层位的增高顶板破坏释放的能量总体呈减小趋势。在后续的研究中也证实了这一点，当顶板全部由同一厚度同一岩性的岩层组成时，顶板破坏释放的总能量随其层位增高总体呈"L"形减小趋势，如图 7.10 所示。但是图 7.10 中部分顶板释放的能量明显不服从此规律，原因是此类岩层通常厚度大或岩性坚硬或两者兼而有之，如 10#、14#、20#顶板均为脆性很强的细砂岩，其破坏释放的能量通常较大；34#、40#、48#、56#、62#顶板为硬厚砂岩顶板，其破坏也剧烈释放能量，表明了岩性对顶板的能量释放具有显著影响。同时，尽管 62#顶板距开采煤层很远，但其厚度大，释放能量仍较大，说明了厚度对顶板的能量释放同样具有重要影响。

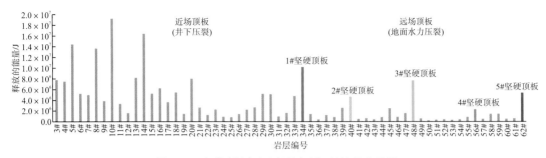

图 7.9　开采过程中各层顶板破坏释放的总能量

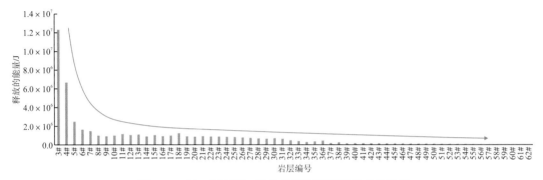

图 7.10　同一厚度同一岩性的顶板破坏释放的总能量

　　综上，能量释放剧烈的岩层往往赋存层位低、岩性坚硬、厚度大。在远场则主要是由于岩性坚硬和厚度大，这也是导致强矿压显现的主要原因，同时，也是井下压裂近场顶板未能从根源上彻底解决强矿压显现问题的原因。由于岩层坚硬、厚度大，从而难以破断垮落，当其突然破断垮落时，往往剧烈释放能量并产生冲击，造成工作面强矿压显现，给工作面的稳定和安全造成威胁。故水力压裂远场顶板时应优先压裂释放能量较大的顶板。在塔山煤矿 8101 工作面即为 29#顶板及其以上的大量释放能量的顶板，如 29#、30#、33#、34#、39#、40#、45#、48#、56#、62#顶板。29#、33#、39#、45#顶板为泥质岩性的岩层，不宜压裂。30#顶板为细砂岩，岩性坚硬完整，相对其他远场顶板层位低，这是其能量释放剧烈的两个主要原因，相比 34#、40#、48#、56#、62#硬厚砂岩顶板，其厚度薄，在对工作面的矿压影响中难以扮演重要的角色，故仍不考虑对其进行水力压裂。如此，便重点考虑 34#、40#、48#、56#、62# 5 层坚硬顶板。

　　为进一步确定水力压裂的目标层，对坚硬顶板的能量释放事件与工作面超前支承应力峰值的关系进行了分析。从图 7.11 中清晰可见，坚硬顶板释放的能量突然剧增往往对应着工作面超前支承应力峰值曲线的谷值，尤其是对于 1#坚硬顶板。这是由于高能量事件的突然发生往往预示着岩层的破断，而岩层破断后原本作用在该破断岩块上的高应力发生了转移，从而使工作面卸压，所以在工作面超前支承应力峰值上表现为降低，从而降低工作面的强矿压。这表明了坚硬顶板对工作面的矿压具有显著影响，以及现场水力压裂坚硬顶板是具有一定合理性的，同时也印证了解决坚硬顶板导致的工作面强矿压显现问题的有效方法之一就是破除坚硬顶板的完整性，使其易于破断垮落，从而降低工作面强矿压。随着坚硬顶板层位增高，上述对应关系逐渐减弱，表明坚硬顶板层位增高对工作面的影响降低。

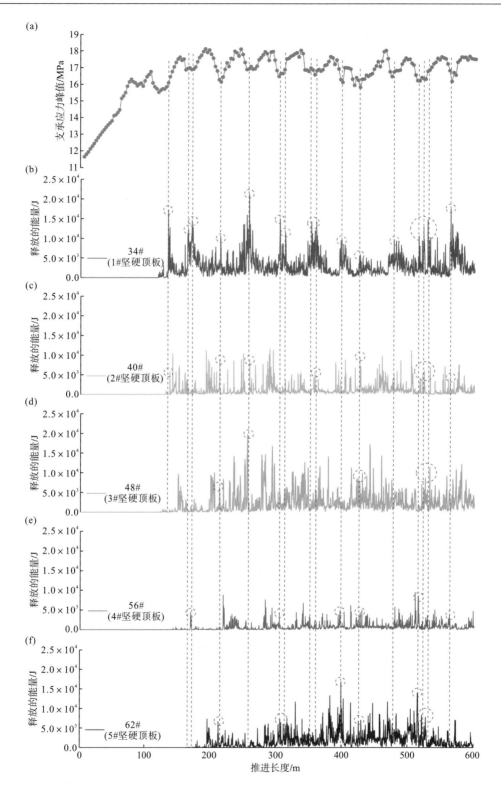

图 7.11　坚硬顶板的能量释放事件与工作面超前支承应力峰值的关系

(a) 不同推进长度下工作面超前支承应力的峰值；(b)～(f) 分别为 1#～5#坚硬顶板释放的能量

7.2.4　弱化顶板后的超前支承应力

水力压裂煤层上覆坚硬顶板在于控制采场的强矿压显现。因此，水力压裂的目标层必定是对工作面的矿压具有较大影响和将其压裂后能降低工作面矿压的岩层。前面的分析已将压裂目标层初步锁定在坚硬顶板。事实上，为节约成本现场往往只压裂 1～2 层岩层，因此还需进一步准确判断水力压裂的目标层。故下面对弱化坚硬顶板对工作面超前支承应力峰值的影响展开了研究，具体是在原地质条件(原型)下分别弱化各层坚硬顶板，以模拟水力压裂弱化坚硬顶板后工作面超前支承应力峰值的变化。岩层被压裂后其力学性能无疑将被弱化，其弱化规律的研究一直是难点，目前尚无定论。故本书将水力压裂后岩体的内聚力、内摩擦角、抗拉强度分别由原来的初值 6.8MPa、31°、7.0MPa 弱化至 3.4MPa、30°、0.7MPa，其他设置保持不变，以定性研究水力压裂坚硬顶板后工作面矿压的变化。

分别弱化各层坚硬顶板后工作面超前支承应力峰值曲线如图 7.12 所示。图 7.12(a)中可明显地观察到弱化 1#坚硬顶板后工作面超前支承应力峰值整体较原型减小了。在图 7.12(b)中由于覆岩改变后工作面超前支承应力峰值曲线发生了变化，并与原型的峰值曲线交织在一起，难以判断两者的大小关系。对此，采用"错位对比"的方法，将"弱化2#坚硬顶板"曲线中的①区段和②区段平移几个单位后再与原型进行对比。对比分析的目的在于比较两峰值曲线整体的大小关系，而不是预测不同推进长度的工作面超前支承应力峰值，所以平移后"错位对比"并不影响结果的正确性。错位处理后，能够明显地观察到弱化 2#坚硬顶板后工作面超前支承应力峰值整体较原型略小，图 7.12(c)中整体较原型增大，图 7.12(d)中整体较原型略大，图 7.12(e)中整体较原型略有减小。图 7.12(f)所示为原型和分别弱化各层坚硬顶板后工作面超前支承应力峰值的均值，从图中能更清晰地看到，弱化层位低的 1#和 2#坚硬顶板后工作面超前支承应力峰值降低，弱化厚度最大的 5#坚硬顶板后略有降低，弱化 3#或 4#坚硬顶板则不能。

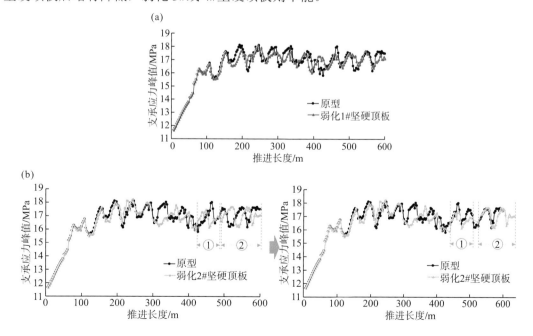

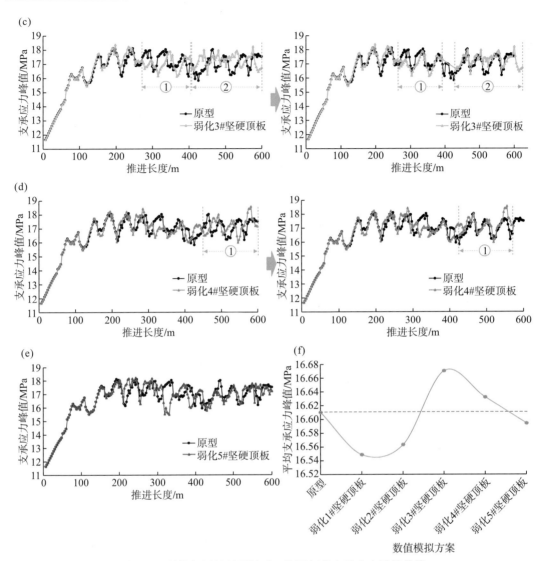

图 7.12　弱化各层坚硬顶板后工作面超前支承应力峰值曲线

(a)～(e)分别弱化 1#～5#坚硬顶板后的超前支承应力峰值与原型的峰值对比；(f)原型和分别弱化各层坚硬顶板后的超前支承
应力峰值平均值

　　上述内容从顶板的能量释放事件，坚硬顶板的能量释放与工作面超前支承应力峰值的关系，以及弱化各层坚硬顶板后工作面超前支承应力峰值的变化等几个方面进行了分析，综合可得，远场坚硬顶板厚度差异不大时，相对低层位的坚硬顶板对工作面矿压的影响更大。故为治理工作面强矿压而压裂远场坚硬顶板时，应优先压裂层位最低的坚硬顶板，只要其厚度不是相对太薄。就塔山煤矿 8101 工作面而言，水力压裂的最佳目标层为层位最低的 1#坚硬顶板，其次为 2#坚硬顶板。当然，同时压裂该两层坚硬顶板对减缓工作面强矿压的效果更佳。

　　本节采用数值模拟的方法，以同一煤矿为研究对象，给出了与基于采场覆岩压力分析的地面水力压裂目标层判定方法相同的地面水力压裂目标层判定结果，验证了基于采场覆岩压力分析的地面水力压裂目标层判定方法的有效性。相比之下，基于采场覆岩压力分析的地面水力压裂目标层判定方法简单、便捷，只需输入采场覆岩的物理力学参数至本书给出的计算机解算程序中便可迅速判定出各层顶板在工作面煤层中形成的超前支承压力及其峰值，从而分析判定出地面水力压裂的目标层。此过程快速、简单、易行，普通管理人员便可掌握使用，避免了数值模拟运算时间较长、分析量较大以及对专业知识要求高的问题。

7.3　基于坚硬顶板强度弱化的采场强矿压显现控制效果分析

本节通过数值手段，对不同层位坚硬顶板强度弱化后的大空间采场矿压显现演变规律进行分析，为地面压裂坚硬岩层控制强矿压提供理论依据。

7.3.1　数值模型的建立

同忻煤矿地处大同市西南，大同煤田北东部，是晋能控股煤业集团有限公司旗下的生产主力矿，矿井年设计生产能力为 1000 万 t。同忻煤矿 8202 工作面走向长 2250m，倾斜长 200m，埋深 501m，采用一次采全高综放开采 3-5#煤层。根据地面取心钻孔揭露的地质信息，该工作面煤层厚度为 21m，呈近水平赋存，赋存稳定。上覆 4 层坚硬顶板，主要由粉、细砂岩和中、粗砂岩组成。8202 工作面推进过程中，矿压显现强烈。工作面上覆岩层柱状图如图 7.13 所示。

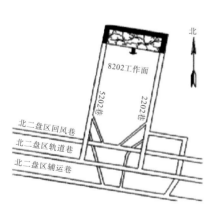

柱状	岩层编号	岩性	埋深/m	厚度/m	坚硬顶板
	24	粗砂岩	386.8	24.8	4#
	23	粉砂岩	388	1.2	
	22	中砂岩	392.7	4.7	
	21	粗砂岩	395.7	3.0	
	20	粉砂岩	404.3	8.6	3#
	19	细砂岩	405.6	1.3	
	18	中砂岩	408.1	2.5	
	17	细砂岩	410.7	2.6	
	16	粉砂岩	420.8	10.1	
	15	粗砂岩	432.3	11.5	2#
	14	粉砂岩	440.5	8.2	
	13	粗砂岩	442.4	1.9	
	12	粉砂岩	449	6.6	
	11	砂质泥岩	450.3	1.3	
	10	煤	451.8	1.5	
	9	砂质泥岩	454	2.2	
	8	粉砂岩	466.5	12.5	1#
	7	砂质泥岩	468.5	2.0	
	6	煤	470.7	2.2	
	5	粉砂岩	475.3	4.6	
	4	煤	478.6	3.3	
	3	砂质泥岩	480	1.4	
	2	3-5#煤层	501	21	
	1	粗砂岩	561	60	

图 7.13　工作面上覆岩层柱状图

基于特厚煤层综放开采全过程数值模拟方法,建立了一个含有 25 层岩层的几何模型,如图 7.14 所示。模型尺寸为 16000m×550m(长×高),网格单元数为 68800 个。模型上边界采用自由边界,下边界采用固定边界并约束左右边界水平位移,每次开采 3m,模拟现场开切眼到 1200m 的开采范围。煤岩体物理力学参数见表 7.3。

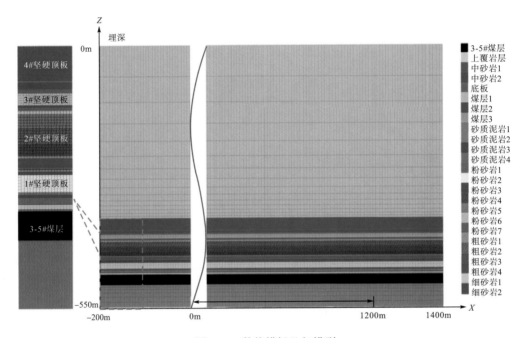

图 7.14 数值模拟几何模型

表 7.3 煤岩体物理力学参数

岩性	密度 /(kg/m³)	体积模量 /GPa	剪切模量 /GPa	内聚力 /MPa	内摩擦角 /(°)	抗拉强度 /MPa	抗压强度 /MPa
覆岩	2400	9.33	5.6	5.5	35	3.0	—
中砂岩	2400	13.89	10.42	7.2	35	6.3	61.2
细砂岩	2500	18.49	15.04	15.7	40	9.2	75.5
粗砂岩	2400	12.68	8.73	6.8	35	5.5	57.4
粉砂岩	2500	15.00	9.44	8.5	37	5.7	59.3
砂质泥岩	2300	10.95	7.54	5.5	33	5.0	63.8
煤层	1400	10.35	4.78	4.0	30	2.6	24.8
底板	2400	11.83	8.88	8.5	35	6.0	—
采空区	2000	1.042	0.176	0.002	20	0	—

7.3.2 坚硬顶板强度弱化方案

本节针对表征坚硬顶板强度的多项参数进行弱化,分析其变化对采场强矿压显现的影响。坚硬顶板强度弱化方案见表 7.4、表 7.5。

表 7.4　单层坚硬顶板强度弱化方案

序号	弱化岩层	弱化参数	弱化系数/%
1	1#	弹性模量、抗压强度	15
2	2#	弹性模量、抗压强度	15
3	3#	弹性模量、抗压强度	15
4	4#	弹性模量、抗压强度	15

表 7.5　多层坚硬顶板强度弱化方案

序号	弱化岩层	弱化参数	弱化系数/%
5	1#、2#	弹性模量、抗压强度	15
6	1#、3#	弹性模量、抗压强度	15
7	1#、2#、3#	弹性模量、抗压强度	15
8	1#、2#	弹性模量、抗压强度	30
9	1#、3#	弹性模量、抗压强度	30
10	1#、2#、3#	弹性模量、抗压强度	30
11	1#、2#	弹性模量、抗压强度	45
12	1#、3#	弹性模量、抗压强度	45
13	1#、2#、3#	弹性模量、抗压强度	45

7.3.3　单层坚硬顶板强度弱化对采场强矿压显现的影响

由图 7.15 可知，覆岩破断失稳是岩层剪切滑移和拉伸扩张的结果，覆岩塑性区分布范围随工作面推进长度的增加呈非均匀扩展态势。塑性区的动态演化过程分析见 4.2.3 节，本节不再具体分析。在 1#岩层强度弱化 15%后，对比未弱化，高位岩层所在拉伸破坏区域面积减小（图 7.15），表明 1#岩层强度弱化 15%后，顶板更容易破断失稳，形成的冒落矸石减缓了上覆未破断岩层的弯曲下沉，离层拉伸破坏减少。

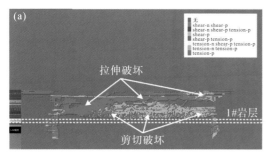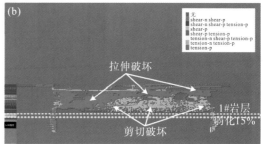

图 7.15　工作面推进长度为 1200m 时的塑性区范围

注：shear 表示剪切力，tension 表示张力。

采位推进到 1200m 时，原型和 1#岩层强度弱化 15%的覆岩垂直应力场如图 7.16（a）和图 7.16（b）所示。由图 7.16 可知，采空区两侧处于应力增高区，与未弱化相比，应力差最大达 10.69MPa。对比图 7.16(a)和图 7.16(b)可知，1#岩层强度弱化 15%后，应力得到释放，工作面前方煤壁岩层减小，且垂直应力数值均较原型减小。由此说明，当 1#岩层强度弱化后，覆岩应力得以释放，下部岩层应力明显减小。

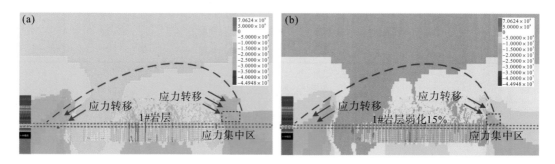

图 7.16　工作面推进长度为 1200m 时的垂直应力分布图

注：图例为应力，Pa。

基于设置的支架压力监测单元，同时监测工作面支架压力的变化，根据数值计算结果，提取出大于额定工作阻力(36.86MPa)的数据，得到 1#～4#岩层强度弱化 15%后支架压力与原型的支架压力对比图(图 7.17)。

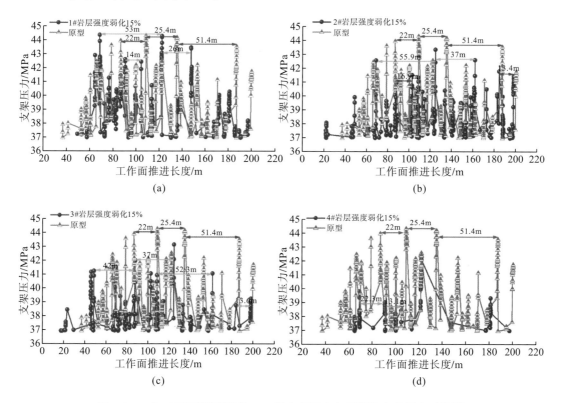

图 7.17　1#～4#岩层强度弱化 15%后支架压力与原型的支架压力对比图

通过对采场来压强度结果进行分析(图 7.18)，坚硬顶板未弱化时，8202 工作面来压强度大于 36.86MPa 的事件约占总体的 8.39%，最大支架压力为 42.16MPa。1#岩层强度弱化 15%后，局部矿压显现增强，最大支架压力为 44.31MPa，来压强度大于 36.86MPa 的事件约占 6.9%，如图 7.17(a)所示。2#岩层强度弱化 15%后，局部矿压显现增强，最大支架压力为 43.21MPa，来压强度大于 36.86MPa 的事件约占 6.72%，如图 7.17(b)所示。3#岩层强度弱化 15%后，局部矿压显现增强，最大支架压力为 43.02MPa，来压强度大于 36.86MPa 的事件约占 4.2%，如图 7.17(c)所示。4#岩层强度弱化 15%后，局部矿压显现增强，最大支架压力为 41.90MPa，来压强度大于 36.86MPa 的事件约占 4.08%，如图 7.17(d)所示。

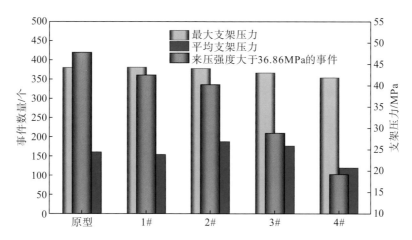

图 7.18　1#～4#岩层强度弱化 15%后支架压力与来压强度大于 36.86MPa 的事件数量

通过分析图 7.18，1#岩层强度弱化 15%时支架压力均值和峰值相比原型分别降低了 2.53%和升高了 5.1%；2#岩层强度弱化 15%时支架压力均值和峰值相比原型分别升高了 9.92%和 2.49%；3#岩层强度弱化 15%时支架压力均值和峰值相比原型分别升高了 5.85% 和 2.04%；4#岩层强度弱化 15%时支架压力均值和峰值相比原型分别降低了 15.19%和 6.17%。不同层位坚硬顶板强度弱化后，4#岩层强度弱化 15%时，支架工作阻力和矿压显现强度都得到了控制，1#、2#和 3#岩层强度弱化 15%显然不能达到预期目的，2#和 3#岩层强度弱化 15%甚至增加了采场强矿压显现风险。

如图 7.17 所示，基本上每间隔 2～3 次一般强度的周期来压工作面就会出现一次强烈周期来压，表现为出现持续性的强矿压显现。如图 7.19 所示，随着弱化坚硬顶板层位高度的增加，正常周期来压步距和强矿压显现来压步距均先增大后减小，对应动载系数随之先增大再减小，后增大，而来压强度大于 36.86MPa 的事件却随之减少(图 7.18)。

上述结果表明，地面压裂坚硬顶板时，压裂的坚硬顶板距离开采煤层越近，越有利于减缓采场矿压显现。

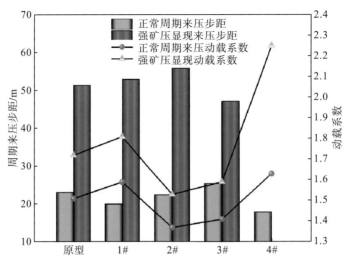

图 7.19　1#~4#岩层强度弱化 15%后的周期来压步距及其动载系数

7.3.4　多层坚硬顶板强度弱化对采场强矿压显现的影响

1. 多层坚硬顶板强度弱化 15%

对 1#和 2#岩层，1#和 3#岩层，1#、2#和 3#岩层强度弱化 15%的矿压显现数据统计如图 7.20~图 7.22 所示。

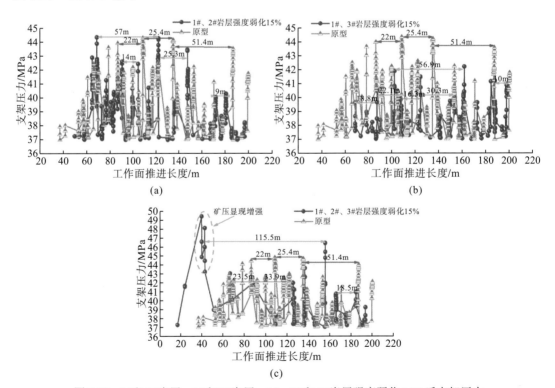

图 7.20　1#和 2#岩层，1#和 3#岩层，1#、2#和 3#岩层强度弱化 15%后支架压力

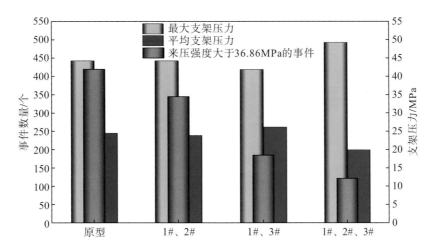

图 7.21　1#和 2#岩层，1#和 3#岩层，1#、2#和 3#岩层强度弱化 15%后支架压力与来压强度大于 36.86MPa 的事件数量

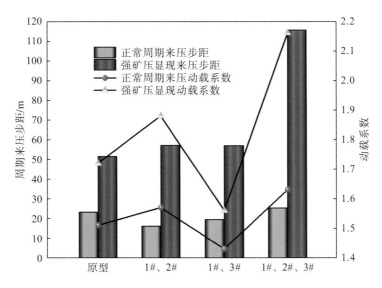

图 7.22　1#和 2#岩层，1#和 3#岩层，1#、2#和 3#岩层强度弱化 15%后的周期来压步距及其动载系数

如图 7.20(a)所示，1#和 2#岩层强度弱化 15%后，局部矿压显现增强，最大支架压力为 44.31MPa，而来压强度大于 36.86MPa 的事件约占 6.9%。如图 7.20(b)所示，1#和 3#岩层强度弱化 15%后，局部矿压显现增强，最大支架压力为 41.96MPa，而来压强度大于 36.86MPa 的事件约占 2.42%。如图 7.20(c)所示，1#、2#和 3#岩层强度弱化 15%后，局部矿压显现显著增强，最大支架压力为 49.27MPa，而来压强度大于 36.86MPa 的事件约占 3.7%。

通过分析图 7.21，1#和 2#岩层弱化 15%时支架压力均值和峰值相比原型分别降低了 2.57%和升高了 5.1%。1#和 3#岩层弱化 15%时支架压力均值和峰值相比原型分别升高了 6.86%和降低了 4.74%。1#、2#和 3#岩层弱化 15%时支架压力均值和峰值相比原型分别降低了 18.49%和升高了 16.86%。多层位坚硬顶板强度弱化 15%后，支架压力均值和峰值出现不同程度的升高或降低，但均不能达到预期目的，甚至 1#和 2#岩层，1#、2#和 3#岩层强度弱化 15%增加了强矿压显现的风险。

如图 7.22 所示，1#和 3#岩层强度弱化 15%对控制矿压显现的效果较好，只在局部出现持续性较短的强矿压显现，但 1#和 2#岩层，1#、2#和 3#岩层强度弱化 15%却增加了强矿压显现的风险。

2. 多层坚硬顶板强度弱化 30%

对 1#和 2#岩层，1#和 3#岩层，1#、2#和 3#岩层强度弱化 30%的矿压显现数据统计如图 7.23～图 7.25 所示。

如图 7.23(a)所示，1#和 2#岩层强度弱化 30%后，矿压显现弱化较明显，最大支架压力为 42.21MPa，来压强度大于 36.86MPa 的事件约占 5.04%。如图 7.23(b)所示，1#和 3#岩层强度弱化 30%后，矿压显现弱化很明显，最大支架压力为 42.43MPa，来压强度大于 36.86MPa 的事件约占 2.06%。如图 7.23(c)所示，1#、2#和 3#岩层强度弱化 30%后，采位推进到 43.5m 左右时，局部矿压显现显著增强，最大支架压力为 46.67MPa，来压强度大于 36.86MPa 的事件约占 0.54%。

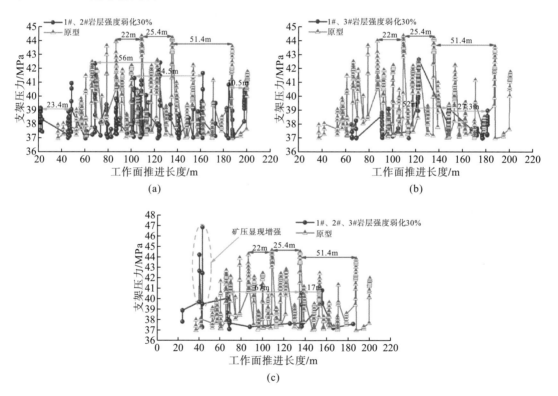

图 7.23　1#和 2#岩层，1#和 3#岩层，1#、2#和 3#岩层强度弱化 30%后支架压力

如图 7.24 所示，多层坚硬顶板强度弱化 30%时支架压力与原型相比有明显降低，尤其是 1#、2#和 3#岩层。其中，1#和 2#岩层强度弱化 30%时支架压力均值和峰值相比原型分别降低了 2.93%和几乎保持不变。1#和 3#岩层强度弱化 30%时支架压力均值和峰值相

比原型分别降低了 13.68%和升高了 0.6%。1#、2#和 3#岩层强度弱化 30%时支架压力均值和峰值相比原型分别降低了 32.01%和升高了 10.7%，该弱化系数下虽然明显降低了支架工作阻力，但强矿压显现强度却增加了。

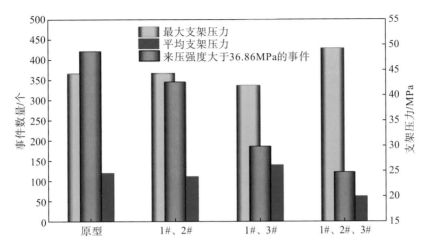

图 7.24　1#和 2#岩层，1#和 3#岩层，1#、2#和 3#岩层强度弱化 30%后支架压力与来压强度大于 36.86MPa 的事件数量

如图 7.25 所示，1#和 2#岩层强度弱化 30%后，周期性强矿压平均间隔较原型增加了 7.49%，来压强度有所减小，仍出现局部强矿压显现，来压可持续 1.12~3.04m。1#和 3#岩层，1#、2#和 3#岩层强度弱化 30%对控制矿压效果较好，仅出现持续时间较短的强矿压显现。

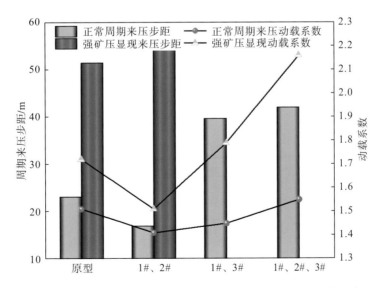

图 7.25　1#和 2#岩层，1#和 3#岩层，1#、2#和 3#岩层强度弱化 30%的周期来压步距及其动载系数

3. 多层坚硬顶板强度弱化 45%

对 1#和 2#岩层，1#和 3#岩层，1#、2#和 3#岩层强度弱化 45%的矿压显现数据统计如图 7.26～图 7.28 所示。

如图 7.26(a)所示，1#和 2#岩层强度弱化 45%后，矿压显现弱化明显，最大支架压力为 41.38MPa，来压强度大于 36.86MPa 的事件约占 2.5%。如图 7.26(b)所示，1#和 3#岩层强度弱化 45%后，矿压显现弱化明显，最大支架压力为 40.38MPa，来压强度大于 36.86MPa 的事件约占 0.86%。如图 7.26(c)所示，1#、2#和 3#岩层强度弱化 45%后，采位推进到 42.9m 左右时，局部矿压显现显著增强，最大支架压力为 47.16MPa，来压强度大于 36.86MPa 的事件约占 0.28%。

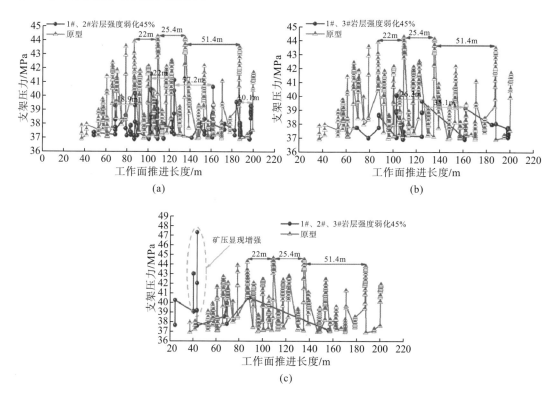

图 7.26 1#和 2#岩层，1#和 3#岩层，1#、2#和 3#岩层强度弱化 45%后支架压力

通过分析图 7.27，1#和 2#岩层强度弱化 45%后支架压力均值和峰值相比原型分别升高了 5.68%和降低了 1.85%。1#和 3#岩层强度弱化 45%后支架压力均值和峰值相比原型分别降低了 0.45%和 1.83%。1#、2#和 3#岩层强度弱化 45%后支架压力均值和峰值相比原型分别降低了 35.49%和增加了 11.74%。除 1#和 3#岩层强度弱化 45%后支架压力峰值有大幅度上升外，多层位坚硬顶板强度弱化 45%后，支架压力峰值均有不同程度的下降。结合前述多层坚硬顶板强度分别弱化 15%和 30%的结论，发现弱化 3#岩层能够在一定程度上达到控制强矿压显现的目的，但若同时弱化 1#、2#和 3#岩层反而造成岩层的联动破断失稳，增加了强矿压显现的风险。

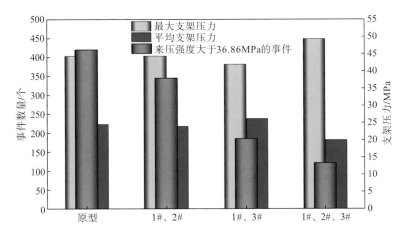

图 7.27   1#和 2#岩层，1#和 3#岩层，1#、2#和 3#岩层强度弱化 45%后支架压力与来压强度大于 36.86MPa
的事件数量

如图 7.28 所示，随着弱化层位高度的增加，周期来压步距和动载系数均增加，但来压强度大于 36.86MPa 的事件数量却随之减少（图 7.27）。1#和 2#岩层、1#和 3#岩层强度弱化 45%后均未出现强矿压显现，1#、2#和 3#岩层强度弱化 45%后出现强矿压显现。

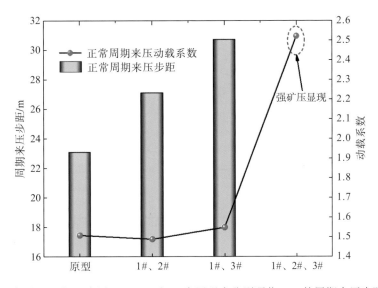

图 7.28   1#和 2#岩层，1#和 3#岩层，1#、2#和 3#岩层强度分别弱化 45%的周期来压步距及其动载系数

综上分析可知，多层位坚硬顶板强度弱化对工作面矿压显现的控制效果要优于单层坚硬顶板，坚硬顶板强度弱化对工作面矿压显现的控制效果与弱化坚硬顶板层位及弱化系数呈正相关关系。同强度弱化系数下，坚硬顶板层位越高，工作面支架压力减小越明显；在坚硬顶板层位一定的条件下，弱化系数越大，工作面支架压力越小。总之，弱化坚硬顶板层位越高，弱化层数越多，弱化程度越大，工作面支架压力降幅越大，越有利于降低工作面强矿压显现。

第8章 大空间采场坚硬顶板地面压裂精准控制技术现场应用

8.1 塔山煤矿地面垂直井分层压裂弱化坚硬顶板技术现场应用

8.1.1 水力压裂方案

大同塔山煤矿石炭系—二叠系煤层顶板受煌斑岩侵入及 K_3 砂岩影响，老顶坚硬不易垮落，当古塘悬板大面积垮落时，会造成工作面来压明显，邻空顺槽超前支护应力集中显现严重，给矿区矿井的安全生产造成了严重威胁。更为重要的是，由于冲击地压和煤与瓦斯突出共同作用，多种因素相互交织，在事故孕育、发生、发展过程中可能互为诱因，相互强化，或产生叠加效应，使灾害预测及防治工作变得更为复杂和困难。开展地面钻井水力压裂坚硬顶板，破坏老顶完整性，使其充分垮落，降低工作面及两顺槽来压强度。

本书设计通过地面钻井复合压裂技术弱化岩体的整体强度来处理坚硬顶板，主要体现在两方面：一是通过前置酸对岩石的化学溶蚀作用，降低岩石的力学性能；二是通过水压裂缝的产生和扩展，改造岩体的宏细观结构，降低岩体的力学性能。二者共同作用弱化岩体的力学性能，降低顶板岩石的整体强度，使顶板及时垮落，减小顶板来压强度，防止因顶板突然大面积折断垮落而产生应力集中释放现象。

1. 井位

大同塔山煤矿 8101 工作面位于本井田的东南部、一盘区的东部，北部为塔山井田与山西煤炭运销集团有限公司七峰山煤矿井田共同边界，南部为 1070 水平大巷，西邻 8102 采空区，东部为塔山井田与山西煤炭运销集团有限公司炭窑峪煤矿井田共同边界。工作面标高 1028～1078m。地层走向近似东西，属于南高北低的单斜构造。

为解决塔山煤矿 8101 工作面瓦斯超限等问题，山西蓝焰煤层气集团有限责任公司与塔山煤矿配合进行瓦斯地面抽采治理，在 8101 工作面共布置 34 个直立瓦斯抽放钻孔，取得一定的效果。

此外，由于该矿区老顶不易垮落，因此考虑设计地面钻井水力压裂坚硬顶板，使其充分垮落，降低冲击地压对工作面采煤的影响。根据上述情况，结合矿方的要求、地形交通条件等因素，考虑地面压裂井距离切眼位置 431m 左右，距离 2101 巷 139m 左右。

根据矿方要求，在 8101 工作面设计压裂井 1 口，具体设计数据见表 8.1。

表 8.1　压裂井井位设计数据

井号	类别	坐标		H/m	山 4 煤层底板/m	完钻井深/m	工作面
		X	Y				
1	压裂井	4423318	544849	1531.3	1085.79	443	8101

2. 井身结构

为简化施工工艺,在确保压裂施工要求的前提下,压裂井钻井整体结构为二开井身结构设计,其中,一开钻进至稳定基岩以下 10m;二开钻进至揭露煤层停钻,如表 8.2、图 8.1 所示。详述如下。

(1)一开采用 Φ311mm 钻头开孔,钻进至稳定基岩以下 10m,下入 J55 型 Φ244.5mm× 8.94mm 表层套管,下入深度至井底,注水泥全封固。

(2)二开采用 Φ215.9mm 钻头钻进至揭露山 4 煤层停钻,测井后,下入 N80 型 Φ139.7mm× 7.72mm 生产套管至山 4 煤层顶板,常规密度固井,候凝72h 后测固井质量,试压。

表 8.2　压裂井井身结构设计数据表

开钻次序	井深/m	钻头尺寸/mm	套管尺寸/mm	水泥浆返高/m
一开	稳定基岩以下 10m	311	244.5	地面
二开	揭露山 4 煤层	215.9	139.7	目的层向上 200m 左右

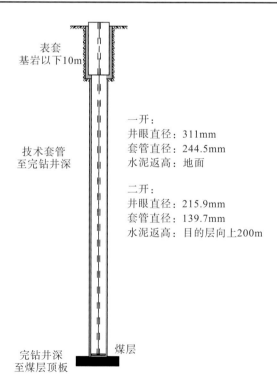

表套
基岩以下10m

技术套管
至完钻井深

一开:
井眼直径:311mm
套管直径:244.5mm
水泥返高:地面

二开:
井眼直径:215.9mm
套管直径:139.7mm
水泥返高:目的层向上200m

完钻井深
至煤层顶板

煤层

图 8.1　压裂井井身结构示意图

对于压裂目标层的选择，按前述地面水力压裂目标层的判定方法，对水力压裂的目标层选择进行研究，就塔山8101工作面而言，判定的最佳压裂层位为1#坚硬顶板，其次为2#坚硬顶板。故此次在塔山8101工作面进行的地面垂直分层压裂弱化坚硬顶板的现场应用选择对该工作面1#和2#坚硬顶板进行压裂处理。

3. 压裂位置确定

为解决塔山煤矿坚硬顶板导致工作面矿压显现强烈的难题，以塔山煤矿8101工作面为试点对采场覆岩中的坚硬顶板进行了地面水力压裂作业。限于地面地理条件，布置的水力压裂钻孔与该工作面的平面位置关系如图8.2(a)所示。根据前述地面水力压裂目标层的判定结果，最终决定在地面水力压裂两层顶板：首先压裂该工作面的1#坚硬顶板，随后压裂该工作面的2#坚硬顶板。

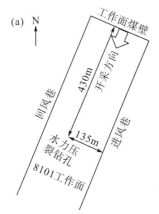

图 8.2 地面水力压裂钻孔布置及作业现场

4. 压裂方式与主要设备

因塔山煤矿8101工作面的最大主应力为沿工作面推进方向的最大水平主应力，利于形成水平水压裂缝，故采用地面垂直井压裂的方式。同时，欲压裂的两层顶板为坚硬厚砂岩顶板，为增强水力压裂的效果和实现更佳的坚硬顶板弱化，先对套管射孔后再进行水力压裂，然后应用水力加砂结合酸化的复合压裂方式进行压裂。首先水力压裂坚硬顶板形成水压裂缝，然后注入酸液和顶替液后关井，待酸化一段时间后再次注入压裂液并在其中添加支撑剂以阻止水压裂缝闭合，最后再次注入顶替液。

为提高效率和保证安全，采用了油管和套管联合注液压裂的方式。为达到更好的坚硬顶板弱化效果，水力压裂范围应较大，最好能覆盖工作面区域，所以选用了石油系统的高性能压裂车及相关设备。压裂所用主要设备见表8.3和图8.3。

表 8.3　主要压裂设备及参数

名称	数量/台	参数
2500 型压裂车	4	最高工作压力为 105.6MPa；最大排量为 2710L/min；最大自动功率为 1866kW
2250 型压裂车	2	最高工作压力为 105MPa；最大排量为 1867L/min；最大自动功率为 1482kW
混砂车	2	
射孔车	1	
运砂车	1	
拉水车	2	
管汇车	1	
仪表车	1	
酸罐	1	容量为 30m³
水箱	10	单个水箱容量为 50m³

图 8.3　主要压裂设备

5. 主要压裂参数

此次水力压裂采用的是酸液、胶液和清水 3 种压裂液。压裂液的配方见表 8.4。

表 8.4　压裂液的配方

类型	配方
酸液	12%HCl+3%HF+0.5%缓蚀剂
胶液	瓜尔胶+交联剂+破胶剂
清水	清水+杀菌剂+0.5%降阻剂

单层压裂时所需原料见表 8.5。

表 8.5 单层压裂时所需原料

原料	设计用量
清水	500m³
0.35%羟丙基瓜尔胶	0.7t
0.5%降阻剂	1.0t
硼砂	0.4t
过硫酸铵	0.4t
12%HCl	3.8t
3%HF	0.75t
0.5%缓蚀剂	0.05t
0.05%ALD-608(杀菌剂)	10m³
石英砂(粒径为 0.225~0.450mm)	10m³

压裂施工过程采用控制排量升高压力的方法，共包含 8 个施工阶段，详情见表 8.6。

表 8.6 压裂施工过程

施工阶段	液体类型	油管		套管		总液量 /m³	支撑剂 /m³	砂比 /%	阶段 时间	备注
		排量 /(m³/min)	液量 (m³)	排量 /(m³/min)	液量 /m³					
低替	清水	1.0								
预压裂	基液	2.0~3.0								套管关闭
注酸液	酸液	2.0	10.0						05：00	
注顶替液	基液	2.0	5.5						02：45	
关井酸化反应25min	注前置液	基液	2.0	10.0	1.0	5.0	15			05：00	油套同注
	注前置液	基液	3.0	18.0	1.5	9.0	42			04：30	油套同注
	注携砂液	携砂液	4.0	20.0	2.0	10.0	72	0.9	3.0	05：00	油套同注
		携砂液	4.0	20.0	2.0	10.0	102	1.5	5.0	05：00	油套同注
		携砂液	4.0	40.0	2.0	20.0	162	4.8	8.0	10：00	油套同注
		携砂液	4.0	18.0	2.0	10.0	190	2.8	11.0	04：42	油套同注
	注顶替液	清水	4.0	190.0	2.0	95.0	475			47：30	油套同注
合计			331.5		159		1058	10.0		89：27	

8.1.2 水压裂缝的扩展监测

对水压裂缝的监测采用地面微地震监测技术。在对地层进行水力压裂作业时，地层的应力场会发生变化，造成岩石破裂、裂缝扩展，进而产生岩石声发射现象，微地震监测技术就是通过采集岩石断裂声发射信号，进行水力压裂裂缝成像，或对岩层流体运动进行监测的方法。该技术通过在地面布设检波器来监测压裂井在压裂过程中诱发的微地震波，以描述压裂过程中裂缝生长的几何形状和空间展布。通过进行地面微地震监测，以期得到：①水压裂缝的起裂位置、扩展方向；②水压裂缝的方位、长度、高度和形态。基于监测结果，对水压裂缝的形成机理和压裂效果进行评价。

依据压裂设计计算出各压裂层段的压裂端点，以其在地面的投影为中心并依据周边地形地貌布设检波器，由于本井为直井，因此只需以井口为中心，在周边布设检波器及台站即可。检波器的布置如图 8.4 所示，检波器的位置坐标见表 8.7。

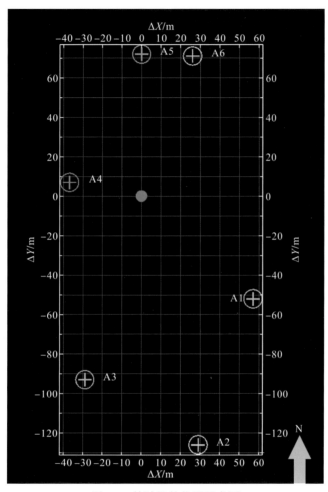

图 8.4　检波器的位置示意图

表 8.7　检波器的位置坐标

位置	X	Y	$\Delta X/\text{m}$	$\Delta Y/\text{m}$
井口	502186	4423147	—	—
A1	502243	4423095	57	−52
A2	502215	4423021	29	−126
A3	502157	4423054	−29	−93
A4	502149	4423154	−37	7
A5	502186	4423219	0	72
A6	502212	4423218	26	71

检波器必须用高精度 GPS 准确定位（GPS 精度不大于 1.0m），检波器的埋置深度不小于 10cm，并需垂直放置。

压裂后放喷：①压裂后测压降 30min；②测完压降后立即从油管进行放喷，放喷压力与水嘴型号的匹配关系见表 8.8；③放喷液体要进放喷池；④放喷时井口安装指针式压力表，按时记录和观察井口压力，使压力表所显示压力值为压力表量程的 1/3～2/3；⑤放喷时开关手轮人要站在闸门外侧，禁止正对手轮；⑥更换油嘴时严禁正对丝堵。

表 8.8　放喷压力与水嘴型号

放喷压力/MPa	>25	15～25	5～15	1～5	<1.0
水嘴型号/mm	4	5	6	16	敞开

8.1.3　水力压裂过程及参数分析

1. 第一层压裂

第一层于 2017 年 1 月 17 日进行压裂施工，在 13 时 47 分开始施工，16 时 07 分施工结束，施工时间为 140min。第一层压裂的岩层起裂压力为 24.48MPa，在裂缝稳定扩展阶段，油管压力为 7.08～9.47MPa，套管压力为 9.27～11.86MPa，油管的入井总液量为 328.92m³，套管的入井总液量为 153.36m³，合计入井液量为 482.28m³，加砂量为 10.05m³，注入酸液 10.87m³。第一层压裂的施工曲线如图 8.5 所示。

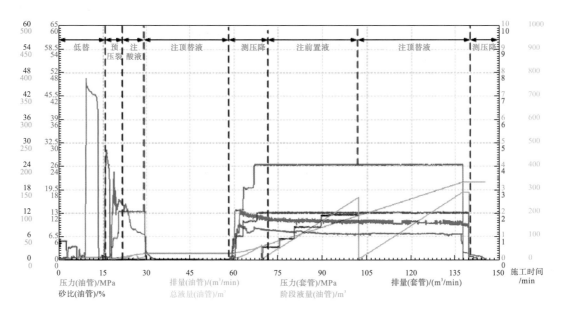

图 8.5　第一层压裂施工曲线

结合压裂施工曲线，对压裂施工过程进行分析。

1) 低替阶段

低替阶段采用油管注液，持续时间约为 15min，注入低替液(清水)3.47m³，该阶段的油管最高压力达到 47.34MPa。

2) 预压裂阶段

预压裂阶段采用油管注液，持续时间约为 5min，注入预压裂液(清水)4.78m³，该阶段的油管最高压力(地层的起裂压力)为 22.91MPa。

3) 注酸液阶段

预压裂阶段采用油管注液，持续时间约为 10min，注入酸液 10.87m³，该阶段的油管压力由 15.71MPa 降低到 7.65MPa。

4) 注顶替液、测压降阶段

注顶替液阶段采用油管注液，持续时间约为 30min，注入顶替液(清水)3.47m³，该阶段的油管压力由 7.65MPa 降低到 2.60MPa。注完顶替液后开始测压降，测压降阶段持续约 15min，压降由 2.60MPa 降至 0.69MPa。

5) 注前置液阶段

注前置液阶段采用油管、套管一起注液，持续时间约为 30min，压裂液采用胶液，该阶段油管注入前置液 29.25m³，套管注入前置液 13.69m³，共注入前置液 42.94m³。该阶段油管的注入压力为 7.50～9.47MPa，排量为 2.09～4.05m³/min，套管的注入压力为 11.86～10.73MPa，排量为 0.98～2.01m³/min。

6) 注顶替液、测压降阶段

注顶替液阶段采用油管、套管一起注液，持续时间为 39min，顶替液采用清水，该阶段油管的注入压力为 6.89～7.40MPa，排量为 4.04～4.06m³/min，套管的注入压力为 9.17～10.24MPa，排量为 1.99～2.01m³/min。在该阶段，油管注入顶替液 143.05m³，套管注入顶替液 74.52m³，共注入顶替液 217.57m³。在注完顶替液后开始测压降，持续时间为 7min，油管的压力由 1.48MPa 降为 0.11MPa，套管的压力由 0.71MPa 降为 0。

2. 第二层压裂

第二层于 2017 年 1 月 21 日进行压裂施工，在 12 时 47 分开始施工，14 时 58 分施工结束，施工时间为 131min。第二层压裂的岩层起裂压力为 7.03MPa，在裂缝稳定扩展阶段，油管压力为 6.38～7.03MPa，套管压力为 6.82～7.46MPa，油管的入井总液量为 329.58m³，套管的入井总液量为 147.05m³，合计入井液量为 476.63m³，加砂量为 10.00m³，注入酸液 11.51m³。第二层压裂的施工曲线如图 8.6 所示。

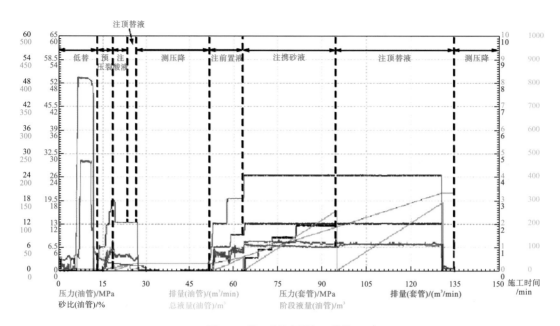

图 8.6　第二层压裂施工曲线

结合压裂施工曲线，对压裂施工过程进行分析。

1) 低替阶段

低替阶段采用油管注液，持续时间约为 14min，注入低替液(清水)2.40m³，该阶段的油管最高压力达到 53.45MPa。

2) 预压裂阶段

预压裂阶段采用油管注液，持续时间约为 8min，注入预压裂液(清水)9.90m³，该阶段的油管压力逐渐增大到 5.62MPa，但并未将地层完全压开。

3) 注酸液阶段

预压裂阶段采用油管注液，持续时间约为 7min，注入酸液 11.51m³，该阶段的油管压力由 5.62MPa 降低到 3.97MPa。

4) 注顶替液、测压降阶段

注顶替液阶段采用油管注液，持续时间约为 4min，注入顶替液(清水)5.54m³，该阶段的油管压力由 2.05MPa 降为 0。注完顶替液后开始测压降，测压降阶段持续约 25min，油管压力始终为 0。

5) 注前置液阶段

注前置液阶段采用油管、套管一起注液，持续时间约为 12min，压裂液采用胶液，该阶段油管注入前置液 28.22m³，套管注入前置液 12.60m³，共注入前置液 40.82m³。该阶段油管的注入压力为 3.90～5.60MPa，排量为 1.99～3.05m³/min，套管的注入压力为 3.45～5.63MPa，排量为 0.95～1.53m³/min。

6) 注携砂液阶段

注携砂液阶段采用油管、套管一起注液，持续时间约为 33min，携砂液采用胶液，该阶段油管注入携砂液 128.28m³，加入 0.25～0.45mm 石英砂 10.08m³，平均砂比为 7.8%，套管注入携砂液 63.20m³，共注入携砂液 191.48m³。该阶段油管的注入压力为 6.38～7.03MPa，排量为 4.04～4.06m³/min，套管的注入压力为 6.82～7.46MPa，排量为 1.98～2.01m³/min。

7) 注顶替液、测压降阶段

注顶替液阶段采用油管、套管一起注液，持续时间约为 37min，顶替液采用清水，该阶段油管的注入压力为 6.81～7.27MPa，排量为 4.03～4.06m³/min，套管的注入压力为 6.63～7.04MPa，排量为 1.98～2.02m³/min。在该阶段，油管注入顶替液 143.73m³，套管注入顶替液 71.25m³，共注入顶替液 214.98m³。在注完顶替液后开始测压降，持续时间约为 15min，油管和套管的压力始终为 0。

8.1.4　微震监测结果分析

1. 第一层压裂

对第一层进行水力压裂后，水平方向的微震事件分布如图 8.7 所示，水压裂缝的方位如图 8.8 所示。

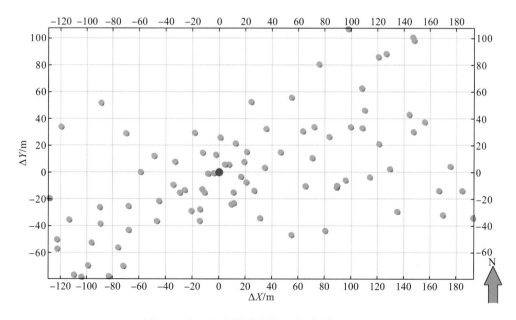

图 8.7　水平方向微震事件分布图(第一层压裂)

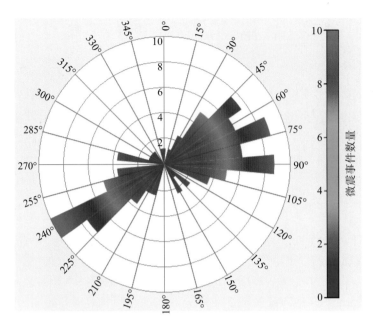

图 8.8　水压裂缝方位示意图（第一层压裂）

第一层水压裂缝监测结果见表 8.9。

表 8.9　第一层水压裂缝监测结果表

裂缝数据		监测结果（压裂层段：341.25～350.85m）
裂缝长度/m	左翼缝长	110
	右翼缝长	140
	总长	250
裂缝高度/m		11
裂缝方位		NE65°
裂缝产状		垂直

假设第一层水力压裂的作业时间为 T，水压裂缝随时间的扩展过程如图 8.9 所示。

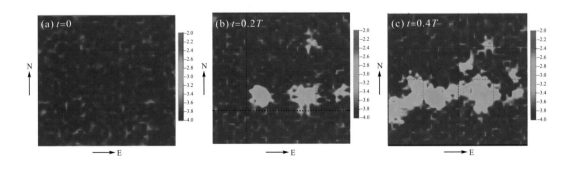

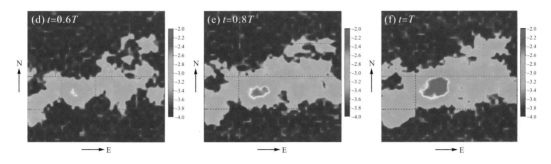

图 8.9　第一层水压裂缝随时间的扩展过程

注：图例为微震信号分布演化数值。

第一层水压裂缝的起裂位置位于压裂端点附近，水压裂缝整体沿 NE65°方位扩展，在压裂初期东西两翼裂缝扩展均衡，裂缝形态基本对称。

2. 第二层压裂

对第二层进行水力压裂后，水平方向的微震事件分布如图 8.10 所示，水压裂缝的方位如图 8.11 所示。

第二层水压裂缝监测结果见表 8.10。

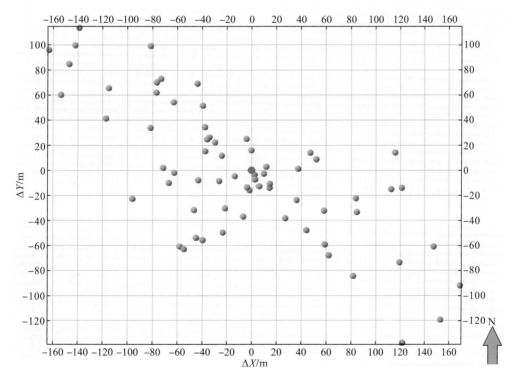

图 8.10　水平方向微震事件分布图(第二层压裂)

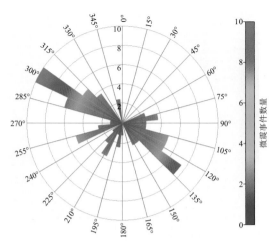

图 8.11　水压裂缝方位示意图(第二层压裂)

表 8.10　第二层水压裂缝监测结果表

裂缝数据		监测结果(压裂层段：306.30～316.05m)
裂缝长度/m	左翼缝长	100
	右翼缝长	118
	总长	218
裂缝高度/m		12
裂缝方位		NW68°
裂缝产状		垂直

假设第二层水力压裂的作业时间为 T，水压裂缝随时间的扩展过程如图 8.12 所示。

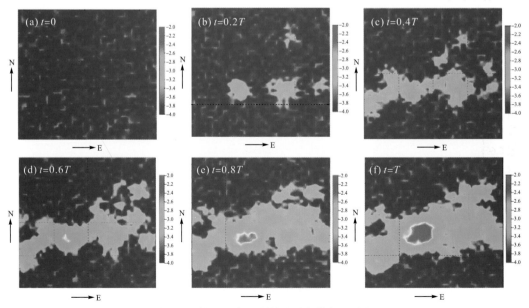

图 8.12　第二层水压裂缝随时间的扩展过程

注：图例为微震信号分布演化数值。

第二层水压裂缝的起裂位置位于压裂端点附近，水压裂缝整体沿 NW68°方位扩展，东西两翼裂缝扩展均衡，裂缝形态基本对称。

8.1.5　水力压裂坚硬顶板对工作面矿压显现的影响

为了分析压裂后巷道的矿压显现，在塔山煤矿选择了与 8101 工作面相距不远且地质环境相当的 8109 工作面(未压裂)做对比，以分析水力压裂后巷道的变形。测点的布置如图 8.13 所示。地面水力压裂塔山煤矿 8101 工作面 1#和 2#坚硬顶板后，采煤工作面穿过水力压裂影响区期间未发生强矿压显现。8101 工作面巷道高度变形量与 8109 工作面(未压裂)相比明显减小。如图 8.14(a)所示，8109 工作面巷道高度的平均变形量为 0.97m，在5#测点达到最大的变形量 1.20m，矿压显现强烈；而 8101 工作面经地面水力压裂坚硬顶板后巷道高度变形量显著减小，平均变形量为 0.54m(Yu，2016；高瑞，2018)，矿压显现缓和。图 8.14(b)展示了以图 8.13(a)中 5#测点为例的巷道高度变化过程。在 8109 工作面开采过程中巷道变形较快，而 8101 工作面开采过程中巷道变形较缓(Yu，2016；高瑞，2018)，表明水力压裂后巷道处应力集中强度降低，矿压显现减弱。

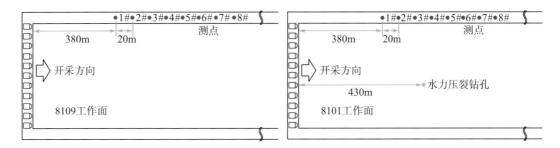

图 8.13　巷道位移测点的布置

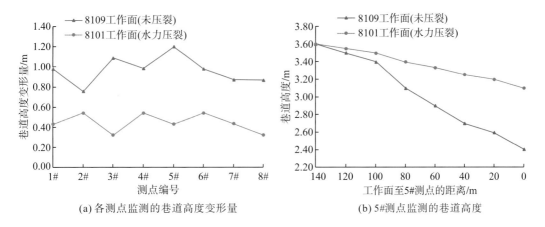

(a) 各测点监测的巷道高度变形量　　　　　　(b) 5#测点监测的巷道高度

图 8.14　巷道高度变化对比

8101 工作面于 2016 年 11 月 15 日开始回采，至 2017 年 2 月 4 日工作面已累计回采 320m，2017 年 2 月 5 日工作面回采进入压裂影响区域。在工作面回采期间（2017 年 1 月 1 日至 3 月 12 日），对工作面支架压力监测数据进行了采集，截至 2017 年 3 月 12 日工作面仍然位于压裂影响区。工作面的 27#、63#和 99#支架压力随工作面回采的变化规律如图 8.15～图 8.17 所示。

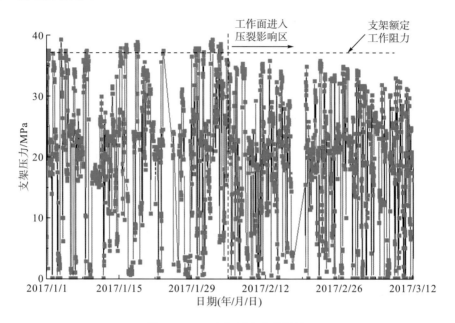

图 8.15　27#支架压力变化规律

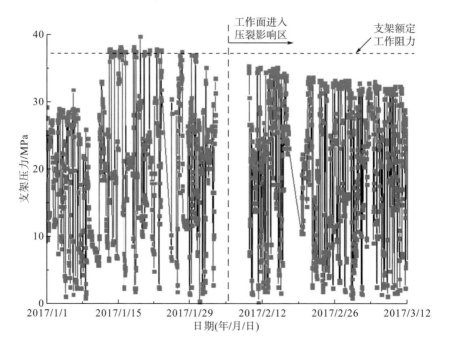

图 8.16　63#支架压力变化规律

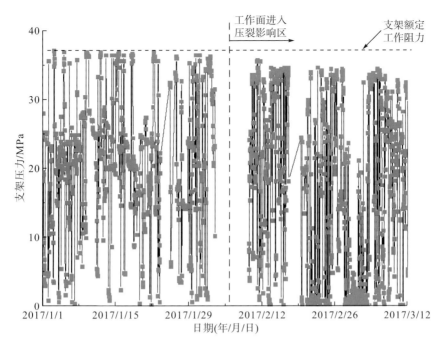

图 8.17　99#支架压力变化规律

通过图 8.15~图 8.17 可以发现，工作面在进入压裂影响区前，支架压力超过额定工作阻力的情况时有发生，而工作面在进入压裂影响区后，支架压力总体呈现出明显的降低趋势，没有发生超过工作面额定工作阻力的情况。

在工作面回采期间，对 8101 工作面 5101 巷超前支护段的巷道变形量进行了观测，观测距离为 80m，在距工作面每隔 5m 布置两个测点，分别布置在巷道顶部和侧面，用于监测巷道高度和宽度的变形量。为了考察水力压裂复合坚硬顶板对巷道变形的影响，在工作面推进至 65m、95m、330m 和 360m 时，记录巷道高度和宽度的变形量，并进行对比分析，结果如图 8.18、图 8.19 所示。

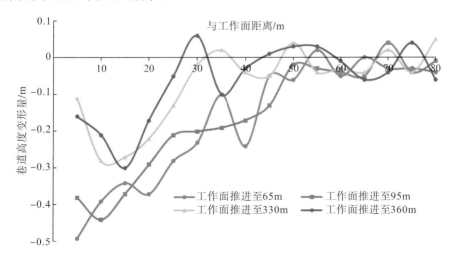

图 8.18　巷道高度变形量

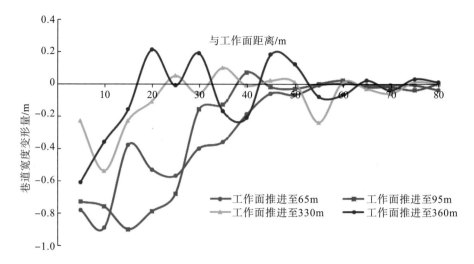

图 8.19　巷道宽度变形量

由图 8.18、图 8.19 可以发现，随着与工作面距离的增大，巷道的变形量呈减小趋势。在工作面推进至 65m、95m 时，工作面未进入压裂影响区，此时巷道高度变形量的最大值分别为 0.49m 和 0.44m，巷道宽度变形量的最大值分别为 0.89m 和 0.90m，巷道高度变形量较大区域主要集中在工作面前方 45m 的范围，巷道宽度变形量较大区域主要集中在工作面前方 35m 的范围，巷道宽度变形量较高度变形量要大，但是其影响范围更小。在工作面推进至 330m、360m 时，工作面已经进入压裂影响区，此时巷道高度变形量的最大值分别为 0.28m 和 0.21m，巷道宽度变形量的最大值分别为 0.54m 和 0.61m，巷道变形量明显变小，此时巷道高度变形量较大区域主要集中在工作面前方 25m 的范围，巷道宽度变形量较大区域主要集中在工作面前方 15m 的范围，与未进入压裂影响区相比，巷道变形量较大区域的范围也明显减小。

由此可见，在采用地面钻孔对复合坚硬顶板进行水力压裂后，对工作面矿压显现的影响明显，工作面的支架压力显著降低，同时巷道变形量和巷道变形量较大区域的范围均明显减小，有效减弱了工作面的矿压显现程度。

8.2　同忻煤矿煤柱上下坚硬岩层协同压裂控制技术现场应用

8.2.1　同忻煤矿现场概况

山西大同矿区为双系煤层开采矿区，矿区内赋存侏罗系和石炭系双系煤层，侏罗系、石炭系间距 150～300m。侏罗系煤层已开采近 100 年，系内煤层赋存广泛，层位较多，煤层开采后遗留了大量煤柱。现矿区主采石炭系 3-5#煤层，煤层平均厚度为 14～25m，采用一次采全高综放开采，煤层开采后覆岩垮落运移空间大。双系间岩层较为坚硬，抗压强度为 40～120MPa。

大同矿区同忻煤矿主采石炭系 3-5#煤层，以 8203、8202 相邻工作面为研究背景。工作面煤层厚度为 15.65～25.28m，平均为 21m，倾角为 0°～3.5°，煤层标高为 790～815m，地面标高为 1192～1307m，两工作面长度平均为 200m，矿井先行开采 8203 工作面。8203、8202 工作面上覆侏罗系 14#煤层遗留煤柱，遗留煤柱宽度为 40m、高度为 3.4m、埋深为 321.8m，遗留煤柱与 8203 工作面呈斜交状态、与 8202 工作面呈垂直状态，煤柱水平投影距 8202 工作面切眼 940m，与煤层垂直距离为 159.4m，工作面与煤柱的空间位置关系如图 8.20 所示。其中紧邻煤柱下方存在一厚 17.5m 的细砂岩，该砂岩坚硬完整，抗压强度达 80～120MPa，距煤层 141.9m。

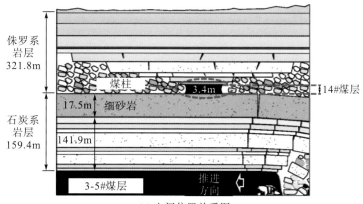

(a) 空间位置关系图

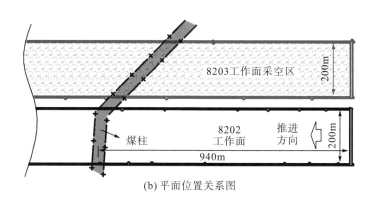

(b) 平面位置关系图

图 8.20　工作面与煤柱的空间位置关系

8203 工作面开采过程中，矿压显现强烈，尤其是在工作面开采至上覆侏罗系煤柱对应位置处，强矿压显现愈发突出。自工作面接近煤柱至推出煤柱的过程中，对工作面支架受力、围岩变形特征进行统计分析，统计参数见表 8.11。

表 8.11　支架受力、围岩变形特征

与煤柱投影位置关系	距煤柱60m	距煤柱40m	距煤柱20m	距煤柱0m	进煤柱10m	进煤柱20m	进煤柱30m	进煤柱40m	出煤柱20m	出煤柱40m
支架平均动载系数	1.12	1.21	1.28	1.59	1.61	1.68	1.70	1.65	1.59	1.25
安全阀开启率/%	0	0	4	22.7	31.9	35.1	33.2	29.3	3.2	0
工作面煤壁片帮率/%	4.3	6.6	18.3	42.8	64.2	69.3	59.6	33.1	14.6	4.8
工作面巷道断面收缩率/%	14.1	15.3	17.6	34.7	43.8	50.1	46.3	38.3	21.1	13.4

　　由表 8.11 可知，随工作面开采靠近上覆煤柱位置，支架增阻明显，工作面开采进入煤柱水平投影范围内时，支架动载系数可达 1.59～1.70。工作面支架安全阀频繁开启，在此范围内开启率达 22.7%～35.1%，且支架破裂时有发生，如图 8.21(a)所示。受煤柱集中应力影响，采场围岩变形比较剧烈。在煤柱影响区内，工作面煤壁片帮率最高达69.3%[图 8.21(a)]，工作面巷道断面收缩率达到 50%以上，严重影响安全生产。

　　以工作面中部 55#支架为例，统计得到支架距上覆煤柱水平距离 60m 起，至推出煤柱40m 范围内的来压特征，如图 8.21(b)所示。8203 工作面进入煤柱位置 14m 后，工作面发生来压，来压持续步距高达 21m，来压强度为 41～42MPa，间隔距离 9m 后，工作面再次发生来压，来压持续步距为 12m，来压结束时工作面已推出煤柱位置 18m。工作面虽已推出煤柱位置，但上覆煤柱对工作面仍有较大影响。工作面开采受上覆煤柱影响较为强烈，工作面强矿压的发生多集中于工作面开采穿过上覆煤柱的过程中。

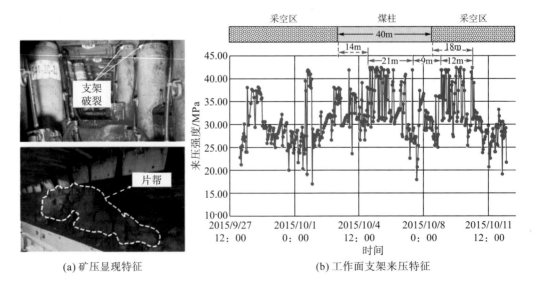

(a) 矿压显现特征　　　　　　　　　　　　　　(b) 工作面支架来压特征

图 8.21　工作面矿压显现

8.2.2　压裂层位的确定

研究表明，工作面推进至上覆煤柱对应位置处，上覆煤柱大结构的高应力集中造成高位硬厚岩层发生破断，高位硬厚岩层大面积的破断回转连同上覆煤柱结构的失稳运动是工作面强矿压显现的主要原因。因此，通过破坏上覆煤柱结构以减少其应力集中程度，或人为降低高位硬厚岩层的整体强度，减小其破断步距，降低其破断强度，是控制工作面强矿压显现的两种有效途径。

水力压裂技术通过在压裂目标层内形成系列的压裂裂缝，可有效降低煤岩层的整体强度。但受煤矿井下压裂装备、技术及施工条件限制，无法对高层位煤岩层进行压裂弱化。地面钻井压裂技术是油气田开发过程中普遍使用的一种增产技术，其作用机理是将压裂液通过液压泵泵入目标层，使得在目标层内形成具有一定几何尺寸和导流能力的人工增透裂缝，与此同时也降低了岩层的整体性及强度。据此，借鉴石油气压裂技术，提出煤矿地面压裂的思路。

因上覆煤柱结构受开采扰动和集中应力作用，裂隙节理高度发育，对其实施压裂时压裂液滤失漏液现象严重，无法达到压裂要求，难以实现对上覆煤柱结构的破坏改性。上覆17.5m 厚细砂岩层相对完整性较好，通过对厚细砂岩层实施压裂，可有效防止岩层的整体性回转失稳，压裂后厚细砂岩层完整性及强度大大降低，随工作面开采及时发生垮落，同时引发煤柱上覆岩层发生垮落，降低了煤柱处的附加应力集中，如图 8.22 所示。另外，压裂后厚细砂岩层中裂隙发育程度高，在采动应力和煤柱集中应力共同作用下，裂缝更加发育，岩层破碎，一定程度上减弱了上覆应力的传递，从而降低了工作面的矿压显现强度。因此，确定紧邻煤柱 17.5m 厚细砂岩为压裂目标层。

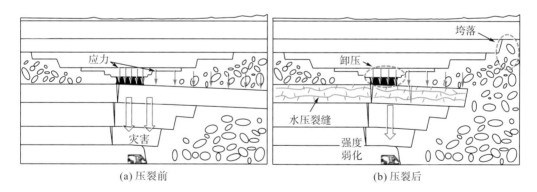

図 8.22　压裂控制机理及层位

8.2.3　钻孔位置选择与施工

因煤柱两侧 14#煤层开采后顶板垮落，岩层失稳破坏，在该区域内打压裂钻井难度大，钻井围岩破坏严重，将导致漏液严重，无法实施压裂。煤柱处上覆岩层相对较为完整，因此在距 8202 工作面 940m，距工作面进风巷道 60m，正对煤柱上方，自地表垂直向下打压裂井，压裂井井底深度为 400.38m。根据钻孔工艺，首先采用 Φ311mm 钻头自地表钻进至稳定基岩段 10m 后，下入 Φ244.5mm×8.94mm 套管，而后采用 Φ215.9mm 钻头进行钻进至结束，下入 Φ139.7mm×7.72mm 套管。在压裂目标层内，分为 A、B 两个区域进行压裂，如图 8.23 所示。

首先进行射孔，在压裂井四壁形成多个小孔，使压裂液能够通过小孔扩展，实现压裂。为保证压裂效果，设计各区域压裂井的孔密度高达 16 孔/m，压裂参数见表 8.12。压裂主要分为两步：①通过 50m³ 酸液进行初次压裂，酸液成分为 12%HCl+5%HF，通过酸液对岩层进行溶蚀，降低岩石的力学性能；②采用携砂液和 510.0m³ 清水继续压裂，采用携砂液进行压裂的目的是防止裂缝闭合，增加压裂效果。

在 8202 工作面地表布设检波器监测压裂过程中微地震波信号，以描述水压裂缝扩展规律。检波器埋深为 10cm，布置方案如图 8.23 所示。

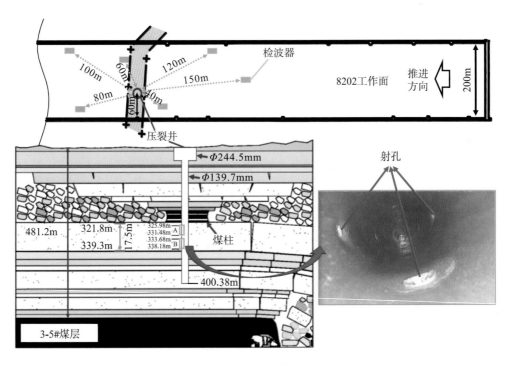

图 8.23　地面压裂示意

表 8.12　压裂参数

编号	射开井段/m	射开层厚/m	孔密度/(孔/m)	孔数/孔
A	325.98~331.48	5.5	16	88
B	333.68~338.18	4.5	16	72

压裂时，采用 6 台压裂车用于承载压裂液，2 台混砂车用于承载石英砂，1 台仪表车；储备压裂清水 500m³。地面压裂主要装备如图 8.24 所示。

图 8.24　地面压裂主要装备

　　L 型水平井可以人为控制水平钻井的掘进方向，因此可以根据压裂需要调整钻井方向，但 L 型钻井压裂成本高，工艺复杂，操作难度大；垂直井压裂裂缝扩展与岩层地应力有直接关系，垂直井压裂工艺相对简单，在垂直井满足裂缝扩展要求的情况下，优先选择垂直井压裂(赵金洲等，2015；朱宝存等，2009)。

　　出于对岩层垮落及采场矿压控制的目的，希望压裂裂缝扩展能平行于工作面推进方向。现场测试得到岩层最大主应力方向平行于岩层，大致为 NE75°，与工作面推进方向的夹角为 15°。实验室试验表明，水力压裂裂缝的扩展方向均平行于最大主应力方向，垂直于最小主应力方向。因此结合岩层地应力方向及压裂工艺，选择垂直井压裂的方式。

8.2.4　水压裂缝形态分析

　　根据压裂监测方案，微震监测得到的裂缝扩展规律如图 8.25 所示。

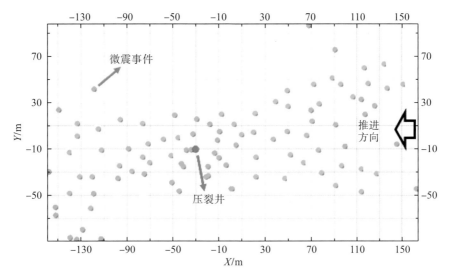

图 8.25　裂缝扩展规律

由图 8.25 可知，最终压裂裂缝与工作面呈斜交形态，与工作面夹角约为 15°，裂缝向两个相反方向扩展的长度分别为 140m、120m，裂缝总长度为 260m。裂缝扩展范围覆盖了整个工作面长度，裂缝扩展效果较好。

8.2.5　水力压裂坚硬顶板对工作面矿压显现的影响

自 8202 工作面距上覆煤柱水平距离 50～60m 起，至推出煤柱 50m 范围内，以工作面中部 55#支架为例，对工作面来压特征进行分析。

如图 8.26（a）所示，8202 工作面进入煤柱位置 16m 后，工作面发生来压，来压持续步距达 19m，来压强度为 40～41MPa；间隔 13m 后，工作面又出现一次来压，但此次来压持续时间短，强度低，工作面仅出现短暂的来压显现。

另外，对 8202、8203 工作面过煤柱期间支架工作阻力分布特征进行统计发现，在支架工作阻力 9000～18000kN 区间内，8202 工作面占比为 62.18%，8203 工作面占比为 80.79%，在此区间内 8202 工作面支架工作阻力明显低于 8203 工作面，如图 8.26（b）所示。可见经地面压裂后，工作面支架的受力状态得到明显改善。

可见相比于 8203 工作面，通过对紧邻煤柱下部的硬厚岩层实施压裂，一方面有效弱化了煤柱处的应力集中，另一方面降低了 17.5m 厚细砂岩层的整体性，预防了强矿压显现；8202 工作面推进至煤柱影响区时的强矿压显现步距、次数及强度均明显降低。

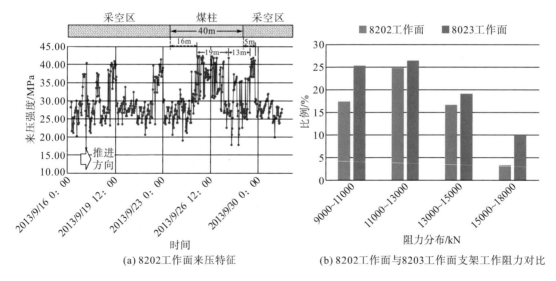

(a) 8202工作面来压特征　　　　　　　　(b) 8202工作面与8203工作面支架工作阻力对比

图 8.26　工作面过煤柱矿压对比

参 考 文 献

彪仿俊, 刘合, 张士诚, 等, 2011. 水力压裂水平裂缝影响参数的数值模拟研究[J]. 工程力学, 28(10): 228-235.

陈勉, 周健, 金衍, 等, 2008. 随机裂缝性储层压裂特征实验研究[J]. 石油学报, 29(3): 431-434.

程亮, 卢义玉, 葛兆龙, 等, 2015. 倾斜煤层水力压裂起裂压力计算模型及判断准则[J]. 岩土力学, 36(2): 444-450.

程远方, 王桂华, 王瑞和, 2004. 水平井水力压裂增产技术中的岩石力学问题[J]. 岩石力学与工程学报, 23(14): 2463-2466.

戴新颖, 2015. 我国煤炭碳排放影响因素分析及减排措施研究[D]. 徐州: 中国矿业大学.

邓志茹, 2011. 我国能源供求预测研究[D]. 哈尔滨: 哈尔滨工程大学.

窦林名, 曹胜根, 刘贞堂, 等, 2003. 三河尖煤矿坚硬顶板对冲击矿压的影响分析[J]. 中国矿业大学学报, 32(4): 388-392.

窦林名, 陆菜平, 牟宗龙, 等, 2005. 冲击矿压的强度弱化减冲理论及其应用[J]. 煤炭学报, 30(6): 690-694.

冯强, 刘炜炜, 伏圣岗, 等, 2017. 基于弹性地基梁采场坚硬顶板变形与内力的解析计算[J]. 采矿与安全工程学报, 34(2): 342-347.

冯彦军, 康红普, 2012. 定向水力压裂控制煤矿坚硬难垮顶板试验[J]. 岩石力学与工程学报, 31(6): 1148-1155.

高存宝, 钱鸣高, 翟明华, 等, 1994. 复合型坚硬顶板在初压期间的再断裂及其控制[J]. 煤炭学报, 19(4): 352-359.

高瑞, 2018. 远场坚硬岩层破断失稳的矿压作用机理及地面压裂控制研究[D]. 徐州: 中国矿业大学.

郭卫彬, 刘长友, 吴锋锋, 等, 2014. 坚硬顶板大采高工作面压架事故及支架阻力分析[J]. 煤炭学报, 39(7): 1212-1219.

衡帅, 杨春和, 曾义金, 等, 2014. 页岩水力压裂裂缝形态的试验研究[J]. 岩土工程学报, 36(7): 1243-1251.

衡帅, 杨春和, 郭印同, 等, 2015. 层理对页岩水力裂缝扩展的影响研究[J]. 岩石力学与工程学报, 34(2): 228-237.

侯振坤, 杨春和, 王磊, 等, 2016. 大尺寸真三轴页岩水平井水力压裂物理模拟试验与裂缝延伸规律分析[J]. 岩土力学, 37(2): 407-414.

黄炳香, 2009. 煤岩体水力致裂弱化的理论与应用研究[D]. 徐州: 中国矿业大学.

黄炳香, 2010. 煤岩体水力致裂弱化的理论与应用研究[J]. 煤炭学报, 35(10): 1765-1766.

霍丙杰, 荆雪冬, 于斌, 等, 2019. 坚硬顶板厚煤层采场来压强度分级预测方法研究[J]. 岩石力学与工程学报, 38(9): 1828-1835.

姜福兴, 张兴民, 杨淑华, 等, 2006. 长壁采场覆岩空间结构探讨[J]. 岩石力学与工程学报, 25(5): 979-984.

姜福兴, 刘懿, 张益超, 等, 2016. 采场覆岩的"载荷三带"结构模型及其在防冲领域的应用[J]. 岩石力学与工程学报, 35(12): 2398-2408.

姜耀东, 潘一山, 姜福兴, 等, 2014. 我国煤炭开采中的冲击地压机理和防治[J]. 煤炭学报, 39(2): 205-213.

靳钟铭, 徐林生, 1994. 煤矿坚硬顶板控制[M]. 北京: 煤炭工业出版社.

康红普, 冯彦军, 2012. 定向水力压裂工作面煤体应力监测及其演化规律[J]. 煤炭学报, 37(12): 1953-1959.

康向涛, 2014. 煤层水力压裂裂缝扩展规律及瓦斯抽采钻孔优化研究[D]. 重庆: 重庆大学.

李宁, 张士诚, 马新仿, 等, 2017. 砂砾岩储层水力裂缝扩展规律试验研究[J]. 岩石力学与工程学报, 36(10): 2383-2392.

李玮, 闫铁, 毕雪亮, 2008. 基于分形方法的水力压裂裂缝起裂扩展机理[J]. 中国石油大学学报(自然科学版), 32(5): 87-91.

李勇明, 陈曦宇, 赵金洲, 等, 2016. 水平井分段多簇压裂缝间干扰研究[J]. 西南石油大学学报(自然科学版), 38(1): 76-83.

李振雷, 何学秋, 窦林名, 2018. 综放覆岩破断诱发冲击地压的防治方法与实践[J]. 中国矿业大学学报, 47(1): 162-171.

李芷, 贾长贵, 杨春和, 等, 2015. 页岩水力压裂水力裂缝与层理面扩展规律研究[J]. 岩石力学与工程学报, 34(1): 12-20.

刘长友, 杨敬轩, 于斌, 等, 2014. 多采空区下坚硬厚层破断顶板群结构的失稳规律[J]. 煤炭学报, 39(3): 395-403.

刘长友, 杨敬轩, 于斌, 等, 2015. 覆岩多层坚硬顶板条件下特厚煤层综放工作面支架阻力确定[J]. 采矿与安全工程学报, 32(1): 7-13.

刘传孝, 2005. 坚硬顶板运动特征的数值模拟及非线性动力学分析[J]. 岩土力学, 26(5): 759-762.

陆菜平, 窦林名, 郭晓强, 等, 2010. 顶板岩层破断诱发矿震的频谱特征[J]. 岩石力学与工程学报, 29(5): 1017-1022.

缪协兴, 茅献彪, 孙振武, 等, 2005. 采场覆岩中复合关键层的形成条件与判别方法[J]. 中国矿业大学学报, 34(5): 547-550.

牟宗龙, 窦林名, 张广文, 等, 2006. 坚硬顶板型冲击矿压灾害防治研究[J]. 中国矿业大学学报, 35(6): 737-741.

牛锡倬, 谷铁耕, 1983. 用注水软化法控制特硬顶板[J]. 煤炭学报(1): 3-12.

潘超, 左宇军, 宋希贤, 等, 2015. 煤矿难垮顶板定向水力压裂导控的数值试验[J]. 煤炭技术, 34(2): 116-118.

潘岳, 顾士坦, 戚云松, 2013. 初次来压前受超前增压荷载作用的坚硬顶板弯矩、挠度和剪力的解析解[J]. 岩石力学与工程学报, 32(8): 1544-1553.

潘岳, 顾士坦, 王志强, 2015. 煤层塑性区对坚硬顶板力学特性影响分析[J]. 岩石力学与工程学报, 34(12): 2486-2499.

钱鸣高, 许家林, 2019. 煤炭开采与岩层运动[J]. 煤炭学报, 44(4): 973-984.

钱鸣高, 缪协兴, 何富连, 1994. 采场“砌体梁”结构的关键块分析[J]. 煤炭学报, 19(6): 557-563.

钱鸣高, 缪协兴, 许家林, 1996. 岩层控制中的关键层理论研究[J]. 煤炭学报, 21(3): 225-230.

钱鸣高, 茅献彪, 缪协兴, 1998. 采场覆岩中关键层上载荷的变化规律[J]. 煤炭学报, 23(2): 135-139.

钱鸣高, 缪协兴, 许家林, 等, 2003. 岩层控制的关键层理论[M]. 徐州: 中国矿业大学出版社.

钱鸣高, 石平五, 许家林, 2010. 矿山压力与岩层控制[M]. 徐州: 中国矿业大学出版社.

史红, 2005. 综采放顶煤采场厚层坚硬顶板稳定性分析及应用[D]. 青岛: 山东科技大学.

史红, 姜福兴, 2004. 采场上覆大厚度坚硬岩层破断规律的力学分析[J]. 岩石力学与工程学报, 23(18): 3066-3069.

史红, 姜福兴, 2006. 综放采场上覆厚层坚硬岩层破断规律的分析及应用[J]. 岩土工程学报, 28(4): 525-528.

宋晨鹏, 卢义玉, 夏彬伟, 等, 2014. 天然裂缝对煤层水力压裂裂缝扩展的影响[J]. 东北大学学报(自然科学版), 35(5): 756-760.

滕吉文, 乔勇虎, 宋鹏汉, 2016. 我国煤炭需求、探查潜力与高效利用分析[J]. 地球物理学报, 59(12): 4633-4653.

王金安, 李大钟, 尚新春, 2011. 采空区坚硬顶板流变破断力学分析[J]. 北京科技大学学报, 33(2): 142-148.

王开, 康天合, 李海涛, 等, 2009. 坚硬顶板控制放顶方式及合理悬顶长度的研究[J]. 岩石力学与工程学报, 28(11): 2320-2327.

王磊, 杨春和, 侯振坤, 等, 2016. 预制横缝条件下水力裂缝的起裂与扩展[J]. 岩土力学, 37(S1): 88-94.

王拓, 常聚才, 张兵, 等, 2017. 综采面多层坚硬顶板破断特征及其安全控制研究[J]. 地下空间与工程学报, 13(S1): 339-343.

王银涛, 2015. 坚硬顶板深孔预裂爆破技术研究及应用[D]. 太原: 太原理工大学.

吴家龙, 2001. 弹性力学[M]. 北京: 高等教育出版社.

夏彬伟, 李晓龙, 卢义玉, 等, 2016. 大同矿区坚硬顶板破断步距及变形规律研究[J]. 采矿与安全工程学报, 33(6): 1038-1044.

夏彬伟, 龚涛, 于斌, 等, 2017. 长壁开采全过程采场矿压数值模拟方法[J]. 煤炭学报, 42(9): 2235-2244.

夏永学, 陆闯, 杨光宇, 等, 2020. 坚硬顶板孔内磨砂射流轴向切缝及压裂试验研究[J]. 采矿与岩层控制工程学报, 2(3): 56-62.

徐林生, 谷铁耕, 1985. 大同煤矿坚硬顶板控制问题[J]. 岩石力学与工程学报, 4(1): 64-76.

许家林, 鞠金峰, 2011. 特大采高综采面关键层结构形态及其对矿压显现的影响[J]. 岩石力学与工程学报, 30(8): 1547-1556.

许文俊, 李勇明, 赵金洲, 等, 2017. 页岩气水平井分段压裂复杂缝网形成机制[J]. 油气藏评价与开发, 7(5): 64-73.

闫少宏, 富强, 2003. 综放开采顶煤顶板活动规律的研究与应用[M]. 北京: 煤炭工业出版社.

严国超, 息金波, 宋选民, 等, 2009. 采场冲击气浪的灾害模拟[J]. 辽宁工程技术大学学报(自然科学版), 28(2): 177-180.

杨敬轩, 刘长友, 于斌, 等, 2014. 坚硬厚层顶板群结构破断的采场冲击效应[J]. 中国矿业大学学报, 43(1): 8-15.

杨录胜, 2017. 砂岩预制裂缝定向压裂起裂与扩展规律研究[D]. 太原: 太原理工大学.

杨培举, 何烨, 郭卫彬, 2013. 采场上覆巨厚坚硬岩浆岩致灾机理与防控措施[J]. 煤炭学报, 38(12): 2106-2112.

杨胜利, 王兆会, 蒋威, 等, 2016. 高强度开采工作面煤岩灾变的推进速度效应分析[J]. 煤炭学报, 41(3): 586-594.

姚顺利, 2015. 巨厚坚硬岩层运动诱发动力灾害机理研究[D]. 北京: 北京科技大学.

于斌, 2014. 大同矿区特厚煤层综放开采强矿压显现机理及顶板控制研究[D]. 徐州: 中国矿业大学.

于斌, 刘长友, 杨敬轩, 等, 2013. 坚硬厚层顶板的破断失稳及其控制研究[J]. 中国矿业大学学报, 42(3): 342-348.

于斌, 高瑞, 孟祥斌, 等, 2018a. 大空间远近场结构失稳矿压作用与控制技术[J]. 岩石力学与工程学报, 37(5): 1134-1145.

于斌, 杨敬轩, 高瑞, 2018b. 大同矿区双系煤层开采远近场协同控顶机理与技术[J]. 中国矿业大学学报, 47(3): 486-493.

于斌, 朱卫兵, 李竹, 等, 2018c. 特厚煤层开采远场覆岩结构失稳机理[J]. 煤炭学报, 43(9): 2398-2407.

于斌, 杨敬轩, 刘长友, 等, 2019. 大空间采场覆岩结构特征及其矿压作用机理[J]. 煤炭学报, 44(11): 3295-3307.

袁亮, 2017. 煤炭精准开采科学构想[J]. 煤炭学报, 42(1): 1-7.

曾凡辉, 郭建春, 刘恒, 等, 2013. 致密砂岩气藏水平井分段压裂优化设计与应用[J]. 石油学报, 34(5): 959-968.

张培鹏, 蒋金泉, 秦广鹏, 等, 2014. 坚硬顶板垮落诱发瓦斯爆燃机理及预防[J]. 采矿与安全工程学报, 31(5): 814-818, 823.

张培鹏, 蒋力帅, 刘绪峰, 等, 2017. 高位硬厚岩层采动覆岩结构演化特征及致灾规律[J]. 采矿与安全工程学报, 34(5): 852-860.

赵金洲, 陈曦宇, 刘长宇, 等, 2015. 水平井分段多簇压裂缝间干扰影响分析[J]. 天然气地球科学, 26(3): 533-538.

赵平劳, 1990. 层状结构岩石抗剪强度各向异性试验研究[J]. 兰州大学学报(自然科学版), 26(4): 135-139.

赵通, 2018. 近距离巨厚坚硬岩层下厚煤层开采顶板的破断失稳机理及控制研究[D]. 徐州: 中国矿业大学.

赵益忠, 曲连忠, 王幸尊, 等, 2007. 不同岩性地层水力压裂裂缝扩展规律的模拟实验[J]. 中国石油大学学报(自然科学版), 31(3): 63-66.

郑欢, 2014. 中国煤炭产量峰值与煤炭资源可持续利用问题研究[D]. 成都: 西南财经大学.

周宏春, 王瑞江, 陈仁义, 等, 2005. 中国矿产资源形势与对策研究[M]. 北京: 科学出版社.

周楠, 2014. 固体充填防治坚硬顶板动力灾害机理研究[D]. 徐州: 中国矿业大学.

朱宝存, 唐书恒, 颜志丰, 等, 2009. 地应力与天然裂缝对煤储层破裂压力的影响[J]. 煤炭学报, 34(9): 1199-1202.

Ahmed U, Abou-Sayed A S, Jones A H, 1979. Experimental evaluation of fracturing fluid interaction with tight reservoir rocks and propped fractures[C]//Symposium on Low Permeability Gas Reservoirs, Denver, USA.

Bai M, Kendorski F, Roosendaal D V, 1995. Chinese and North American high-extraction underground coal mining strata behavior and water protection experience and guidelines[C]//Proceedings of the 14th International Conference on Ground Control in Mining, Morgantown, USA.

Bai Q S, Tu S H, Wang F T, et al., 2017. Field and numerical investigations of gateroad system failure induced by hard roofs in a longwall top coal caving face[J]. International Journal of Coal Geology, 173: 176-199.

Cha M S, Yin X L, Kneafsey T, et al., 2014. Cryogenic fracturing for reservoir stimulation—Laboratory studies[J]. Journal of Petroleum Science and Engineering, 124: 436-450.

Erdogan F, Sih G C, 1963. On the crack extension in plates under plane loading and transverse shear[J]. Journal of Basic Engineering, 85(4): 519-525.

Fan T G, Zhang G Q, Cui J B, 2014. The impact of cleats on hydraulic fracture initiation and propagation in coal seams[J]. Petroleum Science, 11(4): 532-539.

Haimson B, Fairhurst C, 1967. Initiation and extension of hydraulic fractures in rocks[J]. Society of Petroleum Engineers Journal, 7(3): 310-318.

Hanson M E, Anderson G D, Shaffer R J, et al., 1982. Some effects of stress, friction and fluid flow on hydraulic fracturing[J]. Society of Petroleum Engineers Journal, 22(3): 321-332.

He H, Dou L M, Fan J, et al., 2012. Deep-hole directional fracturing of thick hard roof for rockburst prevention[J]. Tunnelling and Underground Space Technology, 32: 34-43.

Hossain M M, Rahman M K, Rahman S S, 2000. Hydraulic fracture initiation and propagation: Roles of wellbore trajectory, perforation and stress regimes[J]. Journal of Petroleum Science and Engineering, 27(3-4): 129-149.

Hou Z K, Cheng H L, Sun S W, et al., 2019. Crack propagation and hydraulic fracturing in different lithologies[J]. Applied Geophysics, 16(2): 243-251.

Huang B X, Liu J W, Zhang Q, 2018. The reasonable breaking location of overhanging hard roof for directional hydraulic fracturing to control strong strata behaviors of gob-side entry[J]. International Journal of Rock Mechanics and Mining Sciences, 103: 1-11.

Hubbert M K, Willis D G, 1957. Mechanics of hydraulic fracturing[J]. Transactions of AIME, 210: 153-168.

Ishida T, Aoyagi K, Niwa T, et al., 2012. Acoustic emission monitoring of hydraulic fracturing laboratory experiment with supercritical and liquid CO_2[J/OL]. Geophysical Research Letters, 39(16). https://doi.org/10.1029/2012GL052788.

Kaiser P K, Cai M, 2012. Design of rock support system under rockburst condition[J]. Journal of Rock Mechanics and Geotechnical Engineering, 4(3): 215-227.

Lin C, Deng J Q, Liu Y R, et al., 2016. Experiment simulation of hydraulic fracture in colliery hard roof control[J]. Journal of Petroleum Science and Engineering, 138: 265-271.

Lu Y Y, Gong T, Xia B W, et al., 2019. Target stratum determination of surface hydraulic fracturing for far-field hard roof control in underground extra-thick coal extraction: A case study[J]. Rock Mechanics and Rock Engineering, 52(8): 2725-2740.

Maleki H, 1995. An analysis of violent failure in U. S. coal mines—Case studies[M]//Maleki H, Wopat P F, Repsher R C, et al. Proceedings of mechanics and mitigation of violent failure in coal and hard-rock mines. Washington, D.C.: U.S. Bureau of Mines.

Medlin W L, Massé L, 1984. Laboratory experiments in fracture propagation[J]. Society of Petroleum Engineers Journal, 24(3): 256-268.

Melenk J M, Babuška I, 1996. The partition of unity finite element method: Basic theory and applications[J]. Computer Methods in Applied Mechanics and Engineering, 139(1-4): 289-314.

Shen W L, Bai J B, Wang X Y, et al., 2016. Response and control technology for entry loaded by mining abutment stress of a thick hard roof[J]. International Journal of Rock Mechanics and Mining Sciences, 90: 26-34.

Singh R, Mandal P K, Singh A K, et al., 2008. Upshot of strata movement during underground mining of a thick coal seam below hilly terrain[J]. International Journal of Rock Mechanics and Mining Sciences, 45(1): 29-46.

Soliman M Y, East L, Adams D, 2008. Geomechanics aspects of multiple fracturing of horizontal and vertical wells[J]. SPE Drilling & Completion, 23(3): 217-228.

Wang H W, Xue S, Jiang Y D, et al., 2018. Field investigation of a roof fall accident and large roadway deformation under geologically complex conditions in an underground coal mine[J]. Rock Mechanics and Rock Engineering, 51(6): 1863-1883.

Wang J A, Li D Z, Shang X C, 2012. Creep failure of roof stratum above mined-out area[J]. Rock Mechanics and Rock Engineering, 45(4): 533-546.

Wang W, Cheng Y P, Wang H F, et al., 2015. Coupled disaster-causing mechanisms of strata pressure behavior and abnormal gas emissions in underground coal extraction[J]. Environmental Earth Sciences, 74(9): 6717-6735.

Wawersik W, Fairhurst C, 1970. A study of brittle rock fracture in laboratory compression experiments[J]. International Journal of Rock Mechanics and Mining Sciences & Geomechanics Abstracts, 7(5): 561-575.

Yu B, 2016. Behaviors of overlying strata in extra-thick coal seams using top-coal caving method[J]. Journal of Rock Mechanics and Geotechnical Engineering, 8(2): 238-247.

Yu B, Zhao J, Xiao H T, 2017. Case study on overburden fracturing during longwall top coal caving using microseismic monitoring[J]. Rock Mechanics and Rock Engineering, 50(2): 507-511.

Zhang B S, Yang S S, Kang L X, et al., 2008. Discussion on method for determining reasonable position of roadway for ultra-close multiseam[J]. China Journal of Rock Mechanics and Engineering, 27(1): 97-101.

Zhou J, Chen M, Jin Y, et al., 2008. Analysis of fracture propagation behavior and fracture geometry using a tri-axial fracturing system in naturally fractured reservoirs[J]. International Journal of Rock Mechanics and Mining Sciences, 45(7): 1143-1152.

Zhou J, Jin Y, Chen M, 2010. Experimental investigation of hydraulic fracturing in random naturally fractured blocks[J]. International Journal of Rock Mechanics and Mining Sciences, 47(7): 1193-1199.